目次

巡洋艦各部・用語解説 …… 4

第二次大戦 各国巡洋艦カラー図版集 …… 6

イギリスの巡洋艦 …… 11

C級軽巡洋艦 …… 12
D級軽巡洋艦 …… 14
E級軽巡洋艦 …… 16
リアンダー級軽巡洋艦 …… 18
アレスーサ級軽巡洋艦 …… 20
サウサンプトン級軽巡洋艦 …… 22
ダイドー級/ベローナ級軽巡洋艦 …… 26
フィジー級軽巡洋艦 …… 28
マイノーター級／タイガー級軽巡洋艦 …… 30

ホーキンス級重巡洋艦 …… 32
ケント級重巡洋艦 …… 34
ロンドン級/ドーセットシャー級重巡洋艦 …… 36
重巡洋艦「ヨーク」/「エクセター」 …… 38

コラム① 英連邦諸国の巡洋艦 …… 40

アメリカの巡洋艦 …… 43

オマハ級軽巡洋艦 …… 44
ブルックリン級軽巡洋艦 …… 46
アトランタ級軽巡洋艦 …… 48
クリーブランド級軽巡洋艦 …… 50
ファーゴ級軽巡洋艦 …… 52
ウースター級軽巡洋艦 …… 53

ペンサコラ級重巡洋艦 …… 54
ノーザンプトン級重巡洋艦 …… 56
ポートランド級重巡洋艦 …… 58
ニュー・オリンズ級重巡洋艦 …… 60
重巡洋艦「ウィチタ」 …… 62
ボルチモア級重巡洋艦 …… 63
オレゴン・シティ級重巡洋艦 …… 65
デ・モイン級重巡洋艦 …… 66

コラム② 第二次大戦下における巡洋艦の任務とその変遷 …… 67

日本の巡洋艦 …… 71

天龍型軽巡洋艦 …… 72
五五〇〇トン型軽巡洋艦（球磨型/長良型/川内型） …… 74
軽巡「夕張」 …… 79
阿賀野型軽巡洋艦 …… 80
大淀型軽巡洋艦 …… 81

古鷹型重巡洋艦 …… 82
青葉型重巡洋艦 …… 84
妙高型重巡洋艦 …… 86
高雄型重巡洋艦 …… 88
最上型重巡洋艦 …… 90
利根型重巡洋艦 …… 92

香取型練習巡洋艦 …… 94

コラム③ 第一次大戦までの巡洋艦の発達 …… 95

ドイツの巡洋艦 …… 97

軽巡洋艦「エムデン」 …… 98
K級軽巡洋艦 …… 99
軽巡洋艦「ライプチヒ」 …… 101
軽巡洋艦「ニュルンベルク」 …… 102

アドミラル・ヒッパー級重巡洋艦 …… 103

コラム④ 仮装巡洋艦 …… 105

イタリ …… 7

ジュッサーノ／
バルビアーノ級軽巡洋艦（コンドッチェリ級第1群） …… 108
ルイジ・カドルナ級軽巡洋艦（コンドッチェリ級第2群） …… 110
ライモンド・モンテクッコリ級軽巡洋艦（コンドッチェリ級第3群） …… 111
エマヌエレ・フィリベルト・デュカ・ダオスタ級軽巡洋艦（コンドッチェリ級第4群） …… 113
ルイジ・ディ・サヴォイア・デュカ・デグリ・アブルッチ級軽巡洋艦（コンドッチェリ級第5群） …… 114
カピタニ・ロマーニ級軽巡洋艦 …… 116
トレント級重巡洋艦 …… 118
ザラ級重巡洋艦 …… 120
重巡洋艦「ボルツァーノ」 …… 122
巡洋艦「タラント」／「バリ」 …… 123

コラム⑤ 大型巡洋艦 …… 124

フランスの巡洋艦 …… 127

デュゲイ・トルーアン級軽巡洋艦 …… 128
ラ・ガリソニエール級軽巡洋艦 …… 130

デュケーヌ級重巡洋艦 …… 132
シュフラン級重巡洋艦 …… 134
重巡洋艦「アルジェリー」 …… 136

練習巡洋艦「ジャンヌ・ダルク」 …… 137
敷設巡洋艦「プルトン」 …… 138
敷設巡洋艦「エミール・ベルタン」 …… 139

コラム⑥ 旧式巡洋艦 …… 140

ソ連/アルゼンチン/オランダ/スペイン スウェーデンの巡洋艦 …… 143

ソ連

第一次大戦型及びそれ以前の巡洋艦 …… 144
キーロフ級巡洋艦 …… 146
チャパエフ級巡洋艦（第68号計画艦） …… 148

アルゼンチン

ヴェインティシンコ・デ・マヨ級重巡洋艦 …… 149
軽巡洋艦「ラ・アルヘンティーナ」 …… 150

オランダ

ジャワ級軽巡洋艦 …… 151
軽巡洋艦「デ・ロイテル」 …… 152
トロンプ級軽巡洋艦 …… 153
エーンドラフト級巡洋艦 …… 154

スペイン

スペインの軽巡洋艦（「レイナ・ヴィクトリア・ウーヘイニア」メンデス・ヌネス級／プリンシペ・アルフォンソ級） …… 155
カナリアス級重巡洋艦 …… 157

スウェーデン

航空巡洋艦「ゴトランド」 …… 158
スリーエ・クロノール級巡洋艦 …… 159

コラム⑦ 未成巡洋艦 …… 160

本文執筆／本吉隆
図版／田村紀雄、吉原幹也
写真／Naval History and Heritage Command、U.S.Navy、Imperial War Museums、Australian War Memorial、Wikimedia Commons、イカロス出版
表紙イラスト／舟見桂

●スペック表の要目は新造時のもの（特記以外）で、一部推定値や計画値を含みます。
●艦略歴表（起工/進水/竣工/喪失・解体など）の「竣工」の年月日には、一部、就役の日付を記載している場合があります。

巡洋艦各部・用語解説

解説／編集部
図版／田村紀雄

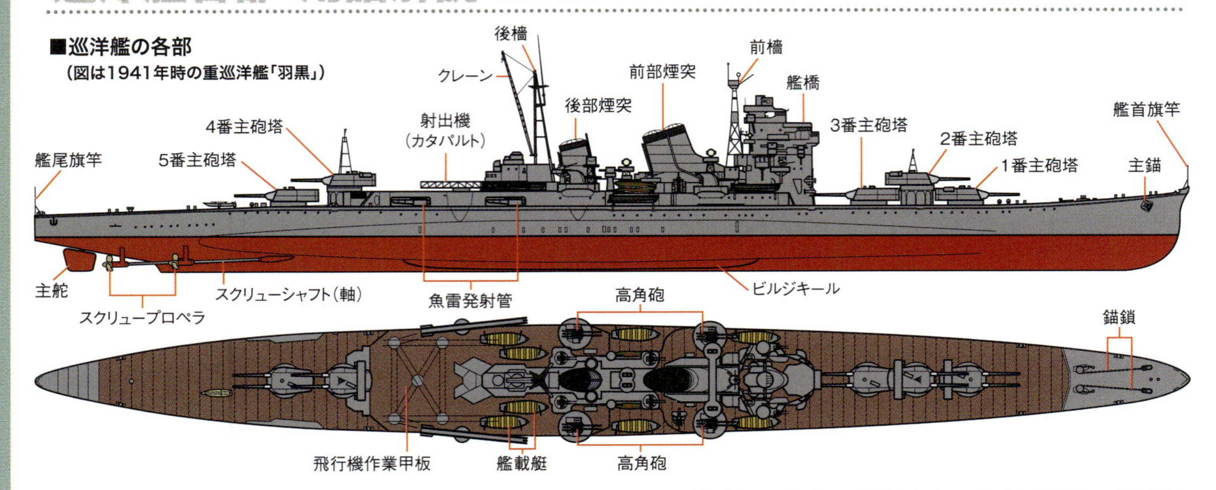

単位／要目

◆**インチ**……ヤード・ポンド法における長さの単位。艦艇では砲口径や装甲厚を表す単位として使われることが多い。1インチ=2.54cm。

◆**浬（かいり）**……航海や航空の分野で、海面上の距離や航続距離を表すときに使われる単位。1浬は1,852m。nm（ノーティカル・マイル）とも言う。

◆**基準排水量**……ワシントン海軍軍縮会議で定められた、船体、機関、兵装、装甲、弾薬、乗員、消耗品など戦闘航海に必要なすべての物件を搭載するが、燃料と機関用予備給水を搭載しない状態の排水量表記。

◆**吃水／喫水（きっすい）**……水上に浮いている艦船の船底から水面までの垂直距離。

◆**公試排水量**……排水量表記の一つで、公試を行う状態の排水量。日本海軍では弾薬を満載、燃料や水、糧食などの消耗品を2/3搭載した状態を公試排水量として、大正末期から開戦前まで常備排水量に代わってこちらが艦艇設計の標準となった。

◆**常備排水量**……排水量表記の一つで、艦艇が戦闘に入ろうとしている状態を想定した状態の排水量。各国・時期によって基準は異なるが、日本海軍では大正末期まで、弾薬3/4、燃料1/4、水・糧食1/2などの搭載状態を常備排水量としていた。

◆**水線長**……水面に触れている線（吃水線）の長さ。吃水線の先端から後端までの長さ。

◆**ノット（kt）**……艦船や飛行機の速度を表すときに使われる単位で、1ノット=時速1.852km。

◆**排水量**……艦船の大きさを示す数値。水を満たした仮想の水槽に艦船を浮かべた際、溢れ出る水の重量をトン単位で表したもの。

◆**満載排水量**……弾薬、燃料、予備給水など、消耗品・予備品を含むすべての物件を計画最大量まで搭載した場合の排水量。

艦艇用語全般

◆**改装**……艦種に変更のないレベルで、艦の内部および外部構造、搭載兵装などを新しくすること。厳密には、艦種が変わる場合は「改造」という。

◆**艦載機**……艦艇で搭載・運用される航空機のこと。日本海軍では空母の搭載機を「艦上機」、それ以外の戦艦や巡洋艦などの搭載機を「艦載機」と区別していた。

◆**艦艇**……海軍に所属し、戦闘を主任務とする艦船のこと。

◆**艤装**……航海や戦闘に必要な諸々の装備を施すこと、またはその装備そのものを指す。艦艇の建造工程としての艤装は、船体の進水後に行われる場合が多い。

◆**吃水線**……水に浮かんでいる船体の、水面に面する線のこと。

◆**魚雷**……魚形水雷の略。敵艦などの目標に向かって水中を自走する水雷兵器で、命中すれば吃水線下の船体に穴を開けて浸水を生じさせることができる。魚雷による攻撃を「雷撃」、魚雷が命中することを「被雷」と言う。

◆**機雷**……機械水雷の略。水中や水面に設置され、艦船が接触または接近すると爆発して損傷を与える。機雷を設置することを「敷設」、機雷に触れることを「触雷」と言う。

◆**軍艦**……一般的には海軍所属の戦闘艦艇のことだが、日本海軍では、菊花紋章が付いた戦艦、空母、巡洋艦、水上機母艦など比較的大型の艦艇のことを指す。厳密には駆逐艦や潜水艦などは日本海軍では「軍艦」ではなく「艦艇」となる。

◆**口径**……砲身の内径、すなわち発射される弾丸の直径を表す数値。また、砲身の長さを示す「口径長」も一般的には「口径」と略され、砲身長が口径（砲身内径）の何倍かで表す。例えば50口径20cm砲の場合、20cm×50で砲身長は約10mとなる。一般的に砲身が長いほど、弾丸の砲口初速が速くなり、射程や貫徹力が大きくなる。

◆**公試**……建造や改装をほぼ終えた艦船が要求どおりの性能を満たしているかどうかテストすること。

◆**航洋性**……海上を安定して航行できる性能。排水量、復原力、凌波性などが影響する。

◆**混焼缶（こんしょうかん）**……重油と石炭を併用する缶（ボイラー）。

◆**散布界**……艦砲の射撃において、ある一点を狙った砲弾が弾着時に散らばる範囲のこと。小さければ小さいほど命中精度が高い。

◆**竣工**……艦船の建造工事が完了すること。艦艇の建造は、一般的に起工、進水、艤装、公試、竣工（就役）の順で行われる。

◆**進水**……船体の建造工事をほぼ終えた艦船を、水上に浮かべること。

◆**水線**……吃水線のこと。

◆**水中防御**……魚雷や水中弾から船体下部を守る、水線下の防御のこと。

◆**背負い式配置**……前後の砲塔を、上下の段差を付けて近接して配置すること。スペースの節約や重要防御区画の縮小による軽量化、射界の確保などに効果がある。

◆**漸減邀撃（ぜんげんようげき）**……ワシントン条約以降、米海軍に対して劣勢となった日本海軍内で主流となった対米作戦構想。フィリピン・グアム攻略後に、太平洋を横断して来攻する米主力艦隊（戦艦）を潜水艦、航空機および水雷戦隊の夜戦によって逐次撃破、勢力を削いで（漸減）おき、温存しておいた主力艦（戦艦）によって殲滅するというものだった。

◆**専焼缶（せんしょうかん）**……重油または石炭のどちらかのみを使用する缶（ボイラー）。第二次大戦の艦艇は多くが重油専焼缶を搭載していた。

◆**代艦（だいかん）**……旧式化、老朽化した艦を置き換えることを目的に計画、建造される艦のこと。

◆**徹甲弾**……装甲を貫くための重く硬い砲弾。榴弾のように爆発して破片をまき散らす効果はあまりない。

◆**ネームシップ**……同じ設計で複数建造された同型艦のうち、1番艦をさす用語。予算が最初に付いた艦や最初に起工された艦、あるいは最初に竣工した艦の場合が多い。例えば高雄型重巡洋艦における「高雄」のように、その艦型・艦級を総称する際にネームシップの艦名が用いられる。

◆**爆雷**……潜水艦を攻撃するための水雷兵器。艦艇や航空機から投下され、水中で爆発して衝撃や水圧で潜水艦にダメージを与える。
◆**復原性**……船体が左右に傾いた際に、もとの水平姿勢に戻す性能。
◆**凌波性(りょうはせい)**……波にさらされても安定して航行できる性能。波きりの良さ。
◆**連装**……1基の砲塔・砲架などに2つの砲・銃などを装備すること。3つの場合は3連装、4つの場合は4連装となる。

艦艇各部の名称

◆**缶**……燃料を燃焼させ、その熱エネルギーによって高温・高圧の蒸気を発生させる装置。この蒸気を蒸気タービン等に送って動力を得たり、発電を行う。汽缶、ボイラー。
◆**艦橋**……艦長や指揮官などが航海や戦闘の指揮を執る、艦艇の指揮系統の中枢部。第二次大戦期には、艦内部のCIC(Combat Information Center=戦闘指揮所)で戦闘指揮を執るものもあった。
◆**乾舷(かんげん)**……水面から甲板までの垂直距離。吃水線より上にある乾いた舷側という意。
◆**甲板装甲**……甲板に施された水平面の装甲。
◆**艦首**……艦の前端部分。バウ。
◆**艦尾**……艦の後端部分。スターン。
◆**ギヤード・タービン**……減速歯車をタービンとプロペラ軸の間に配置したタービン。それ以前の直結タービンに比べて推進効率が高い。
◆**ケースメイト**……艦砲の搭載形式の一つで、甲板間の舷側部に設けた砲室に砲を搭載するもの。厳密には隣接する砲との間に隔壁を有するものを指す。砲廓。
◆**舷側(げんそく)**……船体の側面。
◆**舷側装甲**……船体の舷側に施された、垂直面の装甲。
◆**高角砲**……敵航空機を攻撃するための砲。対空砲。
◆**シア**……艦首(尾)部の上甲板の反り上がり。乾舷を高くすることで、艦首が波を被りにくくする効果がある。
◆**軸**……スクリュープロペラに主機の生み出す動力を伝達する推進軸。スクリューシャフト。
◆**射出機**……航空機を高速で打ち出して発進させる装置。カタパルト。
◆**主機**……プロペラを回して艦船を推進させるための装置。第二次大戦の艦艇は蒸気タービン機関を採用している例が多かった。
◆**主砲塔**……主砲を収めている砲塔。
◆**上部構造物**……船体上部、甲板上にある艦橋や甲板室、兵装、煙突やマストなどの関連設備の総称。上構。
◆**檣(しょう)**…マスト。
◆**檣楼(しょうろう)**……艦船のマストの上部にある足場。見張り台。広義では艦橋構造物全体を指すこともある。
◆**司令塔**……操舵室、主砲射撃所など重要施設が備えられている区画。一般的には艦橋基部にある。
◆**水線装甲**……舷側装甲の中でも特に吃水線部の装甲を指す。
◆**水偵**……水上偵察機の略。フロート(浮舟)により水上滑走することで離着水できる偵察機。第二次大戦期の戦艦や巡洋艦の多くは、水偵をカタパルトなどを用いて発進させ、偵察、観測を行った。帰艦の際は着水し、艦のクレーンで収容した。
◆**スクリュープロペラ**……水中で回転して艦船を推進させる羽根車状の部品。推進器。艦尾水面下にある。
◆**測距儀(そっきょぎ)**……目標(敵)までの距離を測る装置。第二次大戦では反射プリズム(ミラー)の原理を利用した光学式測距儀が主流だった。
◆**タービン機関**……高圧蒸気を羽根車(タービン)に当て、そのエネルギーを回転運動に変換してスクリューを動かす装置。蒸気タービン。
◆**弾火薬庫**……砲弾やその発射薬(装薬)を収めた区画。
◆**探照灯**……サーチライト。夜間に敵を探したり、僚艦と信号で連絡をとるために用いる。
◆**ディーゼル機関**……レシプロエンジンの一種で、ピストンで圧縮加熱した空気に、液体燃料を噴射することで着火させるエンジン。燃費が良いという利点があるが、低出力で騒音が大きいなどの欠点もある。
◆**天蓋(てんがい)**……艦橋や砲塔の天井にあたる部位。
◆**電探(でんたん)**……日本海軍におけるレーダーの呼称、電波探信儀の略。
◆**バーベット**……砲塔基部にあたる円筒状の台座部分。
◆**バルジ**……船体両側の水線下に設けられた膨らみ。浮力や復原力を増す効果があるとともに、魚雷攻撃のダメージを軽減する効果もある。
◆**ビルジキール**……船底両側の湾曲部についたヒレ。航行時の横揺れを軽減する効果がある。
◆**フレア**……艦首付近の、吃水線から甲板にかけてのオーバーハング状の反り広がり。波しぶきが甲板に舞い上がるのを防ぐ。
◆**砲塔**……砲とその人員、装填機構などを収めた旋回式の装置。第二次大戦期の艦艇では一般的に装甲が施された砲室を持ち、その下部に弾火薬庫から砲弾・装薬を砲室に送り込むための揚弾薬機構を有する。厳密には甲板を貫くかたちの円筒状基部を持つものを指すが、これが無い場合でも便宜上「砲塔」と呼ばれる場合もある。
◆**両用砲**……平射砲と高角砲の機能を併せもった砲。
◆**レシプロ機関**……燃料の燃焼で得られた熱エネルギーを一旦ピストンの往復運動に変換し、これをクランクを介した回転運動として動力を生み出す機関。蒸気タービンが主流となるまでは、蒸気を利用したレシプロ機関が艦艇の動力として一般的だった。

条約・事件など

◆**ワシントン海軍軍縮条約**……1922年(大正11年)に締結された軍縮条約。米英日伊仏の主力艦(戦艦)と空母の保有トン数比率が5:5:3:1.75:1.75となった。戦艦1隻あたりの上限トン数は基準排水量35,000トン、主砲口径の上限は16インチ(40.6cm)となった。空母の基準排水量は1隻あたり10,000トン以上、27,000トン以下、備砲は8インチ(20.3cm)以下となった。単艦排水量10,000トン以下、備砲口径8インチ以下の艦は補助艦とされ、保有量に制限は設けられなかった。
◆**ロンドン海軍軍縮条約**……1930年(昭和5年)に締結された軍縮条約。補助艦(巡洋艦・駆逐艦・潜水艦など)を規制する性格が強く、米日の補助艦全体の保有率が10:6.975となった。巡洋艦については、排水量はワシントン条約の上限10,000トンのままだが、主砲口径が6.1インチ(15.5cm)を超えて8インチ(20.3cm)以下の「カテゴリーA(重巡洋艦)」、同じく6.1インチ以下の「カテゴリーB(軽巡洋艦)」に区分され、保有量に制限が設けられた。
◆**第二次ロンドン軍縮会議**……1935年にロンドン海軍軍縮条約の改正を目的に行われた軍縮会議だが、日本が1934年の予備交渉でワシントン軍縮条約の破棄を通告、1936年に脱退し、海軍休日期は終わった。またイタリアも脱退したため、米英仏で条約が締結された。戦艦の基準排水量の上限は35,000トン、主砲口径の上限は14インチ。
だが、ワシントン海軍軍縮条約に批准した国で、1937年までに第二次ロンドン軍縮条約に調印しない国があった場合、建造可能な戦艦の性能や軍艦の保有枠が拡大する「エスカレーター条項」が定められた。
◆**友鶴事件**……1934年(昭和9年)3月12日、日本海軍の水雷艇「友鶴」が演習中に転覆した事件。小型の船体に過剰な重兵装を搭載したことによるトップヘビーが主な原因とされた。
◆**第四艦隊事件**……1935年(昭和10年)9月26日、台風の中で演習を行っていた日本海軍第四艦隊の駆逐艦「初雪」と「夕霧」の艦首が波浪によって切断され、他の艦にも大小の損傷が発生した事件。軽量化のため船体に電気溶接を大々的に採用したことが主な原因と見られた。友鶴事件と第四艦隊事件を機に、日本海軍は既存艦の船体強化、トップヘビーの改正工事を行い、以後の建造艦については無理な設計を避けるようになった。

■船体断面図と各部名称

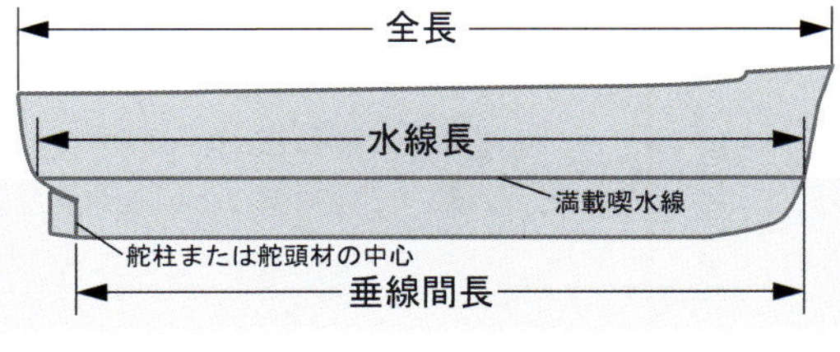

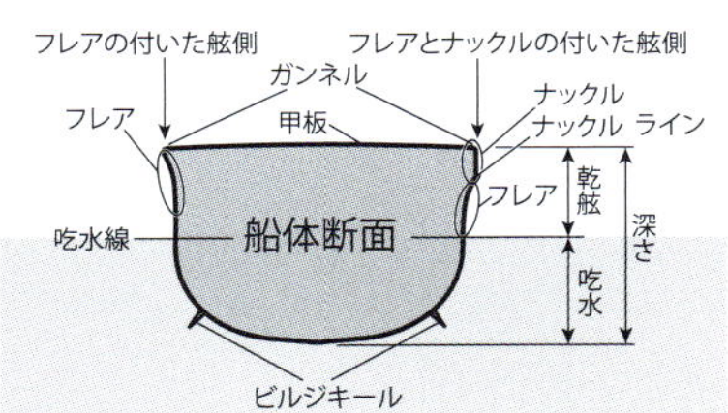

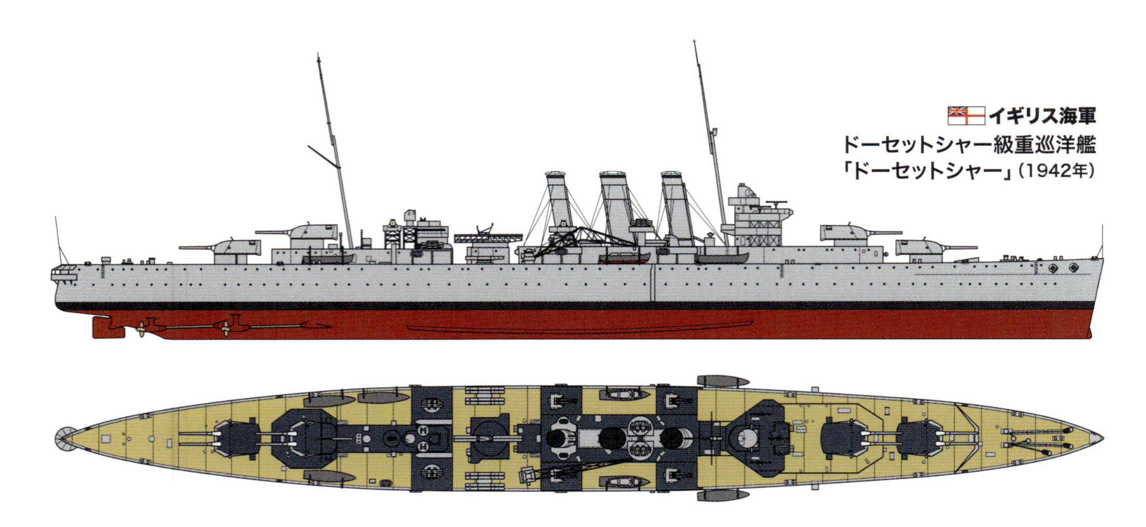

イギリス海軍
ドーセットシャー級重巡洋艦
「ドーセットシャー」(1942年)

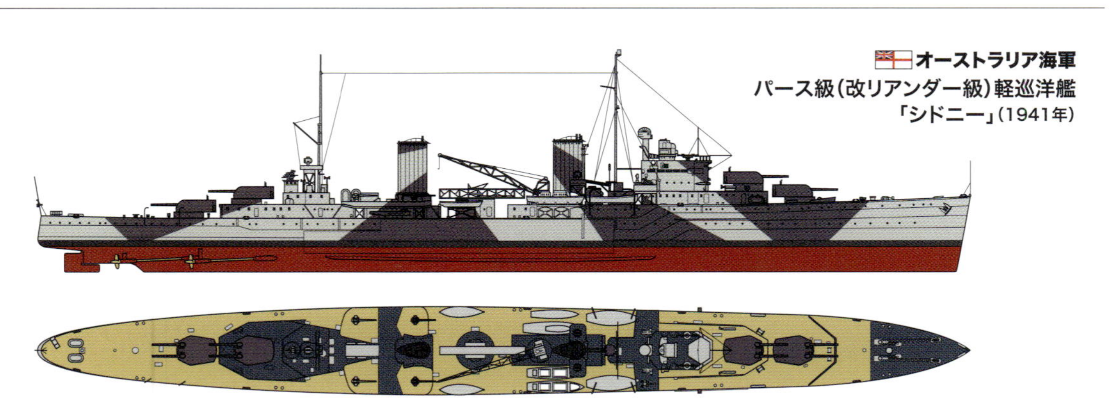

オーストラリア海軍
パース級(改リアンダー級)軽巡洋艦
「シドニー」(1941年)

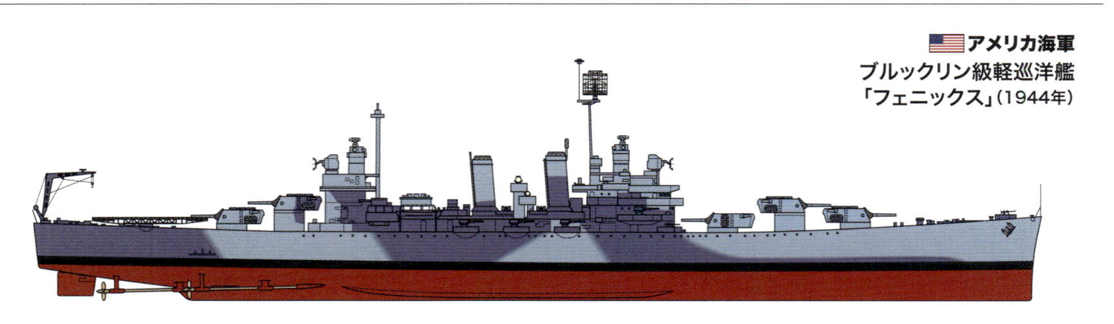

アメリカ海軍
ブルックリン級軽巡洋艦
「フェニックス」(1944年)

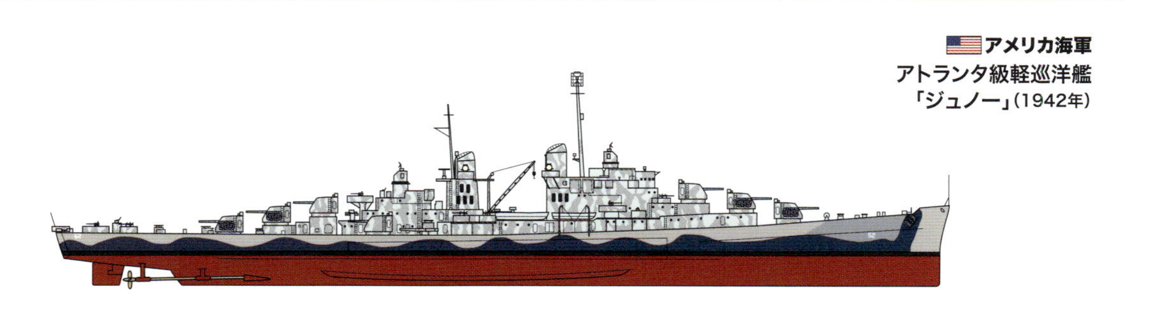

アメリカ海軍
アトランタ級軽巡洋艦
「ジュノー」(1942年)

アメリカ海軍
クリーブランド級軽巡洋艦
「デンヴァー」(1944年)

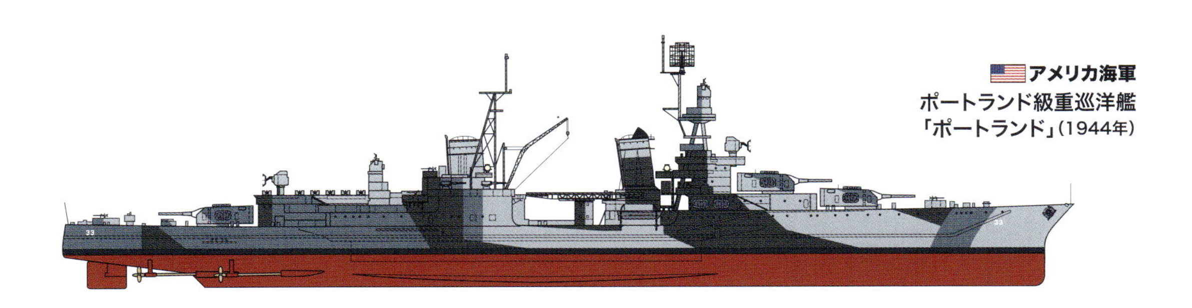

アメリカ海軍
ポートランド級重巡洋艦
「ポートランド」(1944年)

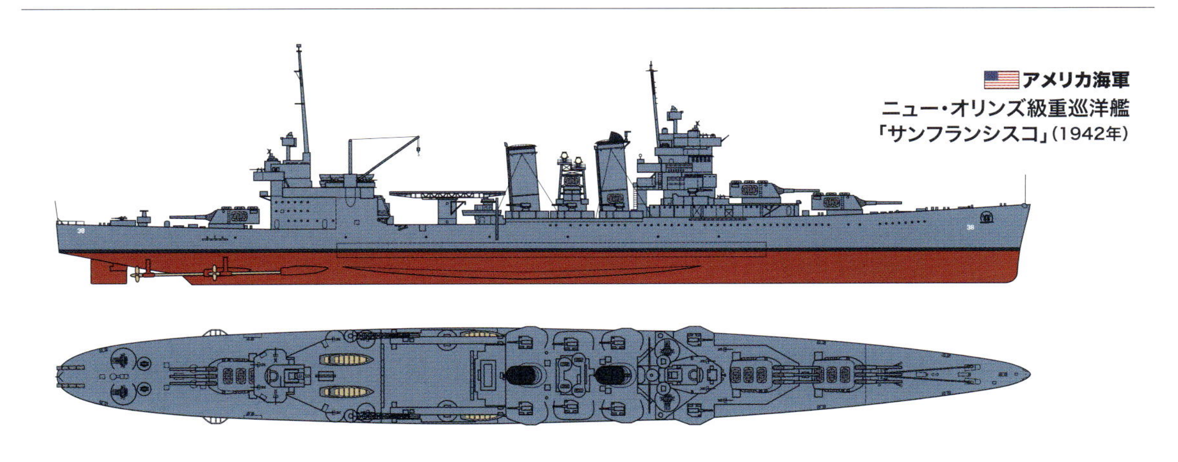

アメリカ海軍
ニュー・オリンズ級重巡洋艦
「サンフランシスコ」(1942年)

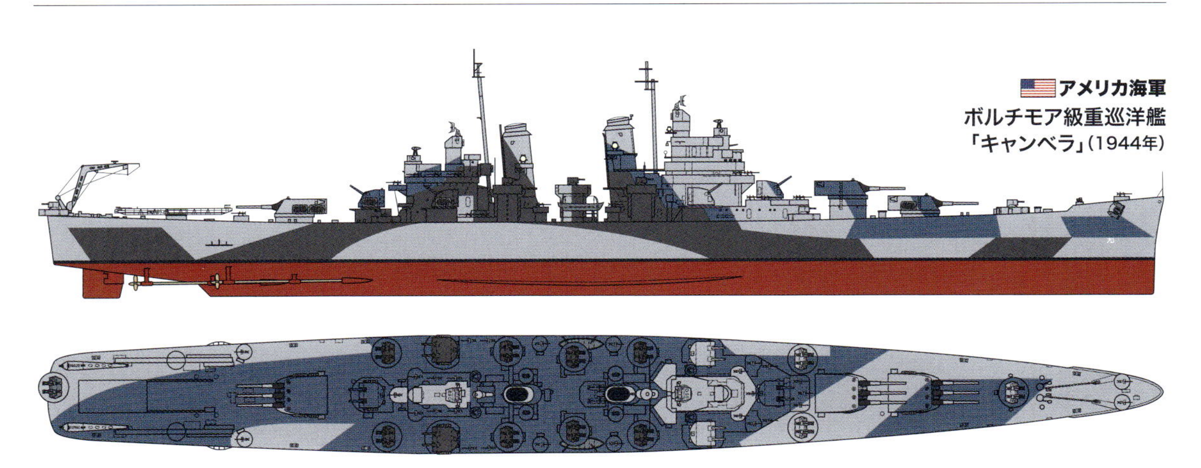

アメリカ海軍
ボルチモア級重巡洋艦
「キャンベラ」(1944年)

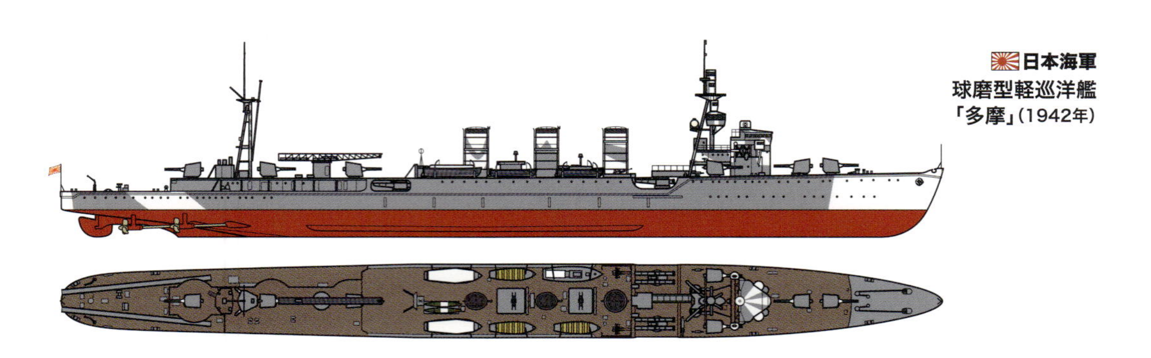

日本海軍
球磨型軽巡洋艦
「多摩」(1942年)

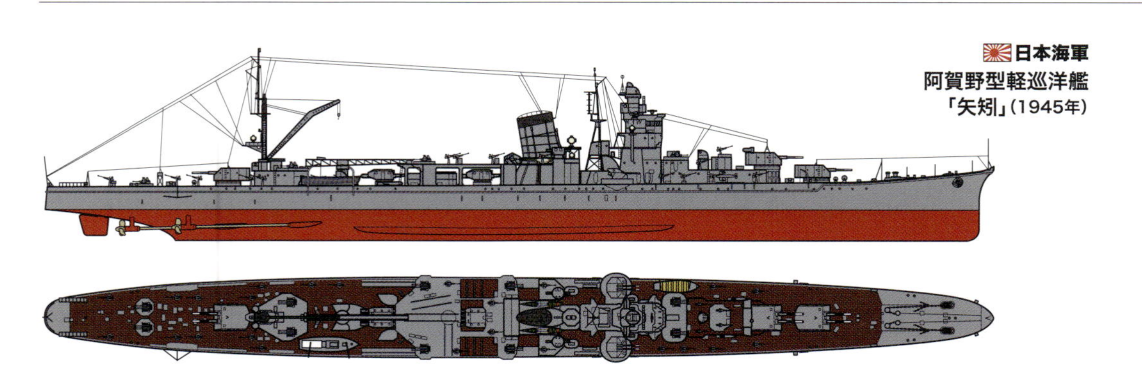

日本海軍
阿賀野型軽巡洋艦
「矢矧」(1945年)

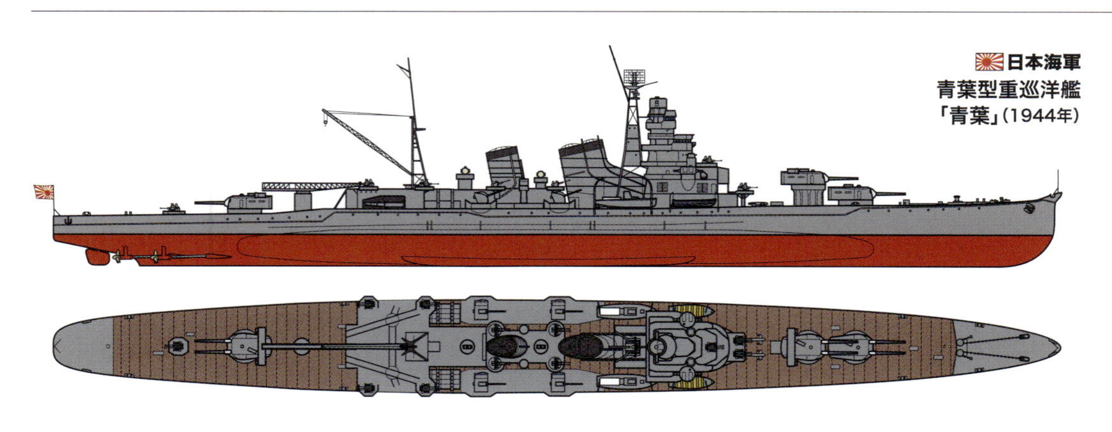

日本海軍
青葉型重巡洋艦
「青葉」(1944年)

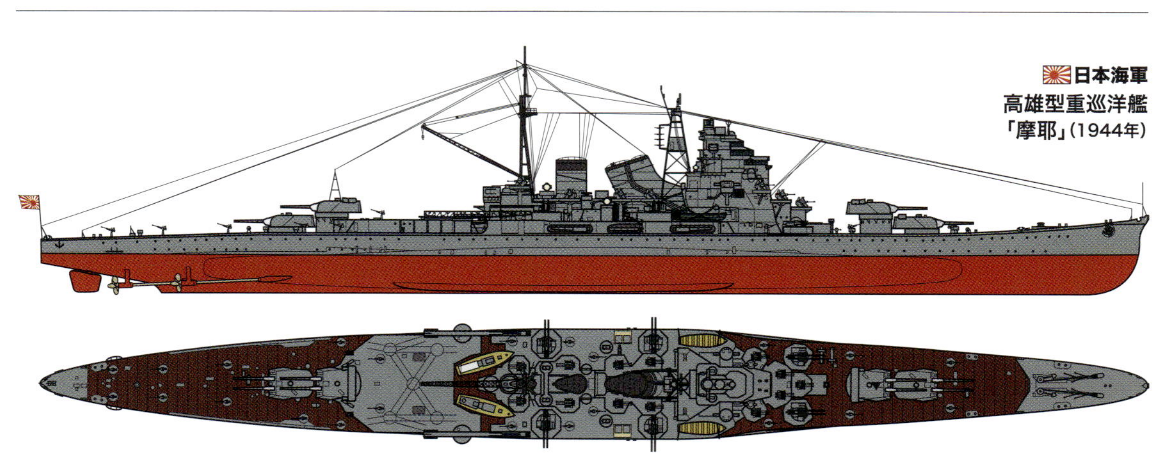

日本海軍
高雄型重巡洋艦
「摩耶」(1944年)

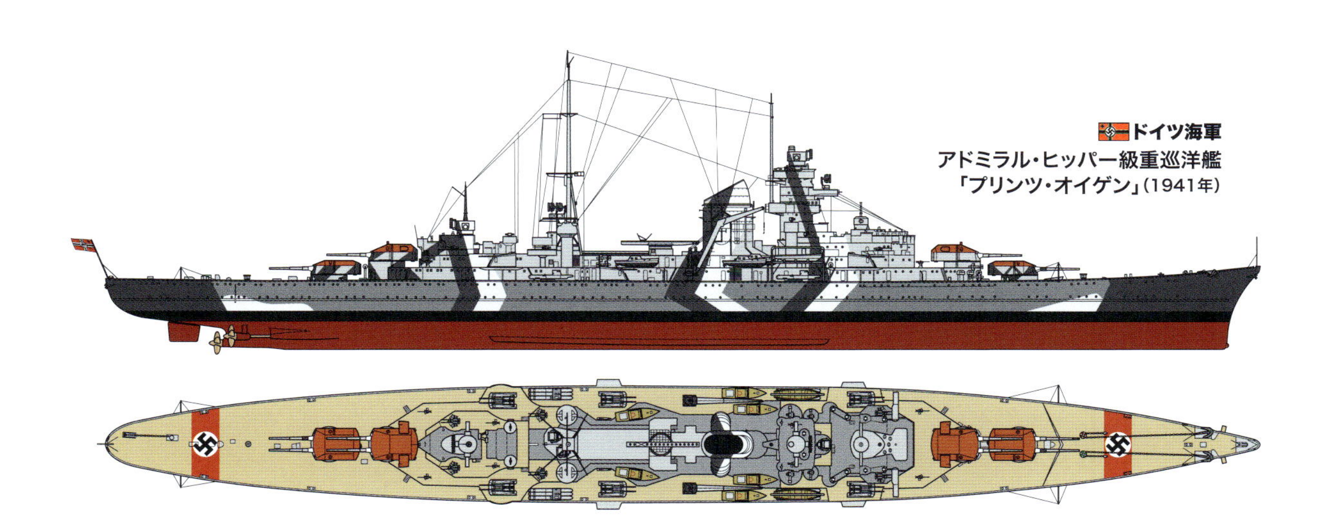

ドイツ海軍
アドミラル・ヒッパー級重巡洋艦
「プリンツ・オイゲン」(1941年)

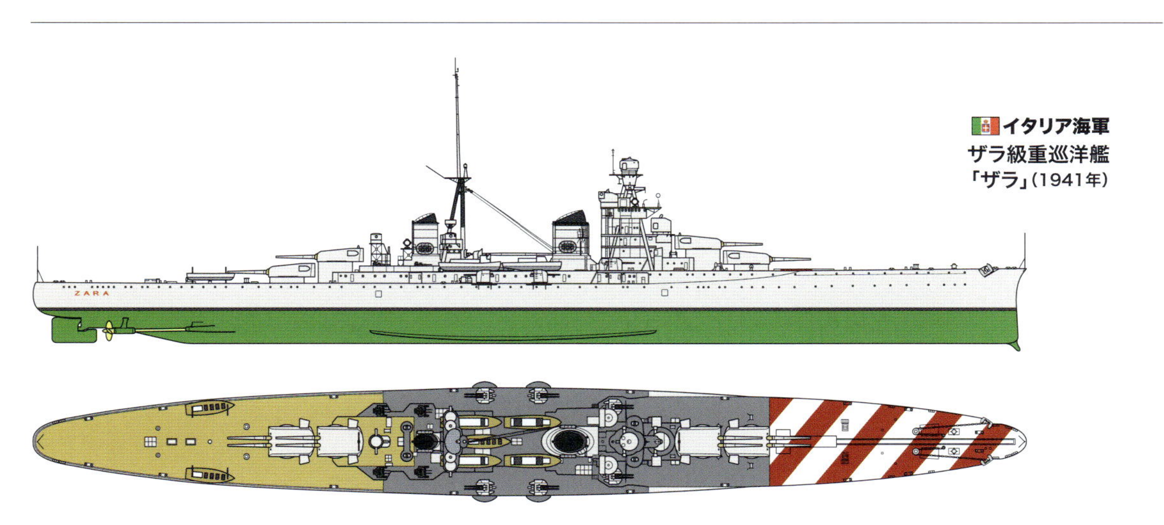

イタリア海軍
ザラ級重巡洋艦
「ザラ」(1941年)

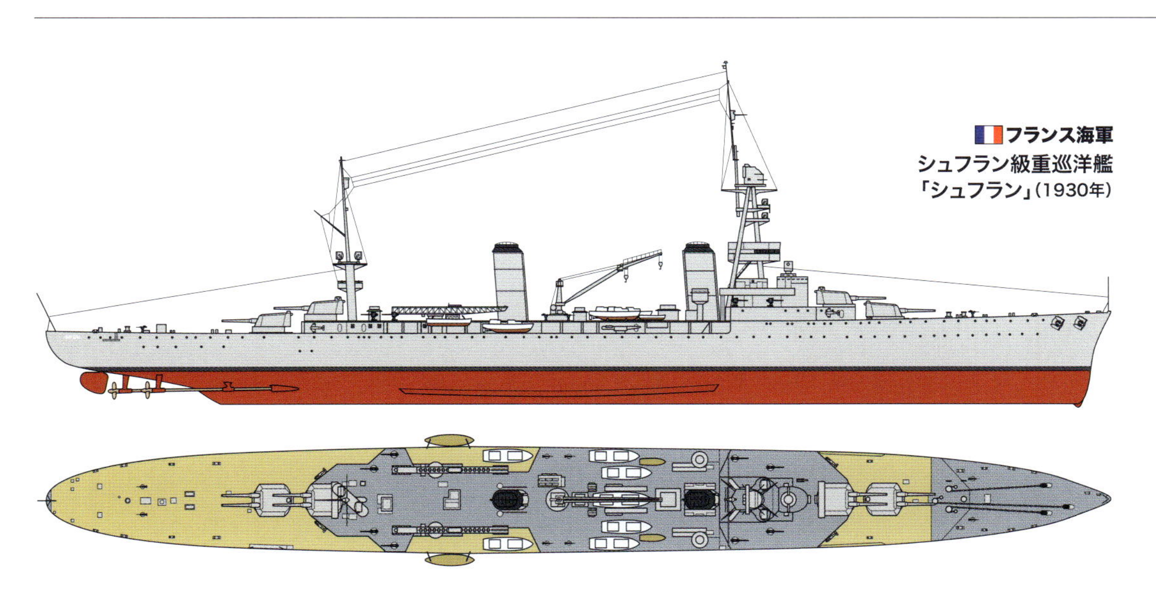

フランス海軍
シュフラン級重巡洋艦
「シュフラン」(1930年)

フランス海軍

練習巡洋艦「ジャンヌ・ダルク」

ソ連海軍

マキシム・ゴーリキー級巡洋艦
「モロトフ」(1942年)

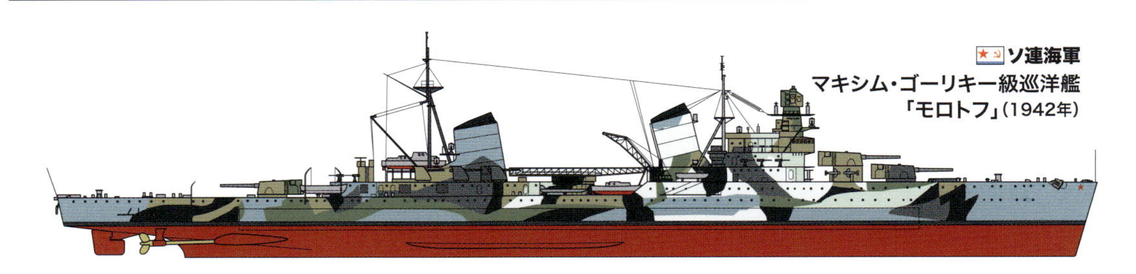

アルゼンチン海軍

ヴェインティシンコ・デ・マヨ級重巡洋艦
「ヴェインティシンコ・デ・マヨ」(1934年)

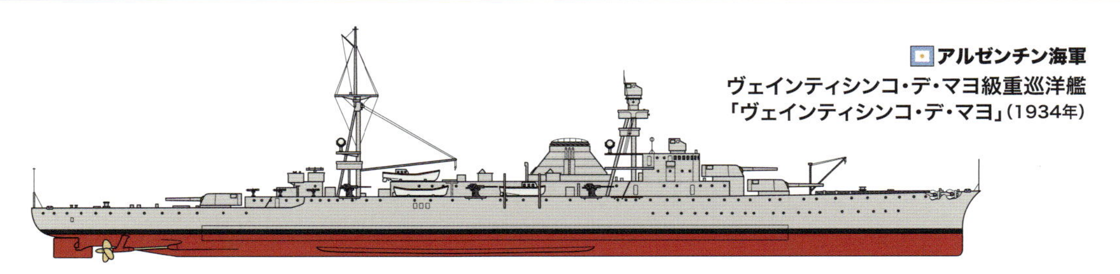

オランダ海軍

軽巡洋艦「デ・ロイテル」(1942年)

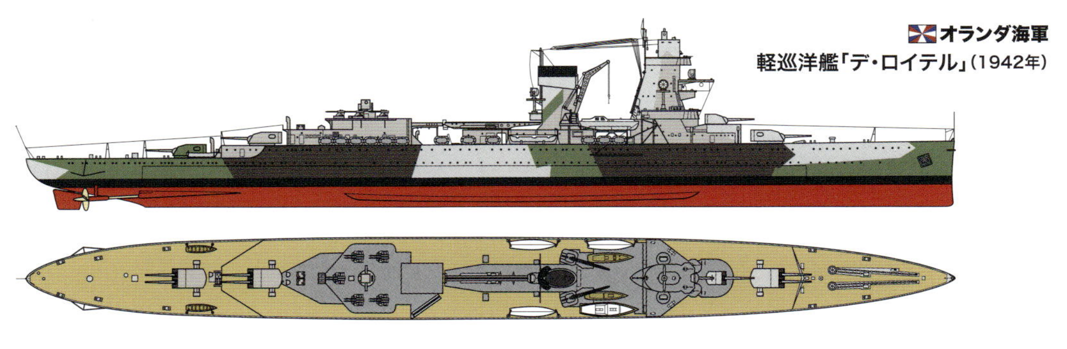

スペイン海軍

カナリアス級重巡洋艦
「カナリアス」

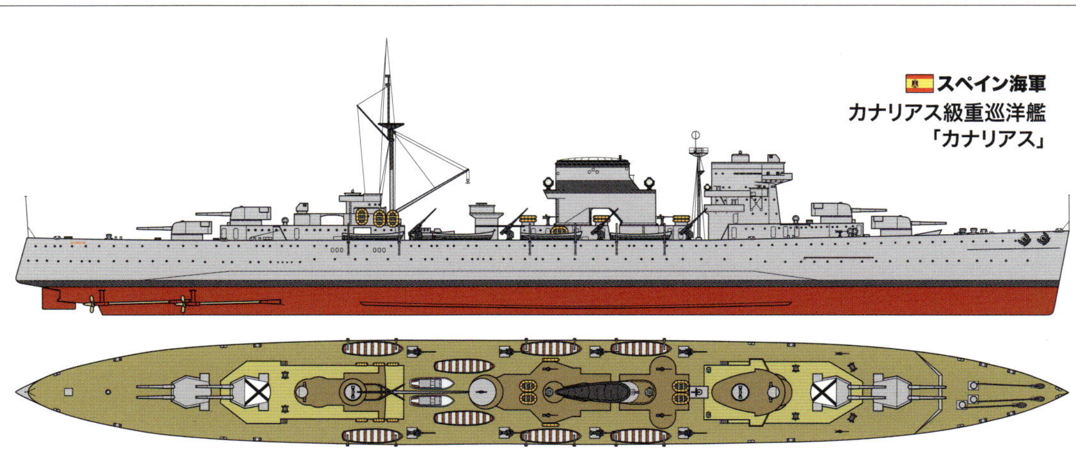

イギリスの巡洋艦

文／本吉 隆　図版／田村紀雄

1931年竣工の重巡「エクセター」。イギリス海軍では軽巡戦力の整備が優先された結果、本艦が事実上最後の重巡洋艦となった

1941年9月、地中海マルタ島への補給作戦「ハルバード」の際に撮影された英軽巡。手前から順に「エディンバラ」「シェフィールド」「ケニヤ」

C級軽巡洋艦
D級軽巡洋艦
E級軽巡洋艦
リアンダー級軽巡洋艦
アレスーサ級軽巡洋艦
サウサンプトン級軽巡洋艦
ダイドー級／ベローナ級軽巡洋艦
フィジー級軽巡洋艦
マイノーター級／タイガー級軽巡洋艦

ホーキンス級重巡洋艦
ケント級重巡洋艦
ロンドン級／ドーセットシャー級重巡洋艦
重巡洋艦「ヨーク」／「エクセター」

コラム①英連邦諸国の巡洋艦

イギリス海軍

C級巡洋艦
カレドン級／シアリーズ級／カーライル級

防空巡洋艦としても活躍したWWⅡイギリス軽巡の最古参

C級は1911年度に計画された「近代型軽巡の祖」とも言われるアレスーサ級軽巡から発達したもので、第一次大戦時の英の標準型軽巡として1913年度以降28隻が建造されたものだ。ロンドン条約の締結により、これらの艦のうち前期艦14隻は第二次大戦前に退役済みだったが、1915年末に「改セントー級（C級前期艦の最終型）」として計画が決定したカレドン級／シアリーズ級／カーライル級の3級のうち、前大戦での喪失艦1隻を除く合計13隻は、なお現役に留まっていた。

これらの艦のうち、カレドン級は戦時に初期建造艦の一部が実施したように艦橋位置の後方に2番砲を置く形となっているが、他の2級は艦橋構造物を船首楼最後部にずらし、その前方に設けた甲板室上に2番砲を背負い式配置で置く、という相違があり、最終型のカーライル級は凌波性向上のために艦首形状が以前の艦とは異なる形とされたという特徴があるのを除けば、基本的に性能面では大きな差異はない。主兵装として15.2㎝砲5門、53.3㎝連装発射管を片舷2基持ち、垂直防御として機関水線部76㎜、燃料タンクに挟まれた位置にある弾火薬庫部が57㎜、甲板部が25㎜の装甲を持つこれらの艦は、1,000トン以上大型の日本の5,500トン型軽巡に比べて、砲装はやや劣るが対弾防御は同等以上のものを持つと言える艦だったが、速力は最大29ノット程度と低く、航続力は10ノットで5,900浬（20ノットで3,560浬）と後の英巡洋艦より短いなど、第二次大戦開戦時点で艦隊作戦用の巡洋艦としては既に能力的に陳腐化してもいた。

だがその中で、1934年に「艦隊の防空火力増強と、防空作戦の指揮を執る」目的で整備される防空巡洋艦への改装がなされた艦は、有用に艦隊作戦で使用された。C級で防空巡洋艦改装を実施したのは、その試験艦を兼ねたシアリーズ級の「コヴェントリー」と「カーリュー」を嚆矢（こうし）として、続いてカーライル級の「カイロ」「カルカッタ」「カーライル」の3艦と、開戦直前に工事が開始された「キュラソー」の計4隻が改装の対象となった。また戦時中には「カレドン」と「コロンボ」（カーライル級）が改装対象になり、前者は1942年9月、後者は同年6月から改装工事に入り、前者は1943年12月、後者は1943年3月に改装を完了して艦隊任務に復帰した。

これらの防空巡洋艦改装艦のうち、最初の2隻は全ての砲装と雷装を撤去の上で、10.2㎝単装高角砲10門と、40㎜ 8連装機関砲（ポンポン砲）2基を搭載する形に改められ、戦前に40㎜機関砲の供給問題からこれを1基降ろし、12.7㎜ 4連装機銃2基を搭載する形としている。続いて改装が実施された「キュラソー」を含む戦前の改装艦は、高角砲を新型の10.2㎝ MkXIX型連装高角砲4基（8門）とし、近接対空兵装に40㎜ 4連装機関砲と12.7㎜ 4連装機銃2基（8門）を搭載する形に代わった。最後の改装艦となった「カレドン」では、4インチ（10.2㎝）連装高角砲3基（6門）と、近接対空兵装としてボフォース40㎜連装機関砲2基（4門）とエリコン20㎜連装機銃6基（12門）を装備する形で改装を完了、爾後20㎜機銃の増備等を経て、最終時期にはボフォース40㎜機関砲6門を増備して、20㎜機銃を降ろす措置を取っている。

写真はカレドン級の「カリプソ」で、第一次大戦時の撮影と見られる。防空巡洋艦に改造されずに第二次大戦に参加した本艦は、クレタ島沖でイタリア潜水艦に撃沈された

これらの防空巡洋艦改装対象艦は、開戦時期より防空艦として艦隊作戦及びドイツの長距離哨戒機の脅威から通商路を保護する任務等で重用されるが、「カーリュー」が1940年4月以降のドイツのノルウェー侵攻に対応したノルウェー方面での艦隊作戦に従事中の5月26日にドイツ空軍の爆撃機による攻撃を受けて沈没したのを嚆矢として、「カルカッタ」はクレタ島からの撤退作戦時に、「コヴェントリー」が1942年9月のトブルク奇襲作戦時にいずれも空襲で損傷、沈没したように、損害も多く生じている。また「キュラソー」は1942年10月2日に護衛していた大型で高速の客船「クィーン・メリー」に衝突されて沈没するという不幸な事態により喪失に至った。一方で残る「カレドン」と「カーライル」のうち、前者は1943年以降

1933～1939年にかけて砲術練習艦の任に就いていたシアリーズ級「キュラソー」。魚雷発射管は撤去されている。本艦は1939年、防空巡洋艦へ改装された

※:第二次大戦中、連合軍の海上封鎖を突破して日本勢力圏との間で物資輸送を行うべくドイツが投入した高速輸送船。

も本国艦隊の作戦や通商路保護任務、シシリー島上陸作戦を始めとする地中海方面の上陸作戦支援等で活躍を見せるが、終戦前に予備役編入されている。大戦中大西洋、地中海を始めとする各方面で活躍、マルタ島への強行輸送作戦である1942年8月の「ペデスタル」作戦でも活動した「カーライル」は、1943年7月以降のシシリー島上陸作戦支援に就いた後、その直後の10月、エーゲ海で行動中にドイツ軍機の攻撃を受けて大破、アレクサンドリアまで曳航されるが、修理はなされずに同地に放置され、戦後除籍されて姿を消した。

本級のこの他の艦は、1930年代に全艦が予備役編入されていたが、開戦直前時期より通商路保護及び哨戒任務等の第二線級の任務に投ぜられる艦として現役復帰がなされている。これらは開戦当時には近代化改装の機会を得ておらず、現役復帰した際には、第一次大戦末期と大差の無い状態のままだった。また戦時中も第二線級任務への充当が前提とされたため、小規模な対空火器増強と電探の装備が行われた以外は、特に目立つ改正はなされていない。

これらの艦のうち、1940年時期より砲術練習艦に転じた「カーディフ」は特に目立つ活動履歴は無いが、大西洋や地中海方面での哨戒任務で「カリプソ」と「カラドック」、「コロンボ」がドイツの封鎖破り船（※）を拿捕(だほ)する戦果を上げ、「シアリーズ」がノルマンディ上陸作戦の輸送船団の護衛艦として活動、「コロンボ」がシシリー島攻略作戦から南フランス上陸作戦時期を経て、1944年末時期のエーゲ海での作戦まで地中海艦隊にあって同方面で活動を継続するなどの記録を残している。未改装艦で喪失に至ったのは、イタリア参戦直後の1940年6月12日、イタリア潜水艦の雷撃で撃沈された「カリプソ」のみだった。

1943年、防空巡洋艦に改造後のカーライル級「コロンボ」で、本艦と「カレドン」は4インチ連装高角砲が戦前改造艦より1基少ない。カーライル級は凌波性向上のため、前2級にはなかった艦首のシアが設けられている

軽巡洋艦「カレドン」

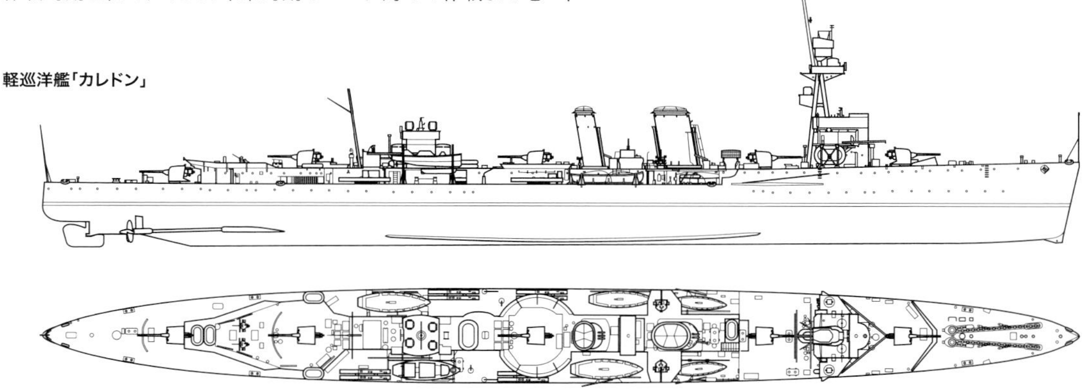

	カレドン級	シアリーズ級	カーライル級
常備排水量	4,120トン	4,190トン	4,290トン
満載排水量	4,950トン	5,020トン	5,250トン
全長	137.2m		137.6m
全幅	13m	13.3m	
吃水	4.5m		4.7m
主機/軸数	パーソンズ式ギヤード・タービン2基/2軸	ブラウン・カーチス式※1ギヤード・タービン2基/2軸	パーソンズ式※2ギヤード・タービン2基/2軸
主缶	ヤーロー式重油専焼缶6基		
出力	40,000馬力		
速力	29ノット		
航続距離	10ノットで5,900浬		
兵装	45口径15.2cm単装砲×5、45口径7.6cm単装高角砲×2、53.3cm連装魚雷発射管×4※3	45口径15.2cm単装砲×5、45口径7.6cm単装高角砲×2、40mm単装ポンポン砲×2、53.3cm連装魚雷発射管×4※4	
装甲厚	舷側76mm（機関部）、甲板25mm、司令塔152mm	舷側76mm（機関部）、甲板25mm、司令塔76mm	
乗員	334〜400名		

※1:「カーリュー」はパーソンズ式　※2:「カーライル」「コロンボ」はブラウン・カーチス式　※3:1943年「カレドン」防空巡改装時:45口径10.2cm連装高角砲×3、40mm連装機関砲×2、20mm連装機銃×6
※4:1939年「カイロ」「カルカッタ」「カーライル」防空巡改装時:45口径10.2cm連装高角砲×4、40mm4連装機関砲×1／1943年「コロンボ」防空巡改装時:45口径10.2cm連装高角砲×3、40mm連装機関砲×2、20mm連装機銃×6

	起工	進水	竣工	
カレドン	1916.3.17	1916.11.25	1917.3.6	1948解体
カリプソ	1916.2.7	1917.1.24	1917.6.21	1940.6.12戦没
キャラドク	1916.2.21	1916.12.23	1917.6.15	1946解体
カサンドラ	1916.3	1916.11.25	1917.6	1918.12.5戦没
カーディフ	1916.7.22	1917.4.12	1917.6.25	1946解体
シアリーズ	1916.4.26	1917.3.24	1917.6.1	1946解体
コヴェントリー	1916.8.4	1917.7.6	1918.2.21	1942.9.14戦没
キュラソー	1916.7	1917.5.5	1918.2.18	1942.10.2沈没
カーリュー	1916.8.21	1917.7.5	1917.12.14	1940.5.26戦没
カイロ	1917.11.28	1918.11.19	1919.9.24	1942.8.12戦没
カルカッタ	1917.10.18	1918.7.9	1919.8.21	1941.6.1戦没
ケープタウン	1918.2.23	1919.6.28	1922.4.10	1946解体
カーライル	1917.10.2	1918.7.9	1918.11.11	1948解体
コロンボ	1917.12.8	1918.12.18	1919.6.18	1948解体

イギリス海軍

D級軽巡洋艦

第一次大戦時に計画されたC級の拡大・兵装強化型

1916年初頭に英海軍では、ドイツ海軍が15cm砲を10～12門を搭載する新型の軽巡洋艦の整備を検討しているとの情報を入手、これに対抗可能な軽巡洋艦の整備検討を迫られる。この当時の情報では、ドイツの新型艦は基本的にC級を上回る砲力を持つが、砲の大部が舷側並行配置とされるこの艦に対抗するため、艦首の15.2cm砲を背負式配置として15.2cm砲1門を増備、片舷斉射能力では同等の能力を持つ新型巡洋艦の計画が持たれた。この他の兵装も高角砲がC級の7.6cm砲に対して10.2cm砲に変わり、雷装も前級の53.3cm連装発射管4基に対して、新型の3連装発射管4基が搭載されるなど、多くの改正が施された。

これがD級となった艦で、艦の全体の印象は艦首形状がシアとナックルを持つ形状に変化したカーライル級に類似したものがあるが、砲兵装の増備により艦の規模をC級より拡大する必要が生じたため、全長は約6～7m増大しており、これに伴って排水量はC級より600トン～700トン前後大型化している。一方で機関はカーライル級と同等の出力の2軸形式のものが採用されたため、最高速力は計画29ノット、満載状態で28ノットと若干低下した。装甲防御はC級に比べて額面上大きく変化はしていないが、ジュットランド海戦の戦訓を受ける形で、弾火薬庫の防御配置を改善する等の抗堪性向上策が採られている。

この様な多くの改正を受け、速力を除けば日本の球磨型に近い能力を持つ、第一次大戦型軽巡として有力な艦と言える能力を持つ艦となった本型は、1916年度から1918年度までに12隻が計画されたが、第一次大戦終了後に1918年度計画の6隻のうち4隻が建造中止となった。また建造開始が1番艦を除いて1917年以降となったこともあり、1916年度艦のうち1番艦「ダナエ」と3番艦「ドラゴン」は第一次大戦終結までに完成したものの、それ以外の6隻は1918年度艦で最後の竣工艦となった「ダイオミード」（1922年10月竣工）を含めて第一次大戦後の竣工となった。

本級もC級同様に開戦直前時期には全艦が予備役に編入され、実働艦は練習艦等の任務で使用される状態となっていた。だが欧州情勢の緊迫化に伴い、開戦直前時期に現役に復帰した「ダニーディン」を皮切りとして、開戦直後時期には全艦が現役に復帰した。なお、D級も1936年にはC級同様の防空巡洋艦への改装計画が持たれたが、これは開戦前には実現せず、戦時中も後述の「デリー」のみが実施対象とされたため、残る7隻は戦争途上でレーダーや対空火器の増備、それに伴う代償重量としての発射管の撤去などを含む改装を実施しているものの、最後まで原形を留める形で就役を続けている。

本級は再就役後、C級同様に基本的にはドイツの通商破壊艦による通商破壊阻止を含む護衛任務、通商破壊艦及びその補給船、独（後には伊とヴィシー・フランス等も加わる）の封鎖破り船を追跡・捕捉するのを主務とする哨戒などの任務に就いている。これは地味な任務だったが、「ダニーディン」が後に空母「オーダシティ」に改装された独商船「ハノーヴァー」や、戦艦「ビスマルク」の補給艦だったタンカーの「ロートリンゲン」を捕獲したことを代表例として、「デリー」が「メクレンブルグ」を、「ドラゴン」がヴィシー・フランス籍の「トゥアレグ」を捕獲するなど、この任務で各艦は相応の働きを見せてもいる。また1940年秋～1941年春時期のドイツ大型水上戦闘艦によるの通商破壊戦時にも、本級は船団護衛及びドイツ艦索敵等の任務に就いてもおり、その中で「ダニーディン」は、ドイツ重巡「アドミラル・ヒッパー」からWS5a船団を護る護衛艦の一艦として活動した、と言う経歴も残っている。ただしその中で、1941年11月24日にドイツ潜水艦「U124」の雷撃で「ダニーディン」が沈没、1941年春に「ドーントレス」が軽巡「エメラルド」と衝突して損傷するなど、損害も少なからず生じた。なお、太平洋戦争開戦時の東洋艦隊には、本級の「ダナエ」「ドラゴン」「ダーバン」の3隻が配されていたが、

写真は戦間期の「ドーントレス」。本艦を含む1916年度計画のD級第1群3隻は、艦首にシアが付いていないのが、第2群以降との相違点であった

本級で唯一、防空巡洋艦への改造工事を受けた「デリー」。写真は1942年の艦影で、兵装は38口径5インチ（12.7cm）単装両用砲5基、40mm4連装ポンポン砲2基、20mm連装機銃2基、同単装機銃6基

これらの艦は旧式なため日本軍迎撃に赴く打撃部隊に編入されなかったことで、日本軍の進攻で極東方面の連合軍艦隊が潰滅する中で、ジャワ海から撤退できた数少ない連合軍艦艇ともなった。

1943年1月にポーランド海軍に引き渡された「ドラゴン」を除く本級各艦は、1943年秋～1944年初頭時期まで大西洋を含む各海域での哨戒任務を実施した後、多くの艦が第一線を退いて練習艦等の任務に就いており、1945年時期に予備役編入された。その中で1943年時期まで東洋艦隊で活動した後に解役された「ダーバン」が、1944年6月9日にノルマンディに構築するマルベリー港の防波堤として自沈処分されるという記録も残っている。

第二次大戦勃発直後の1939年10月、パナマ運河を通過する「デスパッチ」。1918年度計画の本艦と「ダイオミード」は艦幅が若干拡大されている

先述の様に「デリー」のみは、1941年5月から同年末まで実施された米国での大改装と、続いて翌年3月までの英本土での改装により、防空巡洋艦に改装された(この他に「ダニーディン」の防空巡洋艦化も決定していたが、同艦喪失によりその機会が失われた)。米海軍制式の5インチ38口径単装両用砲塔5基と、Mk37型射撃指揮装置の搭載等により、有力な対空火力を得た本艦は、以後艦隊付属の防空巡洋艦として重用されることになり、まず本国艦隊に配されて1942年11月の「トーチ」作戦では中央任務部隊の一艦として作戦に参加する。同月20日に独軍機の攻撃を受けて大破、本国で修理をした後は地中海艦隊に配され、1943年7月のシシリー上陸作戦から、アドリア海方面で活動中の1945年2月に特攻艇の攻撃で大破するまで、同方面における艦隊の第一線艦として活動を続けた。損傷後本国に帰還した本艦は、修理はなされずそのまま1945年4月に解役された。

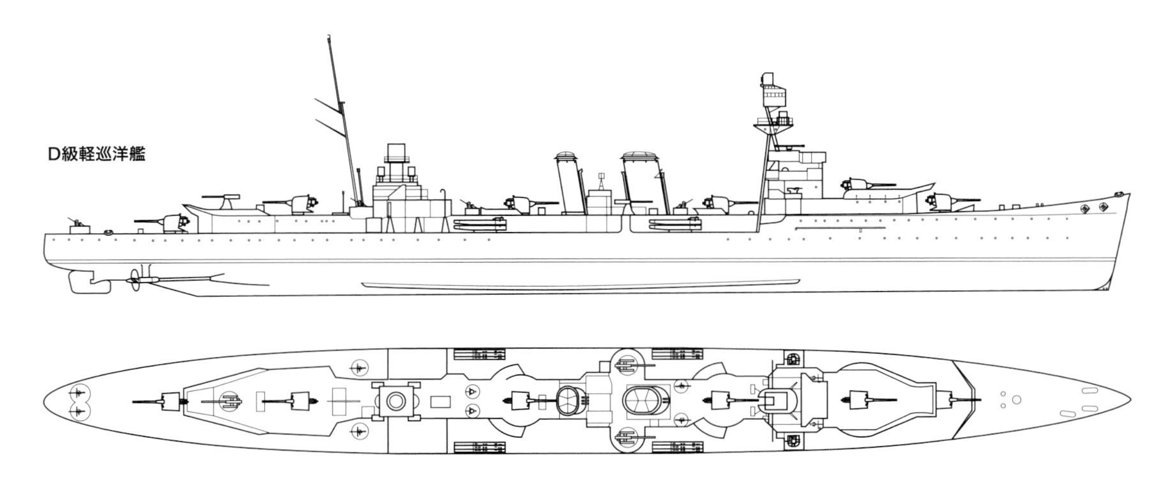

	D級第1群
常備排水量	4,850トン
満載排水量	5,925トン
全長	143.7m[※1]
全幅	14.2m[※2]
吃水	4.4m
主機/軸数	ブラウン・カーチス式ギヤード・タービン2基/2軸
主缶	ヤーロー式重油専焼缶6基
出力	40,000馬力
速力	29ノット
航続距離	27ノットで2,300浬
兵装	45口径15.2cm単装砲×6、45口径7.6cm単装高角砲×2[※3]、40mm単装ポンポン砲×2、53.3cm3連装魚雷発射管×4
装甲厚	舷側76mm、甲板25mm、司令塔76mm
乗員	350～450名

※1:第2群と第3群は144.1m
※2:第3群は14.3m
※3:第3群は7.6cm高角砲に代えて45口径10.2cm単装高角砲×2を搭載

		起工	進水	竣工	
第1群	ダナエ	1916.12.1	1918.1.26	1918.6.18	1948解体
	ドーントレス	1917.1.3	1918.4.10	1918.11.26	1946解体
	ドラゴン	1917.1.24	1917.12.29	1918.8.16	1944.7.20防波堤として自沈
第2群	デリー	1917.10.29	1918.8.23	1919.6.7	1948解体
	ダニーディン	1917.11.5	1918.11.19	1919.9.13	1941.11.24戦没
	ダーバン	1918.1	1919.5.29	1921.9.1	1944.6.9防波堤として自沈
第3群	デスパッチ	1918.7.8	1919.9.24	1922.6.2	1946解体
	ダイオミード	1918.6.3	1919.4.29	1922.10	1946解体

イギリス海軍

E級軽巡洋艦

C級/D級を大型化したイギリス第一次大戦型軽巡の集大成

第一次大戦中の1917年、ドイツが計画中と報じられた新型軽巡に対抗して計画されたもので、C級/D級より砲力と速力を向上させた艦として設計が行われたのがE級軽巡となった艦だ。

写真は改装前の「エメラルド」で、3番煙突と後檣の間には水偵用の滑走台が設置されている。前部缶室が汽缶6基、後部が2基という機関構成により、2番煙突と3番煙突の間隔がきわめて広い

船体はC級/D級同様の船首楼型だが、船型は高速発揮を考慮したファインなものとされ、凌波性向上のため、当初から艦首部にシア及びナックル、フレアを有する形とされた。主砲は以前の艦と同じ15.2cm砲で、搭載砲数は7に増加した。本級のうち「エメラルド」は艦の中心線上に同砲を5門、2番煙突後方の両舷部に1門を装備して片舷指向火力を6門としており、「エンタープライズ」では装備門数及び片舷指向可能門数は同数だが、新型の15.2cm連装砲塔の試験艦として、前部の単装砲2基を連装砲塔1基に置き換えたため、「エメラルド」とは砲装及び艦容に相違が生じた。更に「エンタープライズ」は砲塔装備に伴って当初から試作型の方位盤が装備されており、一方「エメラルド」では就役後に改型の方位盤を搭載する形が取られるなどの差異も生じている。対空火器は10.2cm高角砲3門、40mm機関砲2門とD級と同様の装備とされ、雷装も当初は53.3cm3連装発射管4基とD級と同様だったが、1928年～1929年時期に4連装発射管に換装されて雷装の強化が図られた。この改修の結果、第二次大戦に参加した英巡洋艦の中で、最大の雷装を持つ艦ともなってもいる。航空艤装は3番煙突後方への滑走台の搭載を含めて、水偵1機の運用が可能なものが搭載されており、このためもあって当初から艦の後方に大型のクレーンが装備されている。装甲防御は機関部水線装甲が76mm、水線下の弾火薬庫部が57mmと額面上はC級/D級と同等とされたが、機関部の装甲範囲はより拡大が図られるなどの措置が取られたので、耐弾抗堪性能は以前の軽巡より向上していた。

機関はシェイクスピア級駆逐艦のものを2セット搭載した8缶4機の4軸艦となり、機関の配置は最前部の前部汽缶室に汽缶を2基づつ収めた缶室3、その後方に主機2基を収めた前部機械室を置き、続いて汽缶2基を収める後部汽缶室と主機2基を収めた後部機械室を配したシフト配置が採用された。本艦は3本煙突艦で、各煙突の受け持つ缶数は前部から2-4-2とされたので、2番煙突が一番大型となっており、またシフト配置の影響で後部汽缶室の排煙を受け持つ3番煙突が離れて設置されたことが外見上の特色となってもいる。速力は計画で33ノット(満載32ノット)で、公試ではほぼ要求通りの性能を発揮している。なお、砲装の増大や速力性能の強化等を図ったことで、本級は以前のD級より全長で約30m、

1936年に撮影された「エンタープライズ」の艦前部。「エメラルド」では単装2基となっていた艦橋前の15.2cm砲が、本艦では連装砲塔1基に収められている

常備排水量で3,000トン以上の排水量増大を見るなど、相応に大型化してしまってもいる。これにより本級は英海軍で言う「大型巡洋艦（Large Cruiser:この当時は7,000トン以上の艦が該当した）」の範疇に属する艦となってしまい、このため本級の就役後、英海軍では巡洋艦の等級の見直しも行われた。

本級は当初3隻が計画されたが、3番艦の「ユーフラテス」は第一次大戦終戦に伴い、起工前に建造中止とされたため、1918年9月起工の1番艦と、同年6月起工の2番艦のみが建造工事を進める形となった。だが進水後、艤装を海軍工廠の工数確保のために検図を担当した民間造船所から海軍工廠へ移管、更に第一次大戦終了後の緊縮財政の影響もあって艤装工事を遅らせるなどの紆余曲折が生じたことで、竣工は共に1926年のこととなってしまった。この両艦は竣工後、就役中の英軽巡で最良と言える艦と評されるが、航洋性能が北海の作戦では充分なものの、大西洋を含む大洋作戦に投じるにはなお不満がある等の問題も報じられている（実際に本級の後に計画された巡洋艦では、対日戦充当等を考慮して、より優良な航洋性の付与が要求された）。本級は1930年代中

期に滑走台に代わるカタパルト1基の装備、これに伴う航空機用クレーンの搭載、後檣位置の変更などを実施、また高射装置の増設や煙突高の増大などの比較的小規模な改装を実施しつつ、艦隊に就役を続けた。その実績は相応に優良なものと評されてもいるが、1938年時期になると、予算等の問題もあって共に予備役編入されてしまった。

しかし第二次大戦開戦直後、英の軽巡の中でも有力な戦力と見做されていた本級2隻は現役に復帰、以後この両艦に対しては、開戦直後の「エメラルド」に対する12.7mm4連装機銃2基の増載を始めとして、15.2cm砲1～2門及び後部の魚雷発射管2基の撤去、それに代わって40mm機関砲及び20mm機銃の増載による近接対空火力の向上、各種電探の装備・更新等の改装を実施しつつ、大西洋及び地中海、東洋の各艦隊に配されて、各水域でのドイツ通商破壊艦や封鎖破り船の捜索などを始めとして、各種の作戦に参加している。その中で1940年8月に行われた両艦揃っての英本国からカナダへの金塊輸送作戦を実施、1940年7月に空母「アークロイヤル」以下のH部隊に編入された「エンタープライズ」はメルセルケビル攻撃に参加、以後インド洋でのドイツの豆戦艦捜索を含む各種作戦に従事。また両艦共に太平洋戦争開戦後、東洋艦隊に編入されて、インド洋での哨戒及び船団護衛任務に投ぜられるなど、様々な任務に就いている。その中で1943年12月28日には、「エンタープライズ」が「グラスゴー」と共に15cm砲搭載の大型駆逐艦5隻と大型航洋型水雷艇6隻からなるドイツ艦隊をビスケー湾で迎撃。この交戦で沈んだドイツ艦3隻のうち、「エンタープライズ」が砲戦で1隻（駆逐艦Z27）を撃沈するという戦果も上げている。1944年時期にはこの両艦は本国艦隊にあり、揃ってノルマンディー上陸作戦での火力支援に従事した後、1945年1月に揃って予備役編入されてその艦歴を閉じている。

前掲写真と同じ時に撮影された写真で、「エンタープライズ」の3番煙突から航空艤装を右舷より捉えている。改装により水偵の滑走台はカタパルトに、魚雷発射管も3連装から4連装となった

軽巡洋艦「エメラルド」(1935年)

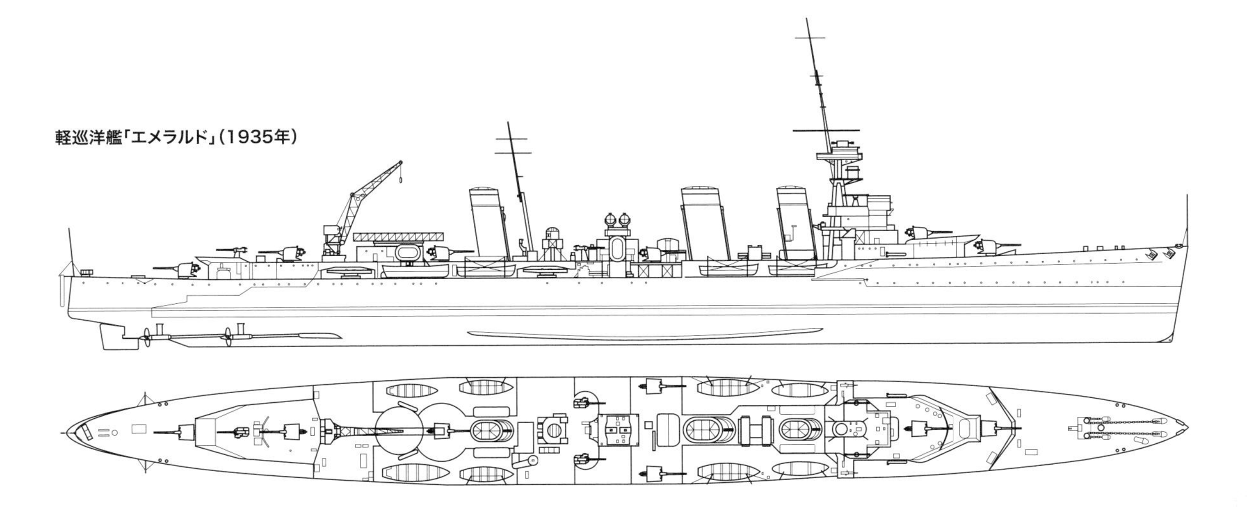

	エメラルド(括弧内はエンタープライズ)
基準排水量	7,550トン(7,580トン)
満載排水量	9,435トン
全長	173.7m
全幅	16.6m
吃水	5.03m
主機/軸数	ブラウン・カーチス式ギヤード・タービン4基/4軸
主缶	ヤーロー式重油専焼缶8基
出力	80,000馬力
速力	33ノット
航続距離	20ノットで3,850浬
兵装	45口径15.2cm単装砲×7(同連装砲×1、同単装砲×5)、45口径10.2cm単装高角砲×3、40mm単装機関砲×2、53.3cm3連装魚雷発射管×4、水偵×1
装甲厚	舷側38～76mm、甲板25mm
乗員	572名

	起工	進水	竣工	
エメラルド	1918.9.23	1920.5.19	1926.1.14	1948解体
エンタープライズ	1918.6.28	1919.12.23	1926.4.7	1946解体
ユーフラテス	1918			1918.11.26建造中止

イギリス海軍

リアンダー級軽巡洋艦

イギリスが第一次大戦後に初めて建造した軽巡洋艦

カウンティ級以降、英海軍の巡洋艦整備は一旦8インチ(20.3cm) 砲搭載艦に集約される格好となったが、1928年以降には巡洋艦70隻体制で必要とされる艦隊作戦に使用可能な6インチ(15.2cm) 砲もしくは5.5インチ砲(14cm砲)を搭載する小型の巡洋艦の検討が進められることになった。

当初6,000トン程度の艦とすることが見込まれていたこの艦は、検討開始後に「エンタープライズ」に搭載した連装砲塔の実績が良好だったことを受けて、砲装としてこれを4基搭載し、方位盤による射撃指揮が可能な装備を持たせる案が本命扱いとなり、更に高射装置やカタパルトを含む水偵関連艤装の搭載、カウンティ級と同等の艦内居住性の確保、航続力の延伸等の追加要求もあって、最終的に基準排水量7,154トンの試案が1931年6月に確定する。

この試案に基づく艦は、まず1番艦「リアンダー」を含む原型計5隻が整備され、続いて米海軍巡洋艦の機関配置を参考として、汽缶の新型化及び機関配置のシフト配置への変更を含めた各種改正を実施した改リアンダー級の3隻が整備され、最終的な整備数は8隻となっている。

長い船首楼を持つ船体の全長は原型で169m、改型で169.2mと差異があり、船体幅は「リアンダー」は16.8m、原型のほか4隻は復原性向上のため17.1mへと拡幅、また改型では17.3mと更に拡幅が行われるなど、細かい相違があった。艦橋を含めた艦上構の形状及び配置は「エクセター」を参考にした形で設計が進められたことで、その艦容は以前の英軽巡に比べて全般的に近代的な姿となった。

主砲は新型式の15.2cm50口径砲が採用され、これを主砲の高角化対応を考慮して、最大50度の仰角が付与された連装砲塔4基に収めた。これにより本級は、以前の軽巡より片舷指向門数が増大しただけで無く、主砲の完全な砲塔化により方位盤の指揮下で高発射速度での射撃継続が可能となる等の利点も生まれ、その結果として戦闘力は以前の軽巡に比べて大きく向上を見ている。因みに改型では、当初砲塔のうち2基を3連装砲塔として10門艦、3連装砲塔3基の9門艦とする事も考慮されたが、速度低下や異なる種類の砲塔混載が望ましくない、とされたため、他艦と同じ砲装とされたという経緯もある。対空火器は当時の艦隊標準に合わせて、高角砲として10.2cm単装高角砲4門、12.7mm4連装機銃3基が搭載された。雷装は53.3cm4連装魚雷発射管が片舷宛て1基装備されていた。カタパルトは煙突後方に1基が搭載され、水偵1機の運用が可能だった。なお、1934年にオーストラリア海軍に引き渡しが決定した「シドニー」のみは、同国海軍の要求でより大型のカタパルトを装備して竣工している。

原型の機関配置は前部に汽缶を、後部に機械室を配する形が取られている。汽缶の搭載数は6基で、缶室の集約により一本の大型煙突を持つ単煙突艦となった。主機4基の4軸艦で、72,000馬力を発揮可能なこの機関で、計画32.5ノット、満載状態でも31.5ノット程度の速力発揮が可能だった。改型はカタログ上の性能は同一だが、汽缶が大容量のもの4基に変わり、汽缶配置もシフト配置とされたことで、汽缶室配置の変更や煙突が2本となるなど、艦容及び艦内配置は原型から相応に変化している。また燃料増載と機関の進歩により、航続力も要求より増大して16ノットで7,000浬(計画)となった。

装甲防御は砲塔防御は25mmと薄いが、弾火薬庫側面は89mm、上部は51mmと相応のものがある。また機関室側面は76mm(+25mmの高張力鋼の船体鋼鈑)、甲板部が38mmと、「エクセター」と同等の装甲が施されるなど、当時の軽巡としては有力な防御を持たされていた。

本級原型のうち、1番艦と1930年度建造の3隻は1933年〜1934年、1931年度建造の5番艦「エイジャックス」は1935年に竣工している。艦隊就役後、「戦闘力及び航洋性を含めて、優良な巡洋艦」と評された本級は、北米及び西インド諸島方面配備となった「エイジャックス」を除いて、全艦が一旦本国艦隊に配されるが、「リアンダー」と「アキリーズ」

本級のマストは竣工時、前後ともに棒檣だったが、写真の「エイジャックス」は大戦中に三脚檣に改めている

1939年12月のラプラタ沖海戦の最中、「エイジャックス」艦上から「アキリーズ」を捉えた写真。同海戦で両艦は重巡「エクセター」とともに、ドイツ海軍の「アドミラル・グラーフ・シュペー」に損傷を与えて自沈に追い込んだ

は1937年4月にニュージーランド海軍へ転籍、この際にこの両艦はカタパルトの強化を含む各種改正も実施している。また各艦は、この時期かそれ以降に10.2cm高角砲の連装高角砲への換装も実施していた。

第二次大戦開戦後、これらの5隻はまず英艦隊の艦として艦隊作戦及び通商路保護任務に充当され、1939年12月13日のラプラタ沖海戦では「エイジャックス」と「アキリーズ」が、ドイツ装甲艦「アドミラル・グラーフ・シュペー」と交戦、同艦の自沈に大きく寄与したことを端緒として、終戦まで多くの戦功を残しており、その中で大きな損傷を受けることも少なくなかったが、1941年12月19日にイタリア軍の敷設した機雷原で触雷沈没、1名を除いて全員が戦死した「ネプチューン」を除く4隻が戦争を生き残っている。大戦中これらの艦は、近接対空兵器と電探の増載を継続して実施しており、その中で代償重量及び装備スペース確保のため、1941年以降に航空艤装の撤去が行われたのに加え、中には3番主砲塔1基を撤去した艦もあった。

写真は「オライオン」。艦前後に2基ずつ背負い式に搭載した主砲塔、コンパクトにまとめられた艦橋構造、集合式の一本煙突など、均整のとれた艦容をもつ

一方改型は、1935年に竣工した「シドニー」は翌年8月にオーストラリア方面に展開、1936年中に竣工した後英艦隊に就役した「アポロ」と「アンフィオン」の両艦も、高角砲の連装型への更新とカタパルトの新型化を含む改正を実施の上で、前者が1938年6月、後者が1939年6月にオーストラリア海軍に引き渡されたため、第二次大戦時に英艦として活動した艦は無い。なお、改型も戦時中、原型同様の改装が行われている。

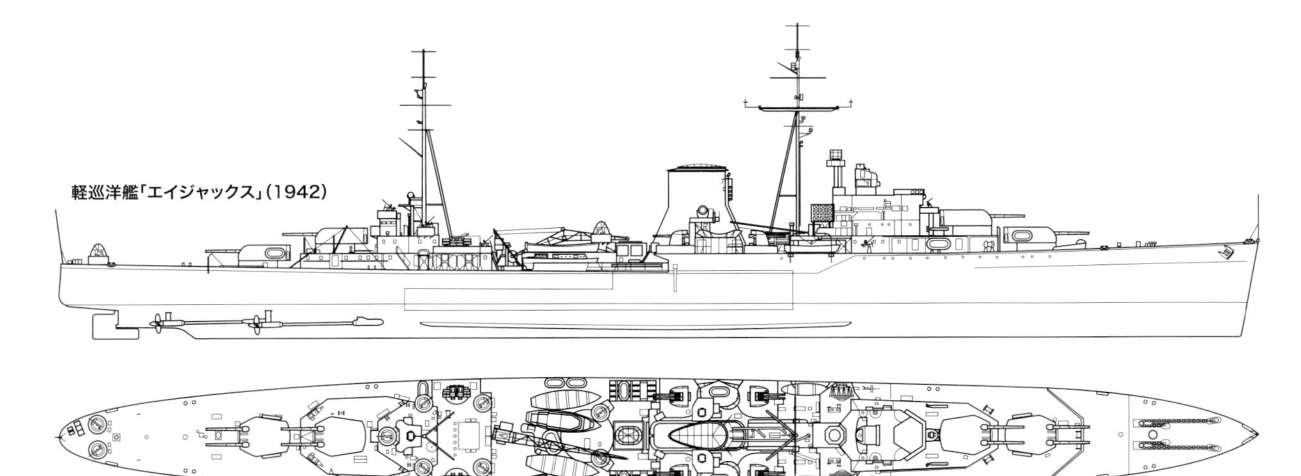
軽巡洋艦「エイジャックス」(1942)

	リアンダー級
基準排水量	7,270トン※1
満載排水量	9,749トン
全長	169m
全幅	16.8m※2
吃水	4.9m
主機/軸数	パーソンズ式ギヤード・タービン4基/4軸
主缶	アドミラルティ式重油専焼缶6基
出力	72,000馬力
速力	32.5ノット
航続距離	12ノットで10,300浬
兵装	50口径15.2cm連装砲×4、45口径10.2cm単装高角砲×4、12.7mm4連装機銃×3、53.3cm4連装魚雷発射管×2、水偵×1、射出機×1
装甲厚	舷側102mm、甲板38mm、弾火薬庫51～89mm、主砲塔25mm
乗員	570名

※1:「アキリーズ」は7,030トン、「エイジャックス」は6,985トン、「オライオン」は7,215トン、「ネプチューン」は7,175トン
※2:「リアンダー」以外の4隻は17.1m

	起工	進水	竣工	
リアンダー	1930.9.8	1931.9.24	1933.3.24	1950解体
アキリーズ	1931.6.11	1932.9.1	1933.10.10	1948.7.5インド海軍に引き渡し
オライオン	1931.9.26	1932.11.24	1934.1.18	1949解体
ネプチューン	1931.9.24	1933.1.31	1934.2.23	1941.12.19戦没
エイジャックス	1933.2.7	1934.3.1	1935.4.12	1949解体

※:改型の要目・艦略歴は41ページを参照

イギリス海軍

アレスーサ級軽巡洋艦

小型ながら運用側の評価の高い「艦隊用巡洋艦」

英海軍ではリアンダー級の計画と並行して、「艦隊用巡洋艦」と呼称された水雷戦隊旗艦及び敵艦隊の追尾及び艦隊の警戒幕を構成する小型の巡洋艦の検討を開始する。これは当初リアンダー級を若干小型化した基準排水量6,800トンの艦から、5.5インチ単装砲6門を搭載する3,000トンの艦まで5つの試案が検討されたが、海軍予算の獲得が難しい時期のため、要求を達成しつつ出来うる限りの艦型縮小が求められた結果、まず15.2cm連装砲塔3基を搭載するC級/D級相当の排水量を持つ試案が本命視された後、要求された航洋性能の確保や航空艤装の搭載、航続力の増大等を織り込みつつ、ロンドン条約下での巡洋艦整備による保有制限枠などを勘案した結果、1932年2月に「5,500トン型」とも呼称される基準排水量5,450トンの試案が承認を得た。

これが船体及び上構配置、全般的な外見でリアンダー級の改型に通じるものを持つ、アレスーサ級軽巡として整備された艦となる。ただし同級に比べて、本級は全長が154.2m、幅も15.5mとより小型で、砲塔数が1基少ないことや、後檣下部の後部指揮所の構造がより簡素であるなど、各部に相違点があるので、識別は比較的容易だ。

主砲はリアンダー級と同じ15.2cm連装砲塔を前部に2基、後部に1基を配しており、片舷斉射門数は6門に減少したが、リアンダー級同様の有用な射撃指揮機構を持つ事で、軽巡として必要最低限な砲力は確保していると見做された。高角砲は当初10.2cm単装高角砲4門だったが、「ピネラピ」と「オーロラ」は竣工時より連装型4基(8門)へと変わり、他の2隻も「ガラテア」は開戦前に、「アレスーサ」は戦時中にこれに装備更新している。近接対空機銃は12.7mm4連装機銃が2基搭載され、雷装は53.3cm3連装発射管を片舷宛て1基(計2基)と、何れもリアンダー級より若干縮小された。一方でカタパルトを含む航空艤装と、水偵搭載能力は同級と同レベルのものが確保された。

機関型式は主缶4基、主機4基の4軸艦で、出力は64,000馬力だった。本級の機関配置はE級と同様にシフト配置が採られており、汽缶4基は分割された前後部の缶室に各2基が置かれ、これにより本級は2本煙突艦となっている。最高速力は常備状態で約32ノット、満載状態で約31ノットで、航続距離は15ノットで5,500浬(計画)とされている。

防御は砲塔は全域25mmで変わらないが、火薬庫部は側面76mm。上面51mm、弾庫部分は側面/上面25mmとされた。また機関区画も側面57mm+12.7mm、上面25mmとなった。これはリアンダー級より低下してはいたが、本級と同様に水雷戦隊旗艦用として建造された日本の阿賀野型と同等かそれ以上でもあり、この規模の巡洋艦としては、一応の耐弾力を持つと言えるものではあった。

本級は1932年初頭にロンドン条約の制限枠内で建造可能な5隻の整備が一旦決定しており、続いてC級/D級の退役に合わせて余剰が生まれる保有枠を考慮しつつ、少なくとも1933年度と1934年度で6隻の整備が確定扱いとなっていた。だがロンドン条約締結後、仮想敵である日本海軍が8,500トン型の大型軽巡の整備に乗り出したことで、米海軍同様に巡洋艦の整備計画を根幹から見直す必要が生じてしまった。その中で小型の本級の整備計画は縮小され、結果として1931年度から1934年度に各1隻の計4隻が建造されるに留まった。

本級のネームシップでもある「アレスーサ」。煙突の間のスペースに射出機など航空関係の艤装を搭載している

1935年~1937年に掛けて全艦が竣工した本型は、就役後「ガラテア」が地中海艦隊駆逐艦戦隊旗艦、「アレスーサ」と「ピネラピ」が地中海艦隊の第3巡洋艦戦隊、「オーロラ」が本国艦隊駆逐艦戦隊旗艦と、計画通り艦隊作戦用の巡洋艦として就役し、航洋性の高さと砲のプラットフォームとして安定していることなどが評価されて、艦隊側からの評価も高かったという。第二次大戦開戦後は、まず各艦共に本国艦隊での通商路保護任務やノルウェー作戦等の艦隊作戦に従事、イタリア参戦後は本国艦隊に「ガラテア」と「オーロラ」、地中海艦隊に「アレスーサ」と「ピネラピ」が配される格好となった。本国艦隊の2隻は共に「ビスマルク」追撃戦に参加

写真は1942年頃の「ピネラピ」で、40mm4連装機関砲を煙突間に装備するなど対空兵装の増強が実施されている。その代償として射出機は撤去された

した後、前者は1941年7月、後者は同年10月に地中海に転戦、「ガラテア」は、1941年12月14日に独潜水艦の雷撃を受けて沈没してしまう。一方残りの3隻は地中海で作戦を継続、度々損傷を負いつつもイタリア降伏まで全艦が生き残ったが、1944年2月18日に「ピネラピ」が雷撃により沈没する。この後1942年11月18日にドイツ雷撃機の攻撃を受けて大破、1944年初夏にようやく戦線に復帰した「アレスーサ」は本国艦隊に配され、ノルマンディ上陸作戦の火力支援に参加した後、翌年1月に地中海艦隊に再配備された後、そのまま終戦を迎えた。一方「ネプチューン」と同日に触雷大破した「オーロラ」は損傷復旧後に北アフリカ上陸作戦やシチリア島上陸作戦、南フランス上陸作戦等に参加、終戦時期にギリシャのアテネ解放支援をした後に終戦を迎える。生き残った2隻のうち、「アレスーサ」は1950年に解体処分となったが、「オーロラ」は戦後中華民国海軍（国民党軍）に売却され、1948年5月19日に共産軍に奪取されるが、1949年3月に国民党軍の航空攻撃により、大沽湾内で撃沈された。その後浮揚されてはいるが、以後作戦可能状態には戻らなかったと伝えられてもいる。

戦時中のこれらの艦に対しては、他級と同様に電探や近接対空火器の増備を実施する一方で、その代償重量と対空火器増載スペース確保のため、1941年以降に航空艤装の撤去を実施している。

戦後は中華民国に引き渡されることとなる「オーロラ」。中華民国海軍では「重慶」と名付けられたが、共産軍に渡ってからは「黄河」、次いで「北京」と名を変えている

アレスーサ級
「ガラテア」(1941年)

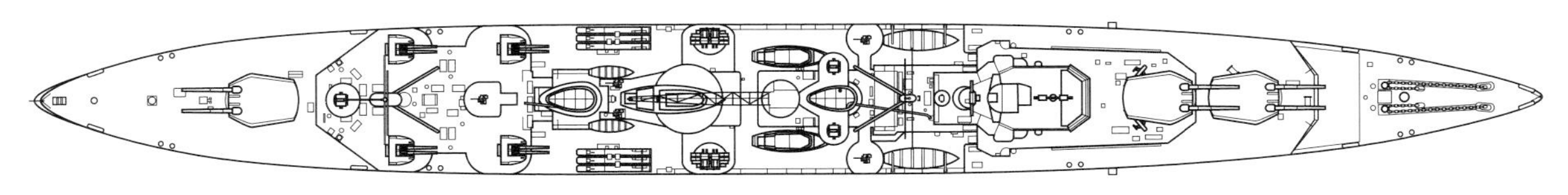

	アレスーサ
基準排水量	5,220トン※1
満載排水量	6,665トン※2
全長	154.2m
全幅	15.5m
吃水	4.3m
主機/軸数	パーソンズ式ギヤード・タービン4基/4軸
主缶	アドミラルティ式重油専焼缶4基
出力	64,000馬力
速力	32.25ノット
航続距離	10ノットで12,000浬
兵装	50口径15.2cm連装砲×3、45口径10.2cm単装高角砲×4※3、12.7mm4連装機銃×2、53.3cm3連装魚雷発射管×2、水偵×1、射出機×1※4
装甲厚	舷側57mm+12.7mm、甲板25mm、弾火薬庫25～76mm、砲塔25mm
乗員	500名

※1 「ピネラピ」「オーロラ」は5,270トン
※2 「ピネラピ」「オーロラ」は6,715トン
※3 「ピネラピ」「オーロラ」は同連装高角砲×4
※4 「オーロラ」は水偵・射出機なし

	起工	進水	竣工	
アレスーサ	1933.1.25	1934.3.6	1935.5.21	1950解体
ガラテア	1933.6.2	1934.8.9	1935.9.3	1941.12.15戦没
ピネラピ	1934.5.30	1935.10.15	1936.11.15	1944.2.18戦没
オーロラ	1935.7.23	1936.8.20	1937.11.12	1948.5.19中華民国海軍に引き渡し

イギリス海軍

サウサンプトン級軽巡洋艦
タウン級:第1群/第2群/第3群

英海軍巡洋艦戦力の主力を構成した大型軽巡

サウサンプトン級第1群/第2群

ロンドン条約締結時期、英海軍ではリアンダー級とアレスーサ級の整備を実施もしくは計画途上にあり、爾後暫くこの両級に属する艦の整備が継続されると見られていた。しかしその翌年に日本海軍が15.5cm砲15門装備の8,500トン型大型巡洋艦2隻を整備する事が伝えられたことが、この情勢を大きく変えた。

この日本の大型巡洋艦に関する情報は極めて限られていたが、断片的な情報から、「英海軍の全ての軽巡洋艦に勝る」だけでなく、1万トン型巡洋艦と同等の戦力を持つ艦と見做された。そしてこの年の2隻を含めて、1933年に掛けて合計8隻の整備が行われることが通告されたこともあり、これに対抗可能な大型軽巡洋艦の整備実施は喫緊の問題と捉えられた。

この様な情勢を受けて、「日本型」とも呼ばれた大型巡洋艦に対抗可能な試案の検討が始まったのは1933年8月の事だった。当初の要求では6インチ3連装砲塔4基を搭載、装甲防御は舷側側は弾火薬庫部と機関部共に15.2cm砲弾に対して完全な抗堪性を持たせると共に、甲板部は14.6km(機関部)/19.2km(弾火薬庫)以下で安全圏を有し、速力は最低で30ノット以上、水偵5機を搭載可能、とされる。だが、その後「近代的な巡洋艦の速力は32～33ノットが必要」との要求変更に伴う機関出力増大と航続力増大のための燃料搭載量増大、海外のドック長制限から当初183m程度を予定していた水線長を178mに短縮、水線装甲帯及び甲板装甲の範囲拡大などの変更を経て、1934年の半ばには制式承認を受けるに至っている。

この大型巡洋艦の船体型式は以前の艦同様に船首楼型だが、前部の上構配置は航空艤装の改善を受けて、航空機格納庫を包括した大型のものへと変化したこともあり、艦容はそれ以前の英巡洋艦に比べて大きな変化が生じた。

主砲はリアンダー級より採用された15.2cm50口径砲を3連装砲塔に収め、これを前後に2基づつ計4基(12門)を搭載した。なお、この砲塔は発砲時の砲弾の相互干渉抑制のために中央の砲身を左右のものより76.2cm後方に配しており、これは本級以降の本砲塔装備艦の外見的特色ともなっている。対空兵装も以前の艦より強化され、当初から10.2cm高角砲の連装型が4基と、近接対空兵装として40mm4連装機関砲と12.7mm4連装機銃が各2基が装備されており、また高射装置も新型が装備された。一方で水雷兵装は、排水量抑制の見地もあり、53.3cm3連装型魚雷発射管を両舷宛て1基搭載する形とされた。航空艤装は当初リアンダー級に近い型式を想定していたが、艦中央部に舷側方向に固定したカタパルト1基を搭載、格納庫に収納可能な2機を含めて3機の水偵搭載を可能としている。

機関形式は主機4基の4軸艦で、汽缶の搭載数は機関出力が日米の同級の艦に比べて少ないことと、缶の大容量化もあり4基と少ない。機関配置は改リアンダー級及びアレスーサ級同様にシフト配置が取られていた。機関出力は第1群が75,000馬力、装甲強化等で排水量が増大したのに対処して出力強化がなされた第2群が82,500馬力で、第1群の計画速力は公称32ノット、満載状態で30.5ノットとされていたが、「サウサンプトン」の公試では、基準状態で33ノット+、常備(燃料半載)で31.9ノットと予定を上回る性能を発揮している。また機関出力が強化された第2群の艦は、さらに若干の速力性能向上を見てもいる(公称32.3ノット)。燃料搭載量は第1群の1・2番艦が1,950トン、それ以降が2,060トンで、航続距離は16ノットで8,000浬もしくは12ノットで8,900浬であったが、竣工後はより長い航続力を発揮した事を示す資料が1944年に出されてもいる(同資料では12ノットで12,100浬)。なお、第2群の燃料搭載量は、2,100トンとする資料もある。

装甲防御は排水量抑制もあって若干原計画より減厚された

1941年、スカパ・フロー沖を航行する「シェフィールド」。複雑なパターンの迷彩塗装が施されている

第二次大戦後、朝鮮戦争にも参加した「ニューカースル」。写真は朝鮮戦争休戦後の1954年3月の撮影

1938年頃の「バーミンガム」。本級は艦橋後方から第一煙突にかけての上部構造内が航空機格納庫にあてられ、前後の煙突間に固定式の射出機を装備していた

が、機関部が水線部114mm、甲板部31ないし51mm、弾火薬庫部が側面114mm、上面51mm、砲塔が前面／上面が51mm、他が25mm、バーベット部は51mm（側面）～25mm（前後面）と以前の英巡洋艦を上回る防御が施されている。また第2群の艦では、水平防御の強化や弾火薬庫部内部の装甲範囲拡大などの抗堪性向上索も取られていた。

本級の第1群は1933年度計画で2隻、1934年度で3隻の整備が行われた。当初本級は「M」級と呼ばれており、最初の2隻の艦名は「マイノーター」と「ポリフェマス」を予定していたが、1933年11月に英国の都市名を艦名とするという決定が為された結果、1番艦「サウサンプトン」、2番艦は「ニューカースル」とされ、以後の建造艦もこれに準じて命名が為されている（本級を「タウン(都市)」級と呼称する場合があるのは、この艦名決定の経緯に所以する。因みに本級最初の竣工艦は「ニューカースル」で、このため古い資料だと時折同艦をネームシップに挙げる場合がある）。本級の第1群のうち、1934年度計画の3隻は、先の燃料搭載量以外に、高射装置の装備数等で若干の差異があった。続く1935年度計画で計画された3隻が第2群とされる艦で、基本的には1934年度艦に準ずるが、新型機関の搭載を含む先述の改正のほか、主砲方位盤塔（DCT)の増載（1→2）が図られるなど、より戦闘能力の強化も図られていた。

1937年3月5日に「ニューカースル」が竣工したのを皮切りとして、本級第2群までの艦は、最終艦「グロスター」を含めて、全艦が第二次大戦開戦前に竣工している。就役後、荒天時の航洋性と砲撃時の安定性に優れること、旧来の英軽巡洋艦に比べて攻防力がより高い事などが評価される一方で、本級の対抗艦で、公称ではより小型の日本の最上型に比べて、砲力や速力で見劣りする面があること、また米のブルックリン級に砲力や防御力で見劣りする面があるのが欠点と見做された。

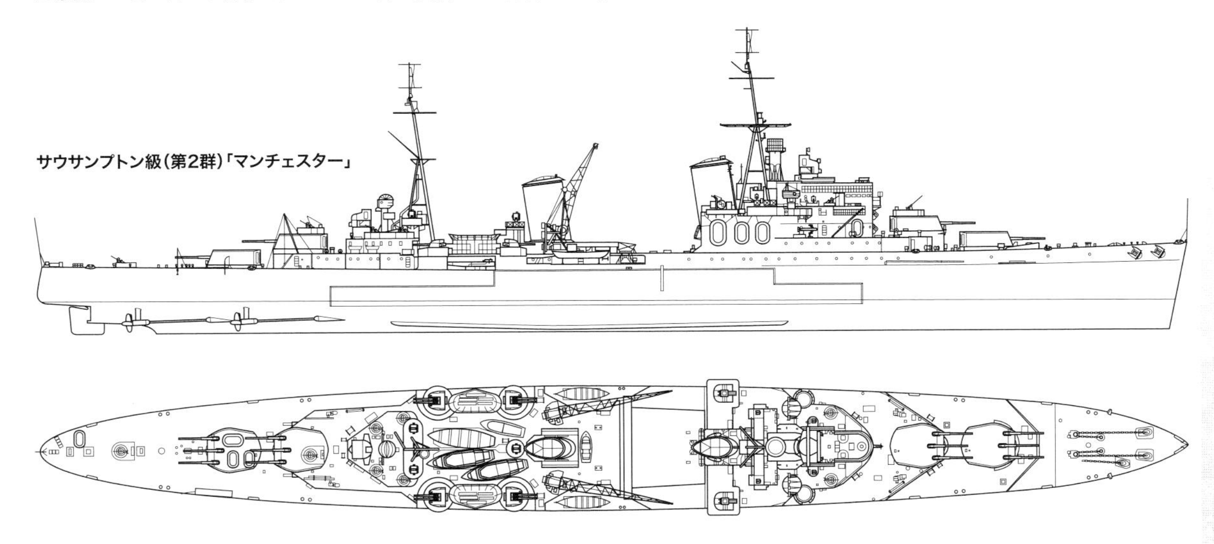

サウサンプトン級(第2群)「マンチェスター」

しかしそれでも本級は、就役後に日本及びイタリアの大型軽巡に対抗可能な戦力を持つ艦として、艦隊側から歓迎されており、実際に第二次大戦では英巡洋艦部隊の主力となる級の一つとして、戦時中に対空兵装の増備等を実施しつつ、大西洋及び地中海での艦隊作戦及び各水域での通商路保護等の各種任務に投ぜられた。その中で「シェフィールド」がドイツ戦艦「ビスマルク」追撃戦で同艦との触接及び補給艦の捕獲、バレンツ海海戦での「アドミラル・ヒッパー」の損傷と駆逐艦の撃沈、北岬沖海戦で「シャルンホルスト」撃沈に寄与するなど、各艦が様々な局面で大きな活躍を見せている。だがそれだけに損害を受けることも多く、第二次大戦中に「サウサンプトン」がマルタ島への輸送船団護衛中の1941年1月11日に被爆大破、後に沈没したのを手始めに、「マンチェスター」「グロスター」が戦闘で失われた。また第2群で唯一の残存艦となった「リバプール」も、1942年6月14日にマルタ島への強行輸送作戦であるハープーン作戦従事中に航空雷撃により大破、損傷復旧は1943年7月に完了したが、何故か以後も艦隊に復帰せず、終戦後の1945年10月になって現役復帰する、という事態も生じている。

戦後、第1群/第2群の残存艦は、各艦隊の旗艦等を歴任しつつ艦隊にあり続け、1952年に「リバプール」が退役して以降漸次数を減らしていったが、1959年に戦艦「ヴァンガード」に代わって予備艦隊旗艦となった「シェフィールド」が1964年に除籍されたことで、全艦が退役に至っている。なお、本級のうち「ニューカースル」と「バーミンガム」の2隻は、朝鮮戦争時に東洋艦隊に配され、同戦争での作戦記録を保持してもいる。

写真はタウン級第2群で最初に竣工した「マンチェスター」。本艦は地中海マルタ島への補給作戦「ペデスタル」の最中、1942年8月13日にイタリア魚雷艇の攻撃を受けて沈没した

サウサンプトン級第3群

サウサンプトン級の整備開始後、より一層の砲力強化と防御力強化が望まれる様になり、これを受けて、1936年度ではこの要求に沿った「1万トン」型と呼ばれた大型巡洋艦の整備が検討された。これは当初、15.2cm3連装砲塔5基を搭載する事が考慮されたが、水線長が193.6mと海外のドックで整備が出来ないことから見直され、続いて15.2cm4連装砲塔を4基（16門）を搭載し、サウサンプトン級より対空兵装のより一層の強化等を図ったドック長制限限界の水線長187.8mの案が検討される。しかしこれも必要とされる主砲弾薬数に対して弾薬庫の区画長が不足すること、装甲重量配分に問題が出る等の不具合が確認されたため、最終的に主砲塔をサウサンプトン級と同様の3連装4基として全長を約3m短縮、その代わりに対空兵装の強化は元計画通りに実施し、同級より装甲防御の強化等を施した艦として設計が纏められた。

このサウサンプトン級の拡大改良型と言える艦が、改タウン級／タウン級第3群とも呼ばれるエディンバラ級となったものだ。兵装面では高角砲の装備数が10.2cm連装型6基（12門）、40mm機関砲が8連装型2基に代わった以外は第2群と大差は無いが、装甲は弾火薬庫上部が76mm（機関部は第2群同様51mm）に強化が図られたように、装甲厚の一部増大及び主要区画における適用範囲の拡大等が実施されて、耐弾性能は更に改善された。機関は第2群と同型式で、排水量は増大したが船体延長の影響か、計画速力は最大32.3ノットと変化は無い。燃料搭載量は2,400トン（2,260トン説あり）と以前の艦より増大したが、航続力は以前の艦と同様で、先述の1944年度の資料では12ノットで12,200浬とされている。この他のカタログ上の要目で、第2群の艦から大きく変化した点は無い。

本級の「エディンバラ」と「ベルファスト」の2隻は、計画年度は第2群の艦より遅いが、第2群の艦と同様に1936年中に起工が行われており、1・2番艦共に第二次大戦開戦直前時期に竣工に至った。因みに英巡洋艦の戦前計画艦で、第二次大戦開戦前に完成したのは本級が最後の例となっている。

就役後、第1群/第2群の艦に比べて艦の大型化による艦内スペースの改善と、防御力向上が歓迎された本級は、両艦共に本国艦隊に配された。このうち1939年11月に「ベルファスト」は触雷で戦列を離れるが、「エディンバラ」はノルウェー作戦からビスマルク追撃戦時期まで本国艦隊で、1941年7月から10月までは地中海艦隊での作戦に従事した後、1941年11月以降本国艦隊に戻り、以後主として援ソ船団の護衛

タウン級第3群「エディンバラ」の洋上公試の様子。排煙の逆流を防ぐために煙突が艦尾方向へ移ったほか、後部主砲塔の位置が一段高くなったのが第1群／第2群との外見上の相違点だ

艦として活動する。その中で1942年4月30日にQP11船団護衛途上で独潜水艦から魚雷2本を受けて大破、応急修理の後に英本土に向かったが、5月2日にドイツの駆逐艦隊と交戦、ドイツ駆逐艦「Z26」を撃沈するのに大きく寄与するが、本艦もドイツ駆逐艦からの雷撃を受けて沈没に至った。

一方、1942年12月に損傷復旧を終えて戦列復帰した「ベルファスト」は、以後北岬沖海戦での「シャルンホルスト」撃沈、ノルマンディー上陸作戦での上陸部隊指揮艦としての任務を経て、太平洋戦争の終盤時期には英太平洋艦隊に配されていた。この後も1952年まで極東配備にあって朝鮮戦争にも参加した本艦は、一旦予備役編入の後に改装を実施、1959年から1962年まで再度極東配備になった後、本国に戻って1963年2月に予備役に編入された。爾後本艦は記念艦として整備がなされ、現在もなおその姿を留めている。

なお、本級は戦時中にカタパルトの撤去や近接対空火器増強などの措置が取られたのは第1群/第2群の艦と同様だが、艦のサイズに余裕があったこともあり、「ベルファスト」では戦争最終時期に高角砲数は第1群/第2群の他艦と同様にする一方で、他艦が戦争末期に実施した3番主砲塔の撤去を実施していない。

朝鮮戦争中の1952年5月27日、朝鮮半島沖を航行中の「ベルファスト」を米海軍の軽空母「バターン」から撮影した写真。第二次大戦末期に近接対空火器を増強した代償に、航空艤装や高角砲2基を降ろしている

サウサンプトン級（第3群）「エディンバラ」

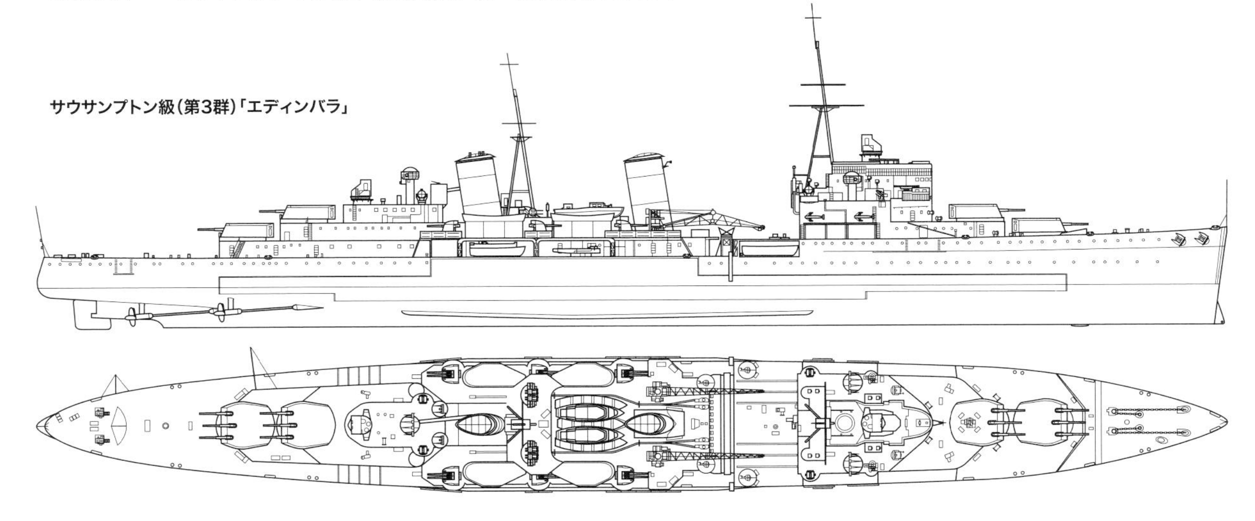

	サウサンプトン級第1群	サウサンプトン級第2群	サウサンプトン級第3群
基準排水量	9,100トン	9,400トン	10,550トン
満載排水量	11,350トン	11,650トン	13,175トン
全長	180.3m		187.0m
全幅	18.8m	19.0m	19.3m
吃水	5.2m	5.3m	5.5m
主機/軸数	パーソンズ式ギヤード・タービン4基/4軸		
主缶	アドミラルティ式重油専焼缶4基		
出力	75,000馬力	82,500馬力	80,000馬力
速力	32ノット		32.5ノット
航続距離	12ノットで12,100浬		12ノットで12,200浬
兵装	50口径15.2cm3連装砲×4、45口径10.2cm連装高角砲×4、40mm4連装機関砲×2、12.7mm4連装機銃×2、53.3cm3連装魚雷発射管×2、水偵×3、射出機×1		50口径15.2cm3連装砲×4、45口径10.2cm連装高角砲×6、40mm8連装機関砲×2、12.7mm4連装機銃×2、53.3cm3連装魚雷発射管×2、水偵×3、射出機×1
装甲厚	舷側114mm、甲板31～51mm、弾火薬庫114mm、砲塔25～51mm	舷側114mm、甲板31～51mm、弾火薬庫114mm、砲塔51～102mm	舷側114mm、甲板51～76mm、弾火薬庫114mm、砲塔51～102mm
乗員	750名	800名	850名

		起工	進水	竣工	
第1群	サウサンプトン	1934.11.21	1936.3.10	1937.3.6	1941.1.11 戦没
	ニューカースル	1934.10.4	1936.1.23	1937.3.5	1959解体
	シェフィールド	1935.1.31	1936.7.23	1937.8.25	1967解体
	グラスゴー	1935.4.16	1936.6.20	1937.9.9	1958解体
	バーミンガム	1935.7.18	1936.9.1	1937.11.18	1960解体
第2群	グロスター	1936.9.22	1937.10.19	1939.1.31	1941.5.22 戦没
	リバプール	1936.2.17	1937.3.24	1938.11.2	1958解体
	マンチェスター	1936.3.28	1937.4.12	1938.8.4	1942.8.13 戦没
第3群	エディンバラ	1936.12.30	1938.3.31	1939.7.6	1942.5.2 戦没
	ベルファスト	1936.12.10	1938.3.17	1939.8.3	記念艦として保存

イギリス海軍

ダイドー級／ベローナ級軽巡洋艦

艦隊作戦から船団護衛まで幅広く活躍した防空巡洋艦

元々は1934年に地中海艦隊より要求が出された「水雷戦隊旗艦」用の小型巡洋艦を礎とする艦で、一旦はこの任務には嚮導型駆逐艦を充当することとしてこの案は消滅するが、1935年2月に高角砲による長距離艦隊防空と、戦闘機の防空指揮誘導に使用するほか、水雷戦隊旗艦への充当も考慮した小型の多目的巡洋艦の整備推進が決定する。

1936年6月の時点で、この艦はアレスーサ級を元にしつつ、13.3cm連装両用砲5基を搭載し、対水上戦闘時の抗堪性強化を考慮して水線装甲の強化など、様々な改正を施した5,300トン型巡洋艦として検討が行われていたが、この後主砲弾搭載数の増大や高射装置の増備等の影響もあって排水量が増大する事が見込まれたため、最終的に機関出力を以前より向上させて、要求された最大速力32ノットを発揮可能とした5,450トン型の艦として設計が纏められた。この艦は1936年度～1938年度に10隻、戦時計画の1939年度で改型6隻の計16隻が整備されており、このうち戦時計画の1隻を含む11隻がダイドー級、残余の艦は改ダイドー級（ベローナ級）として区分が為されている。

前述の経緯もあって船型はアレスーサ級と基本的に同様で、船体規模も大きくは変わらない。ただ兵装の変化と砲兵装配置の影響による艦橋高の増大を含む上構形状の相違、それに伴う煙突や前後の檣形状の差異などもあって、艦容は大きく変化した。また戦時計画の改ダイドー級は、後述の砲装だけで無く、艦橋及び煙突、前後部の檣の形状が異なっているので、識別するのは容易だ。排水量も船体の若干の拡大と、装備の変更の影響から、初期の艦で基準5,500トン程度、満載で7,000トン＋と、アレスーサ級より300～400トン程度増大を見ている。装甲防御は舷側水線防御の装甲厚が76mmとされた以外は、アレスーサ級と基本的に同一である。

主兵装は13.3cm50口径連装両用砲で、これは対駆逐艦撃退用の対水上戦闘用には有用な砲だったが、高角砲としては長距離戦闘時に弾幕を張るのを主眼として射撃速度を抑制した事もあり、些（いささ）か有用性に欠ける面もあった。なお、本級は当初本砲塔5基の装備を予定していたが、これの生産問題から「ダイドー」から「ユーリアラス」までの1936年度艦では当初「ナイアッド」「ユーリアラス」の2隻のみが5基装備で、残りの艦は4基装備で竣工している。また続く1937年度～1939年度の6隻のうち4隻は5基搭載で竣工するが、「シーラ」と「カリブデス」の両艦は、11.4cm連装高角砲4基装備で竣工、後者は竣工時更に10.2cm高角砲1門も装備する形で竣工した。ただ当初は4基装備だが、就役中に5基装備に増備した艦や、「ユーリアラス」の様に大戦末期に4基装備に変更した艦など、艦や時期によって相違が生じており、「シーラ」はノルマンディー上陸作戦時の触雷による損傷復旧時に13.3cm連装砲4基装備とすることも考慮されたが、これは実現を見ずに終わった。対して改ダイドー級では、当初から13.3cm連装高角砲を4基に減らして、近接対空火器の増備を図る措置を取っている。

近接対空火器は当初40mm4連装機関砲2基（8門）の装備を予定して、初期の5隻はこれと12.7mm4連装機銃2基を装備して竣工した。以後の艦は12.7mm機銃に代えて40mm単装機関砲2門や20mm機銃を装備する形で竣工しており、改ダイドー級では40mm4連装機関砲3基（12門）、20mm連装機銃6基（12門）が標準装備とされ、原型も大戦末期にはこれに準じた形での装備が為されていた。水雷兵装はアレスーサ級と同様で、一方で航空艤装は持っていない。電探装備は「ボナヴェンチャー」の竣工直後から開始、爾後各艦で増備や更新が行われた。また艦によっては対潜用のソナーを装備した艦もある。

機関の型式はアレスーサ級と同様だが、出力は62,000馬力と若干減少、速力は公称32.3ノット、満載30.5ノットとされている。燃料搭載量も若干減らされ、結果として航続力も16ノットで5,500浬へと減少している。

13.3cm連装両用砲の供給不足から、同砲を4基搭載で竣工した「フェーベ」。主砲塔5基搭載艦の3番砲塔にあたる位置に、10.2cm単装砲を装備している

ダイドー級の「カリブデス」と「シーラ」は13.3cm両用砲の代替として、11.4cm連装高角砲4基を搭載した。写真は「カリブデス」で、主砲の形状などが13.3cm砲と異なっている

ダイドー級の整備は1940年5月に竣工した「ボナヴェンチャー」を始めとして、戦時計画の「アーゴノート」が1942年8月に竣工してその整備を完了した。これらの艦は艦隊作戦だけで無く、ドイツの大型爆撃機による空襲から船団を援護する等の理由で通商路保護任務にも投ぜられるなど、他の巡洋艦級同様に多くの作戦に従事しており、戦争末期には対日戦に投入された艦もあった。その中で伊潜水艦の攻撃で「ボナヴェンチャー」、独潜水艦の攻撃で「ナイアッド」と「ハーマイオニー」を喪失、「カリブデス」はブリタニー半島沖におけるドイツの駆逐艦・水雷艇との夜戦で被雷沈没する被害が生じており、残余の6隻も「ユーリアラス」と「フェーベ」を除く各艦は戦後早期に予備役編入され、先の2隻も1954年までに解役されている。

1943年秋以降に艦隊に加わり始めた改ダイドー級は、その直後の1944年1月29日に「スパータン」がドイツの誘導爆弾の攻撃で撃沈されており、さらに1944年4月25日にはブリタニー半島のドイツの沿岸通商路攻撃任務に就いた「ブラック・プリンス」が、ドイツ水雷艇との交戦で損傷することなどもあったが、ノルマンディー戦の火力支援やノルウェー方面でのドイツ駆逐艦との戦闘、対日戦での空母の機動作戦従事等を含めて、戦争末期の諸作戦に参加して活躍を見せた。戦後も改ダイドー級の各艦は長く使用が続けられ、1956年にニュージーランド海軍に引き渡された「ロイヤリスト」は、1966年6月まで現役にあった。

改ダイドー級(ベローナ級)の「ベローナ」。ダイドー級では3番砲塔のあった場所に40mm4連装機関砲を搭載したほか、艦橋が小型化され、煙突も垂直になるなど、艦容は変化している

ダイドー級「ナイアド」

	ダイドー級	ベローナ級
基準排水量	5,600トン※1	5,950トン
満載排水量	6,850トン※1	7,200トン
全長	156.06m	
全幅	15.39m	
吃水	4.3m	4.6m
主機/軸数	パーソンズ式ギヤード・タービン4基/4軸	
主缶	アドミラルティ式重油専焼缶4基	
出力	62,000馬力	
速力	32.25ノット	32ノット
航続距離	16ノットで5,500浬	
兵装	50口径13.3cm連装両用砲×5※2、40mm4連装機関砲×2、12.7mm4連装機銃×2、53.3cm3連装魚雷発射管×2	50口径13.3cm連装両用砲×4、40mm4連装機関砲×3、20mm連装機銃×6、53.3cm3連装魚雷発射管×2
装甲厚	舷側76mm、甲板25mm、弾火薬庫51mm、砲塔25〜38mm	
乗員	480名	530名

	起工	進水	竣工	
ダイドー	1937.10.26	1939.7.18	1940.9.30	1957解体
フェーベ	1937.9.2	1939.3.25	1940.9.27	1956解体
ボナヴェンチャー	1937.8.30	1939.4.19	1940.5.24	1941.3.31戦没
ナイアッド	1937.8.26	1939.2.3	1940.7.24	1942.3.11戦没
ハーマイオニー	1937.10.6	1939.5.18	1941.3.25	1942.6.16戦没
ユーリアラス	1937.10.21	1939.6.6	1941.6.30	1959解体
クレオパトラ	1939.1.5	1940.3.27	1941.12.5	1958解体
シリアス	1938.4.6	1940.9.18	1942.5.6	1956解体
アーゴノート	1939.11.21	1941.9.6	1942.8.8	1955解体
カリブデス	1939.11.9	1940.9.17	1941.12.3	1943.10.23戦没
シーラ	1939.4.19	1940.7.24	1942.6.12	1950解体
ベローナ	1939.11.30	1942.9.29	1943.10.29	1959解体
スパータン	1939.12.21	1942.8.27	1943.7.12	1944.1.29戦没
ロイヤリスト	1940.3.21	1942.5.30	1943.9.10	1968解体
ブラック・プリンス	1939.12.1	1942.8.27	1943.11.30	1962解体
ダイアデム	1939.12.15	1942.8.21	1944.1.6	1956パキスタン海軍に引き渡し

※1:「シーラ」「カリブデス」は基準排水量5,580トン、満載排水量6,830トン。
※2:「ダイドー」「フェーベ」「ボナヴェンチャー」は50口径13.3cm連装両用砲×4、45口径10.2cm単装高角砲×1。「シーラ」「カリブデス」は45口径11.4cm連装高角砲×4、45口径10.2cm単装高角砲×1。

イギリス海軍

フィジー級軽巡洋艦
第1群／第2群

植民地の名を関する英戦前計画型軽巡の最終型

第二次ロンドン条約の巡洋艦の個艦上限規定再改訂により、英海軍ではその制限下で建造可能な次期巡洋艦の検討を開始する。その中で当初13.3cm砲14 ～ 16門を搭載するダイドー級の拡大型と、15.2cm砲を9 ～ 10門と、10.2cm連装高角砲4基（8門）を搭載する案が検討された後、サウサンプトン級第1群/第2群に相当する兵装を搭載する一方で、船型の縮小と装甲の減少、航続力の減少や艤装の簡易化等を甘受するのに加え、広範囲の溶接構造の採用などの軽量化対策を実施することで排水量を新規の上限に合わせた「B」と呼ばれた試案が1937年6月8日に承認され、爾後フィジー級として整備される。

本級の船体型式は従前の英巡洋艦同様に船首楼型で、艦尾形状がそれまでの英巡洋艦とは異なって、クルーザー型からトランサム型に更新されたという特徴がある。これは船体長を抑制して排水量の増大を抑えつつ、船体の抵抗を減少させることが可能となるため、この時期より英艦の設計では良く見るものとなり、他国も後にこれに追随するようになった。排水量は竣工時点で計画を若干上回る基準8,500トン程度で、大戦後半になると兵装増備の影響もあり、基準9,000トン程度、満載11,000トン+程度となっている。

兵装配置を含めて、全般的な上構の配置はサウサンプトン級第1群/第2群の艦に類似したもので、ただし前檣及び後檣、煙突が直立式となったことから、この両級の識別は比較的容易である。方位盤塔と高射装置の搭載数はサウサンプトン級第1群後期艦と同数になり、これにより同級第2群/第3群では艦尾上構後端部の中心線位置にあった方位盤筒が、高射装置に置き換えられる等の相違も生じている。

計画時の兵装は主砲及び高角砲、共にサウサンプトン級第1群/第2群と同様だが、竣工が戦時中となった「トリニダード」以降の艦は、近接防御火器を当初から増備して竣工に至っている。ウガンダ級は竣工前に戦訓を取り入れて近接防御火器の増強が図られ、3番主砲塔を撤去して、40mm4連装機関砲を3基（12門）、20mm機銃16 ～ 20門を搭載して完成しており、これらの艦の航空艤装は以前の艦と大差無いが、搭載機数が2機に減少している。それ以前の竣工艦も戦時中に対空兵装の増備が図られており、最終的に3番砲塔の撤去を含むこの3隻に類した改装を実施してもいる。カタパルトは全艦が1943年以降に撤去し、その跡地は対空兵装の増備に振り向けられた。装甲防御は機関部水線装甲帯及び弾火薬庫側面が83mm、弾火薬庫上面が51mmとされるなど、サウサンプトン級より若干の減少が図られた部分もあるが、その他の部位は概ねサウサンプトン級に準じており、この規模の軽巡としては悪くない耐弾防御を持つと言える。

機関は4缶4機、4軸構成で、シフト配置の採用等はサウサンプトン級と同様だった。機関出力は72,500馬力で、全速32.3ノット、満載30.5ノットの速力発揮が可能だった。航続距離は16ノットで8,000浬だが、燃料搭載量を満載では無く常備状態（約7割搭載）として作戦に従事する事も多く（1,700トン→1,200トン）、この場合は16ノットで5,700浬～ 5,900浬程度の航続力を発揮出来るとされた。なお、例の1944年の資料では、航続力は12ノットで1C,200浬としている。

1番艦の艦名からフィジー級と命名された本級は、1937年度で4隻、1938年度で5隻の9隻が整備され、続いて1939年度の戦時計画で2隻が追加されてその整備数は11隻となった。ただし1938年度の1隻と1939年度の艦は、改型のウガンダ級として完成したため、その整備数は原型8隻、改型3隻となっている。なお、英海軍の戦前計画で、整備が確定した最後の巡洋艦でもある本級は、全艦の艦名が英の

写真の「ガンビア」は第二次大戦中の1943年からニュージーランド海軍に貸与され、戦後の1946年に英海軍に返還された。写真は貸与以前、1942年時のもの

戦後インド海軍に譲渡される「ナイジェリア」の第二次大戦中の写真。3番砲塔は後の改装で対空兵装を増備するため撤去された。艦尾形状は本級から角ばったトランサム型となっている

植民地・自治領から取られていることから、コロニー級巡洋艦と呼称される場合もある。

このうち原型は1937年度艦が1940年5月から1941年10月に掛けて、1938年度全艦が1942年2月から8月に掛けて竣工しており、以後英巡洋艦兵力の中核的存在として、大西洋方面/地中海/北極洋の戦闘から、大戦末期のインド洋/太平洋方面での戦闘を含めた艦隊作戦及び通商路保護任務等の各種任務に従事。その中で1941年3月にドイツの気象観測船を捕獲して各種暗号の入手に成功した「ナイジェリア」や、バレンツ海及び北岬沖海戦で活動した「ジャマイカ」を含めて、各艦が相応の戦績を残している。第一線で活発に活動したこともあり、1941年5月22日のクレタ島作戦従事中に「フィジー」が空襲で失われ、ドイツ駆逐艦との交戦で損傷した後、1942年5月15日にドイツ空軍機の雷撃で大破、放棄処分となった「トリニダード」の2隻が失われる事態ともなった。

竣工時から主砲を3基に減じた改型の1隻「セイロン」(右奥に見える軽巡はダイドー級「ロイヤリスト」)。本艦は1960年にペルー海軍に引き渡され、「コロネル・ボログネシ」と改名した(Photo:Royal Navy/MOD)

一方改型のウガンダ級は、1943年1月に最初の2隻が竣工して以降、艦隊作戦に投じられる。その中で大戦末期には英太平洋艦隊で活動した「セイロン」と「ニューファウンドランド」のうち、後者は1945年7月以降、第37任務部隊に属しての日本本土空襲作戦に従事して日本本土への艦砲射撃も実施、終戦後は日本占領艦隊の1艦として相模湾に進駐する栄誉も得ている。一方、サレルノ上陸作戦支援中にドイツの誘導爆弾を被弾して大破した「ウガンダ」は、米国での大規模修理の後、カナダ海軍へと引き渡されて英の艦籍から姿を消している。

改型含めた本級の残存艦は朝鮮戦争等に参加した艦もあるが、1950年代初期より退役を開始、1960年に退役した「ガンビア」を最後に、英の第一線艦艇からその名前が消えている。ただし海外売却艦は以後も長く使用され、特に1954年にインドに売却された「ナイジェリア」(新艦名「マイソール」)は、1985年まで現役にあった。

フィジー級「トリニダード」

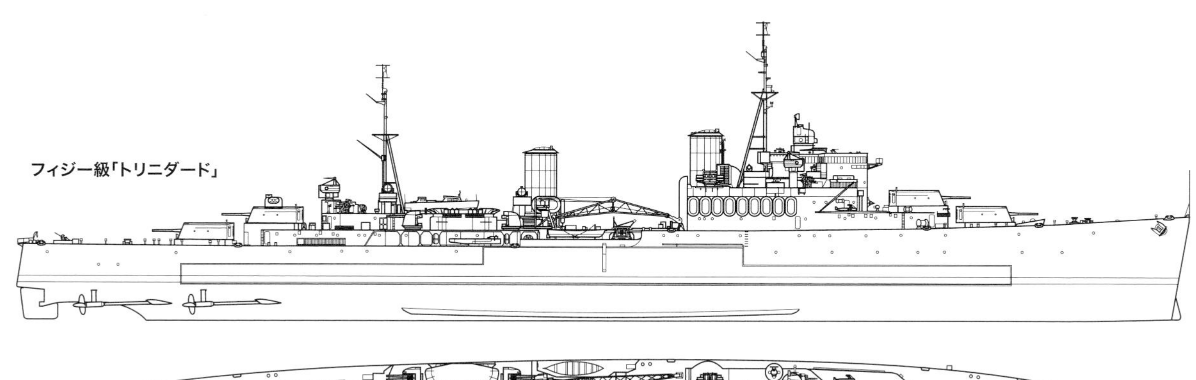

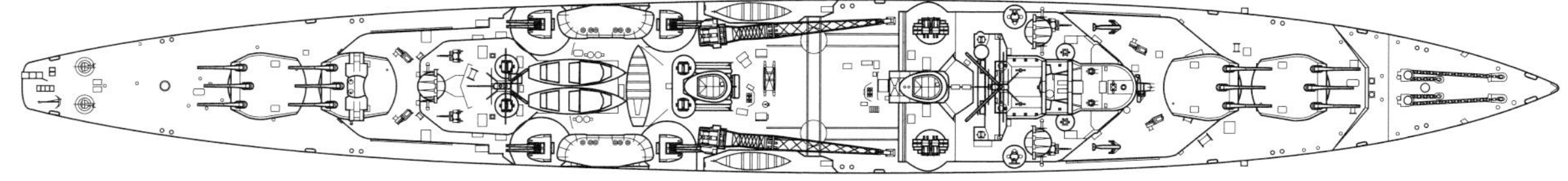

	フィジー級	ウガンダ級
基準排水量	8,525トン	8,875トン
満載排水量	10,350トン	10,850トン
全長	169.3m	
全幅	18.9m	
吃水	5.0m	5.3m
主機/軸数	パーソンズ式ギヤード・タービン4基/4軸	
主缶	アドミラルティ式重油専焼缶4基	
出力	72,500馬力	
速力	31.5ノット	
航続距離	12ノットで10,200浬	
兵装	50口径15.2cm3連装砲×4、45口径10.2cm連装高角砲×4、40mm4連装機関砲×2、12.7mm4連装機銃×4、53.3cm3連装魚雷発射管×2、水偵×2、射出機×1	50口径15.2cm3連装砲×3、45口径10.2cm連装高角砲×4、40mm4連装機関砲×3、20mm連装機銃×8〜10、53.3cm3連装魚雷発射管×2、水偵×2、射出機×1
装甲厚	舷側83〜89mm、甲板51mm、主砲塔25〜51mm	
乗員	730名	

	起工	進水	竣工	
フィジー	1938.3.30	1939.5.31	1940.5.5	1941.5.22戦没
ケニヤ	1938.6.18	1939.8.18	1940.9.27	1962解体
モーリシャス	1938.3.31	1939.7.19	1941.1.4	1965解体
ナイジェリア	1938.2.8	1939.7.18	1940.9.23	1954インド海軍に引き渡し
トリニダード	1938.4.21	1940.3.21	1941.10.14	1942.5.15戦没
ガンビア	1939.7.24	1940.11.30	1942.2.21	1968解体
ジャマイカ	1939.4.28	1940.11.16	1942.6.29	1960解体
バーミューダ	1939.11.30	1941.9.11	1942.8.21	1965解体
セイロン	1939.4.27	1942.7.30	1943.7.13	1960ペルー海軍に引き渡し
ウガンダ	1939.7.20	1941.8.7	1943.1.3	1944.10.21カナダ海軍に移籍
ニューファウンドランド	1939.11.9	1941.12.19	1943.1.21	1959ペルー海軍に引き渡し

イギリス海軍

マイノーター級(スイフトシュア級)軽巡洋艦／タイガー級軽巡洋艦

戦後の活動が中心となった戦時計画艦

英海軍では戦時計画下の1941年度計画で巡洋艦の追加整備が企図されており、まずフィジー級の追加建造艦3隻が5月に承認を受けた。これに続いて同年に策定された追加の艦艇補充整備計画でフィジー級の小改正型3隻の整備も決定、更にこれは翌年の追加整備計画で2隻が計画される。このうち前者の3隻がマイノーター級、残りの5隻がタイガー級と呼ばれたものだ。

このうちマイノーター級は、基本的にウガンダ級の改型と言うべき艦で、船体長及び船体の形態に大きな変化は無い。ただし戦時中の追加装備の増大に伴う排水量増大の結果、フィジー級の艦に復原性に余力が無くなってきたことが認められたため、「スイフトシュア」と「オンタリオ」は船体幅を原型の18.9mから19.2mへ、元計画ではタイガー級の艦である「スパーブ」は、同級と同じ19.5mへと拡大するという改正を受けている。また戦訓による艦橋及び艦内容積拡大の要求による艦橋構造物及び前檣形状の変更が生じており、更に当初から航空艤装が廃止されたことに伴い、旧格納庫及び飛行甲板部の改正、航空機用兼務のクレーン1基の撤去なども当初から実施されているという相違があった。

兵装は主砲兵装はウガンダ級と同一だが、10.2cm連装高角砲は5基装備（10門）となり、近接対空火器は「スイフトシュア」と「オンタリオ」では40mm4連装機関砲4基、20mm機銃22門(連装型8基、単装型6門)とされた。「スパーブ」では40mmボフォース単装機関砲8門、20mm連装機銃4基(8門)、20mm単装機銃2門へと更新され、前2艦も爾後「スイフトシュア」は20mm機銃を全数撤去して40mmボフォース単装機関砲を13門、「オンタリオ」は20mm連装型を撤去して40mmボフォース機関砲6門を搭載する改正を受けている。この他の要目面では、雷装及び装甲防御、速力等の性能等を含めて、ウガンダ級と大きく異なる点は無い。

本級のうち「マイノーター」は完工前の1944年7月にカナダ海軍に引き渡されたため、英艦としての活動履歴は残っていない。同艦のカナダ海軍引き渡しに伴い、本級のネームシップ扱いとなった「スイフトシュア」は(故に本級はスイフトシュア級とも呼称される)、竣工した当初に本国艦隊で任務に就いた後、1944年11月に新編の英太平洋艦隊に転属、1945年3月～5月時期の沖縄戦で活動したのを皮切りに、6月以降の中部太平洋での空母作戦にも従事しており、日本軍の占領する島嶼に対する艦砲射撃任務にも従事している。戦後は香港接収艦隊の1艦として同地に展開したのを最後に太平洋戦争での活動を終えて本国に帰還、以後長く艦隊の中核となる巡洋艦として旗艦任務等に就いた。その後「スイフトシュア」は1953年に後述のタイガー級類似の能力を持つ防空巡洋艦への改装計画が承認された事を受けて、1956年に予備役編入されてその工事を開始。1959年時期にはその工事はかなり進んでいたと言われるが、この時期に砲装の防空巡洋艦の対費用効果に疑念が持たれたことで、同年に工事は中止されてしまい、1960年～1961年時期に除籍されてしまった。

写真の「スイフトシュア」は建造中にカナダ海軍に転籍した「マイノーター」を除けば、本級で唯一大戦中に就役した。フィジー級より1基増えた10.2cm連装高角砲は、3番砲塔の艦首側、1段高い位置に搭載している

一方、戦後まもなく竣工して艦隊にあった「スパーブ」も、同様に1953年にタイガー級類似の防空巡洋艦とする改装実施を決定、こちらは1957年から開始されたが、やはり砲装の防空巡洋艦の能力に疑問が持たれたこと、艦隊のミサイル化の方針の影響で1960年に工事中止となってしまい、爾後間もなく除籍された。なお、スイフトシュア級のうち、3番艦の「ベレロフォン」は未起工のままで戦後発注取り消しとなっている。

5隻が計画されたタイガー級のうち、原計画の通りで完成したのは、スイフトシュア級扱いとされる「スパーブ」のみで、残る4隻のうち、「ホーク」は進水前に放棄解体されてしまったが、戦時中に進水した「ディフェンス」と、戦後間もなく進水した「ブレーク」と「タイガー」の計3隻は、戦後以後の工事の中止して一旦放置状態とされた。

だが1951年になると、海軍省はこの3隻を「核戦争時代に相応しい装備を持たせる」改装を実施の上で就役させることを検討し始め、各種試案の検討を行ったのちに1954年10月に新型の15.2cm50口径連装両用砲（2基）と、7.6cm連装高角砲（3基）を搭載する防空巡洋艦として改装を実施する事を決定する。新兵器運用のために艦の電気システムの完全な刷新を含む大規模な改装工事を実施した後、これら3艦は1959年から1961年に掛けて、防空巡洋艦として装備を一新した姿で竣工するに至った。なお、これらの艦のうち、「ディフェンス」は1957年の改装工事中に「ライオン」に改名された上で就役している。

だが艦隊のミサイル化が進む中で、これらの艦は急速にその能力の陳腐化が進んで戦術的価値を失ってしまう。このためもあり、「ブレーク」は1965年から1969年に掛けて、「タイガー」は1968年から1972年に掛けて、大西洋での対潜作戦に当たる対潜部隊旗艦として活動するヘリコプター巡洋艦へと改装の上で再役している。最大で対潜ヘリ4機の運用能力の付与や対潜作戦用を含む指揮通信システムの改善、個艦防空対空ミサイルシステムの装備等が行われたこの両艦は、再役後その任務に有用に使える艦である事は認められたが、予算等の問題もあって前者は1980年、後者は1978年に退役、爾後除籍売却の上で解体された。一方、改装対象とならなかった「ライオン」は、竣工からわずか5年後の1965年末に予備役編入されてしまい、以後他の2隻の部品取り用の艦として保管されたが、1975年に除籍された。

建造工事中断の後、防空巡洋艦として完成した「ライオン」。1964年、西ドイツ(当時)のキールにおける艦影。15.2cm連装両用砲は艦前後に各1基、7.6cm連装高角砲は艦橋前と後檣部両舷に各1基を搭載した

ヘリコプター巡洋艦に改装された「ブレーク」。艦後部に格納庫とヘリ発着用の飛行甲板が設置されている。1975年10月の撮影で、右奥を航行するのは米海軍の原子力空母「ニミッツ」

マイノーター級「スイフトシュア」

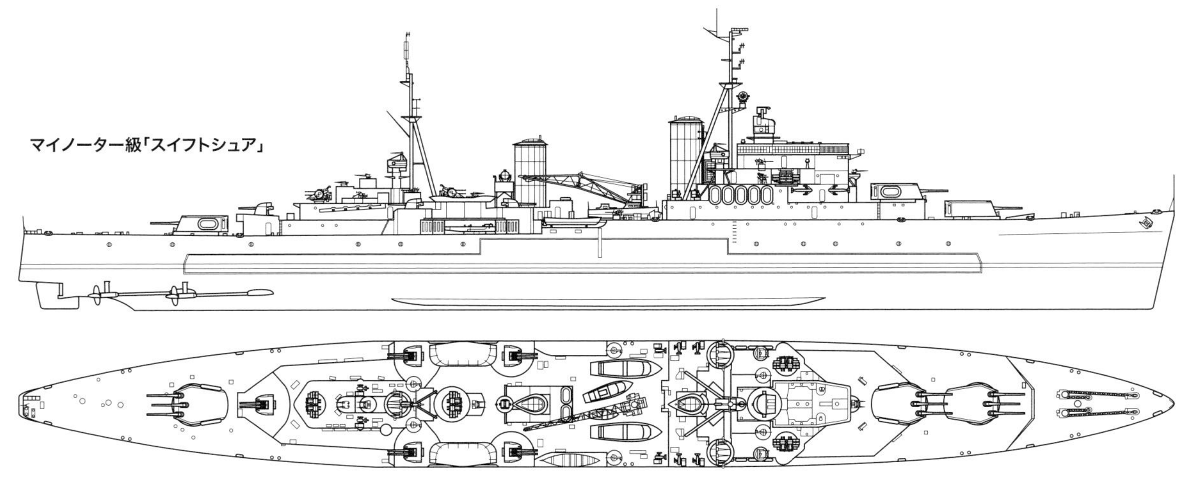

	マイノーター級	タイガー級
基準排水量	8,800トン※1	9,550トン
満載排水量	11,130トン※1	11,700トン
全長	169.3m	169.3m
全幅	19.2m※2	19.5m
吃水	5.3m	5.49m
主機/軸数	パーソンズ式ギヤード・タービン4基/4軸	
主缶	アドミラルティ式重油専焼缶4基	
出力	72,500馬力	
速力	31.5ノット	
航続距離	16ノットで8,000浬	
兵装	50口径15.2cm3連装砲×3、45口径10.2cm連装高角砲×5、40mm4連装機関砲×4基、20mm連装機銃×8、同単装機銃×6、53.3cm3連装魚雷発射管×2※3	50口径15.2cm連装両用砲×2、70口径7.6cm連装両用砲×3
装甲厚	舷側83～89mm、甲板51mm、主砲塔25～51mm	
乗員	855名	716名

※1:「スパーブ」は基準排水量8,885トン、満載排水量11,560トン　※2:「スパーブ」は19.5m
※3:「スパーブ」は50口径15.2cm3連装砲×3、45口径10.2cm連装高角砲×5、40mm単装機関砲×8、20mm連装機銃×4、20mm単装機銃×2、53.3cm3連装魚雷発射管×2

	起工	進水	竣工	
マイノーター	1941.11.20	1943.7.29	※	1944.7カナダ海軍に移管
スイフトシュア	1941.9.22	1943.2.4	1944.6.22	1962解体
スパーブ	1942.6.23	1943.8.31	1945.11.16	1960解体
ベレロフォン				建造中止
タイガー	1941.10.1	1945.10.25	1959.3.18	1986解体
ライオン	1942.6.24	1944.9.2	1960.7.20	1975解体
ブレーク	1942.8.17	1945.12.20	1961.3.18	1982解体

※1945.5.25カナダ海軍「オンタリオ」として竣工。1960解体。

イギリス海軍

ホーキンス級重巡洋艦

第一次大戦中に計画された、画期的な航洋性能を持つ"大型巡洋艦"

ホーキンス級は第一次大戦開戦後に顕在化したドイツの水上艦による通商破壊戦の脅威に対処するため、1915年6月に通商破壊艦の索敵・撃攘に特化した巡洋艦として計画されたものだ。船体の型式は原型扱いのバーミンガム級類似の長船首楼型だが、船体内部は、同時期に建造が実施された大型軽巡洋艦の「フュリアス」を元とした当時最新の技術を取り入れたものとなっている。上構及び兵装の配置等は第一次大戦型の英軽巡と同様だが、本級の方が大型のため、艦容には以前の艦より重厚感がある。

竣工から間もない1921年12月、カナダのバンクーバーに停泊する「ローリー」

兵装は大型かつ重兵装の仮装巡洋艦（及びドイツの軽巡洋艦）を圧倒できるだけの砲撃力の付与が必要とされたことで、主砲は通商破壊艦やドイツの軽巡が搭載する15cm砲を上回り、かつ想定された規模の艦で充分な門数が搭載可能な19.1cm45口径砲7門を搭載している（ただし2門は第2煙突の両舷舷側部に設置されたため、片舷指向可能門数は6門）。この他に潜水艦及び小艇からの攻撃時の防御用に使用する7.6cm砲10門も搭載されており、このうち4門は高角射撃対応の砲架に載せられたため、当時の軽巡と同等以上の高角射撃能力も付与された。魚雷発射管は水線上部の船体内上甲板部に連装発射管を片舷宛て1基搭載している。防御は機関部の水線装甲部は76mmと当時の軽巡として標準的なものだが適用範囲は広く、主水線装甲帯の前後の水線部には38mm～63mmの補助装甲が設けられるなど、後に出現する重巡に比べても、優良な垂直防御を持つ艦だった。一方で水平装甲は当時の軽巡と同様で、25mm～38mmとなっている。水中防御は「フュリアス」に類似したバルジを持つ多層防御方式のもので、これも第二次大戦期に就役した他国の重巡洋艦に比肩するだけのものがあった。

速力等の要求は、軽巡等の高速の通商破壊艦を捕捉するのに必要な高速力、荒天下でも優良な航洋性能を発揮可能とすると共に、通商路保護に適する長大な航続力を持たせる事が望まれた。このため海外での燃料補給の便を考慮して石炭混焼式の汽缶を混用する形が取られた本級では、当初機関出力60,000馬力で29.5ノットを発揮、1917年時期の艦隊からの一層の速力向上要求を受けて、3番艦「ローリー」では専焼缶の容量を上げて機関出力を70,000馬力に向上させて速力31ノットを達成、重油補給の制限の緩和により4番艦「フロビシャー」以降は重油専焼缶のみの搭載として、出力65,000馬力で30.5ノットを発揮するなど、艦によって相違があった。航続力は14ノットで5,400浬と当時の艦としては平均的なものだった。

艦の規模が英海軍の「大型巡洋艦」分類の排水量枠に達する艦となったため、1915～16年度でC級やD級のような軽（装甲）巡洋艦では無く、「大型（装甲）巡洋艦」扱いで建造された本級は、第一次大戦中に1番艦「カヴェンディッシュ」が空母改装対象艦とされたことと、第一次大戦終結のために工事が遅らされたことで就役が遅れ、改めて1番艦扱いとなった「ホーキンス」は1919年に竣工、その他の艦は以後1925年に掛けて竣工に至った。なお、空母「ヴィンディクティブ」となった「カヴェンディッシュ」は、1923～25年に巡洋艦への再改装を実施、巡洋艦として再就役した。なお、本級は建造された各艦の艦名が16世紀のエリザベス朝の要人に因むため、エリザベサン級とも呼ばれる。

就役後、主砲の射撃速度維持が困難とは見做されたが、「全世界の大洋において、如何なる天候下でも活動可能な真の巡洋艦」と言われたように、優秀な航洋性能と優良な防御性能等を持つと艦隊側から高く評価された本級は、第一次大戦後の英巡洋艦兵力の中核艦として活動した。ロンドン条約で重巡扱いとなった艦で最古参だった本級は、能力の陳腐化もあって1936年までに全艦が予備役編入され、第二次ロンドン条約の規定で廃棄となる予定だったが、同条約のエスカレーター条項発動に伴って廃艦を免れる。

1922年に事故で「ローリー」が失われて4隻となっていた本級のうち、「カヴェンディッシュ」は練習艦として改装済みだったために第二次大戦では作戦艦艇としては活動していない。一方、1937～38年に掛けて、主兵装を15.2cm砲9門に変更、煙突を単煙突にするなどの大規模な近代化改装を実施して、「軽巡」として再役した「エッフィンガム」は、開戦時点で本国艦隊にあって以後大西洋での通商路護衛・哨戒任務に就いたあと、1940年4月以降のノルウェー戦では、連合軍の反攻作戦に呼応して艦砲射撃任務に就いたが、その途上の5月18日に座礁して全損となり、21日に破壊処分された。

一方、開戦時点で予備役にあった「ホーキンス」と「フロビシャー」は、当初防空巡洋艦として徹底的な改装を実施することも考慮されたが兵器製造等の理由から果たせず、基本的に旧来の兵装を復す形で前者は1940年1月、後者は1942年3月に再役した。「ホーキンス」は再役後、電探や対空火器の増備を実施しつつ、まず大西洋方面での哨戒任務に就いたほか、「ホーキンス」が一時期K部隊に属して地中海方面で活動、イタリア商船を拿捕するなど相応の戦果を挙げてもいる。一方、同艦に遅れて主砲2門を降ろして対空火器の増備や、各種電探装備を実施して再役した「フロビシャー」と、同艦再役時期に本国での各種電探や対空火器増備等の改修を実施した「ホーキンス」は、爾後東洋艦隊（東インド艦隊）配備となり、インド洋方面で活動した後の1944年に本国に帰還した。この後、同年6月のノルマンディー上陸作戦で、「ホーキンス」がユタ海岸、「フロビシャー」がスウォード海岸の火力支援艦として活動、後者は8月に被雷損傷した後に練習艦となり、前者も同年秋の北フランスでの海軍作戦終了後、やはり練習艦となって第一線を離れ、戦後売却解体された。

1925年7月と本級で最も遅い竣工となった「エッフィンガム」。竣工当時の主砲は7.5インチ(19.1cm)単装砲で、艦前部に2基、第二煙突の両舷部に各1基、艦後部に3基の計7門だった

1930年代後半の改装で主砲を15.2cm単装砲9基（艦前後に3基、中央部両舷に各1基、艦後部に4基）に変更し、「軽巡」となった「エッフィンガム」。主缶を2基減らして煙突が1本にまとめられている

ホーキンス級「ホーキンス」(1942年)

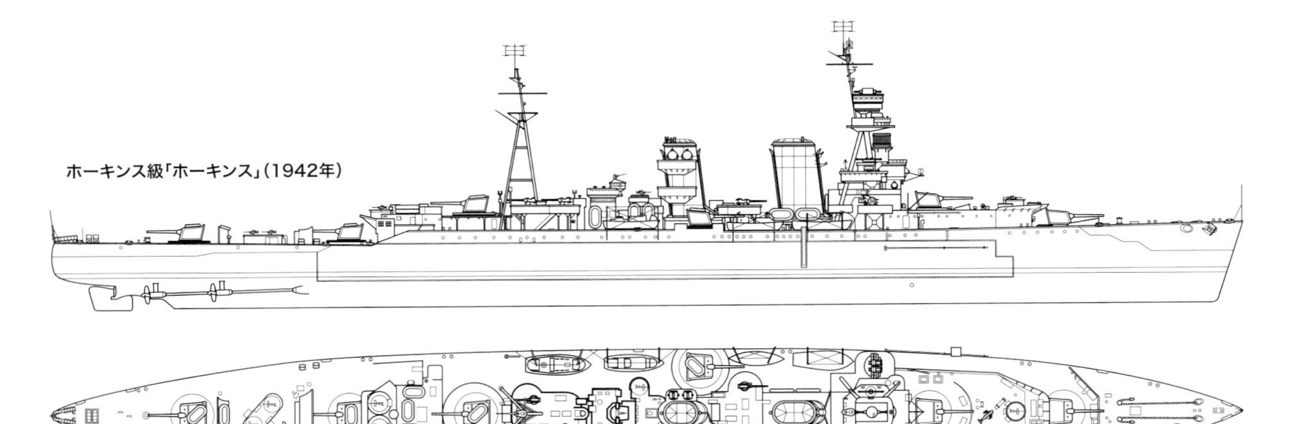

	ホーキンス級
基準排水量	9,750トン
満載排水量	12,190トン
全長	184.4m
全幅	19.8m
吃水	5.3m
主機/軸数	パーソンズ式※1ギヤード・タービン4基/4軸
主缶	ヤーロー式重油専焼缶8基、重油・石炭混焼缶4基※2
出力	60,000馬力※3
速力	29.5ノット※4
航続距離	14ノットで5,400浬
兵装	45口径19.1cm単装砲×7、40口径7.6cm単装砲×6、45口径7.6cm単装高角砲×4、4.7cm単装砲×4、53.3cm単装魚雷発射管(水上固定式)×4、同(水中固定式)×2
装甲厚	舷側38〜76mm、甲板25〜38mm、主砲防盾25〜51mm
乗員	712名

	起工	進水	竣工	
ホーキンス	1916.6.3	1917.10.1	1919.7.25	1947解体
ローリー	1915.12.9	1919.8.28	1921.7	1922.8.8座礁放棄
フロビシャー	1916.8.2	1920.3.20	1924.9.20	1949解体
エッフィンガム	1917.4.2	1921.6.8	1925.7.2	1940.5.18座礁(5.21自沈処分)
カヴェンディッシュ	1916.6.29	1918.1.17	1918.10.1※	1946解体

※空母「ヴィンディクティブ」として竣工

※1:「フロビシャー」「エッフィンガム」はブラウン・カーチス式
※2:「フロビシャー」「エッフィンガム」は重油専焼缶10基
※3:「ローリー」は70,000馬力、「フロビシャー」「エッフィンガム」は65,000馬力
※4:「ローリー」は31ノット、「フロビシャー」「エッフィンガム」は30.5ノット

イギリス海軍

ケント級重巡洋艦
カウンティ級第1群

航洋性・居住性が評価された英条約型重巡の第一陣

英海軍のワシントン条約の補助艦制限上限に達する10,000トン型巡洋艦の検討では、新たな主敵として認定された対日戦への充当を考慮して、爾後登場する日本の同種艦と交戦するのに充分な砲装と巡洋艦として必要な高速力、対日戦で必要となる長距離作戦に充当可能な長大な航続力と優良な居住性の確保が望まれた（通商路保護への充当も望まれたが、それに必要とされた特性は対日戦用の要求で兼ね備えられた）。これを受けて行われた検討作業は、排水量制限もあって困難なもので、速力要求を下げて防御改善を図ることも余儀なくされる等の事態にもなるが、1923年12月には建造が発令されて、1924年度/1925年度で一気に5隻が整備された。

本級の船体は、北方及び南方の厳しい気候の中、長期間行動することを考慮して、艦内容積確保に有利な乾舷の高い平甲板型船型が採用され、艦橋が塔型構造の背の低いものとされたことなどで、艦容も近代的なものへと進化しており、これによりカウンティ級の「客船に主砲塔を付けたよう」と形容する人もいる独特の艦容が形成された。

主砲としては新開発の20.3cm50口径砲をMkⅠ型系列の連装砲塔4基に収めて、計8門を搭載している。経空脅威増大を考慮して、この砲塔は最大仰角を70度として対空射撃を可能としたという特色があったが、射撃速度の低さや射撃指揮装置の問題から、就役後に主砲による対空戦闘は有効では無いと判定されてしまった。この他に高角砲として10.2cm単装高角砲4門、近接対空火器として40mm8連装機関砲2基を搭載する予定で、後者は開発が遅れたために竣工時には同機関砲の単装型4門を搭載、後に8連装型を装備する措置が取られた。雷装は53.3cm径の4連装発射管が片舷宛て1基（計2基：8門）搭載された。

1930年頃とされる「ケント」を右舷側から捉えた写真。煙突の後方に、竣工時は未装備だったカタパルトを設けて水偵も搭載している

こちらも「ケント」だが第二次大戦中のもので、前後のマストは三脚檣となり、レーダーや対空火器の追加といった改正が実施されたのがわかる

良好な居住性と耐航性、必要な砲装と速力を付与したことで、防御は犠牲にせざるを得なくなり、重点は強化するが、他の部分は最低限とする、と言う思想の元に装甲配置が決定された。このため装甲防御は砲塔全域及びバーベット共に25mm、機関部の水線装甲も25mmに抑えられたが、一方で機関部水平部は35mmと日本重巡と同等の装甲があり、主砲弾火薬庫部は垂直部が110mm、天蓋部76mm、高角砲弾薬庫部も垂直部85mm、天蓋部51mmと、同時期の日米重巡と同等かそれ以上の装甲防御が施されてもいた。水中防御は外装バルジと船体内部の水線下防御区画からなる多層式防御が施されていたが、ただし排水量制限のためかバルジがホーキンス級よりやや小型化されたため、その効果は同級より若干劣っていたと見られてもいる。

汽缶は8基搭載され、3つの缶室に分けて2-4-2で配置されたため、中央部の煙突が太い三本煙突艦となった。機関型式は主機4基4軸で、出力80,000馬力で通常排水量の最高速力32ノット、満載で31.5ノットとなっている。航続力も要求では10ノットで8,000浬とされていたが、機関関係の技術進化で燃料消費率が改善したことから、12ノットで13,300浬（他説では12ノットで9,400浬）と長大な航続力を得る事に成功している。

本級は1924年中に英海軍向けの5隻全艦が起工され、1928年中に全艦が竣工に至った。本級は1番艦の艦名からケント級と呼称されるが、英の10,000トン型巡洋艦は、艦名を全て英の州名から取っているため、全艦纏めてカウンティ級巡洋艦とも呼称されることがあり、その中でケント級は「カウンティ級第1群」と呼称されることもある。

本級は就役後、水線防御が弱いことと、速力に若干の不満が持たれた以外は好評で、特にホーキンス級同様に「全世界の海洋で、如何なる天候下でも行動可能な」優良な航洋性と、良好な居住性が高く評価されている。また船体が安定していたこと、過度な兵装を搭載していなかったことで砲のプ

※:第二次大戦中、連合軍の海上封鎖を突破して日本勢力圏との間で物資輸送を行うべくドイツが投入した高速輸送船。

ラットフォームとして優良な特性を持っており、荒天下での射撃指揮も容易であることを含めて、主砲の砲戦能力も相応に評価が為されていた。

本級は竣工後、カタパルトの設置や方位盤の換装など、小規模の改正が行われた後、1935年以降に本級各艦には機関部水線部への追加装甲設置（114mm）、高角砲の近代化、近接対空火器の増備などの改正が実施された。この際に「カンバーランド」「サフォーク」「ベリック」の3艦は、旧来のカタパルトを撤去して艦中央部に新型の横方向に固定式のカタパルト2基の装備と水偵2機収容可能な格納庫の設置、対空火器の一層の強化など、より大規模な改修が実施されており、またその代償重量として、艦尾船体上部の一部を切り取る措置も取られたことで、艦容が大きく変化した。ただし「ケント」のみはカタパルトを撤去したため、水偵運用能力を喪失してもいる。

第二次大戦開戦後、本級はその特性を活かして全世界での通商路保護任務に充当され、「コーンウォール」がドイツ仮装巡洋艦「ピンギン」を撃沈したほか、独伊の封鎖破り船を鹵獲・撃沈するなど、各艦が相応に戦果を挙げるなど、英国の通商路保護に大きく貢献した。また1940年4月のノルウェー戦以降、各種の艦隊作戦に参加、「サフォーク」が「ビスマルク」追撃戦で活躍したことは有名である。

本級はこの後、電探や対空兵装の増備を実施、対して欧州方面の作戦では有用に使用出来ないと判定された水上機関連の艤装は、「ケント」以外の各艦では、カタパルトや水偵格納庫を含めて、全艦が1943年時期に撤去している。各艦のうち、1942年4月5日にインド洋で日本軍機の空襲を受けて沈没した「コーンウォール」以外の4隻は損傷を受けることはあっても生き残り、爾後「カンバーランド」以外の3隻は1948年に除籍、「カンバーランド」は1951年には兵装試験艦として改装され、58年末まで使用された後に除籍された。

写真は第二次大戦時、1941年頃の「サフォーク」。後檣の前に大きな箱形の格納庫が設置され、4番主砲塔より後方の艦尾部は甲板1段分が切り取られている

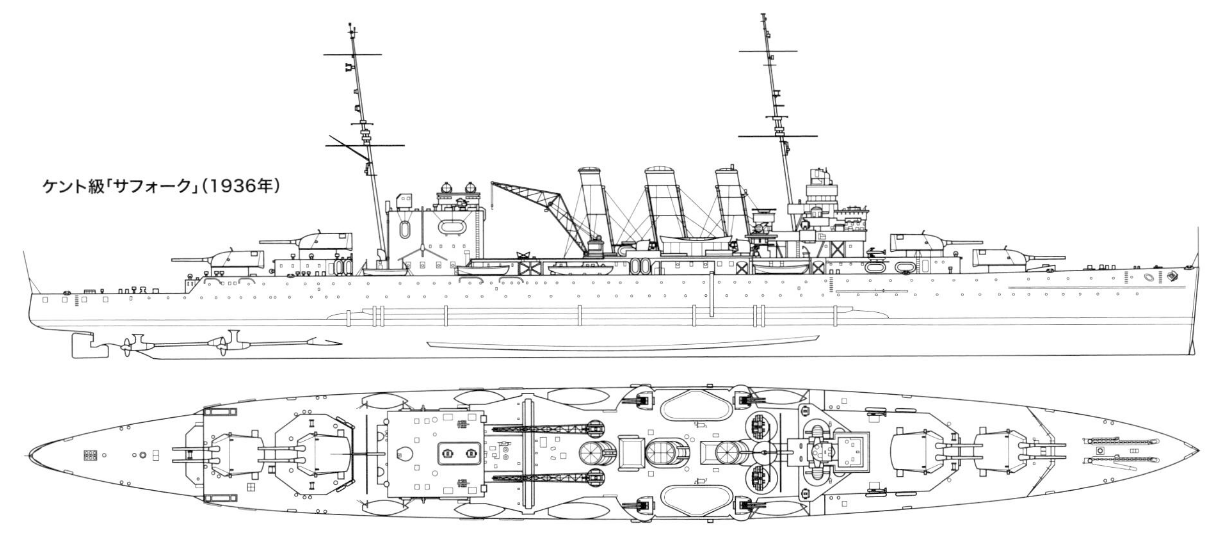
ケント級「サフォーク」（1936年）

	ケント級
基準排水量	9,750トン
満載排水量	13,450トン
全長	192.0m
全幅	20.85m
吃水	5.26m
主機/軸数	パーソンズ式（※1）ギヤード・タービン4基/4軸
主缶	アドミラルティ式重油専焼缶8基
出力	80,000馬力
速力	31.5ノット
航続距離	12ノットで13,300浬
兵装	50口径20.3cm連装砲×4、45口径10.2cm単装高角砲×4、40mm単装機関砲×4、53.3cm4連装魚雷発射管×2
装甲厚	舷側25〜110mm、甲板35mm、主砲塔25mm
乗員	685名

※1:「ベリック」のみブラウン・カーチス式

	起工	進水	竣工	
ケント	1924.11.15	1926.3.16	1928.6.25	1948解体
ベリック	1924.9.15	1926.3.30	1928.2.15	1948解体
カンバーランド	1924.10.18	1926.3.16	1928.2.23	1959解体
コーンウォール	1924.10.9	1926.3.11	1928.5.8	1942.4.5戦没
サフォーク	1924.9.30	1926.2.16	1928.5.31	1948解体

イギリス海軍

ロンドン級/ドーセットシャー級重巡洋艦 カウンティ級第2群/第3群

多くの戦功を挙げたケント級の小改正型

ケント級の設計終了後、艦隊側からは新たな追加要求として航空艤装の搭載や艦内配置の設計変更を望む声が上がった。このためケント級が整備された1925年度～1926年度以降に建造する10,000トン型の艦は、概ね当初の要求を充たしたケント級を礎としつつ、新要求に基づく設計改正を実施した艦として整備することが決定する。

これが最終的にケント級の小改正型とも言うべき、ロンドン級となったものだ。本級は戦闘時の継戦能力維持向上の面から望まれた艦内重要区画の再配置と、それに必要な艦内容積の拡大を最優先において設計が行われる一方で、これに伴う排水量の増大を抑制してケント級の水線下のバルジと水中防御隔壁を廃止、水線下の船体幅を減少させて条約制限を遵守する措置が取られている。なお、本級以降の英巡洋艦で、バルジの設置等を含めて、本格的な水中防御を持つ艦は存在していない。

この他で前級からの目立つ改正点としては、主砲塔に改正型のMk I型が搭載されたことが挙げられるが、これ以外は兵装含めてケント級から特に変更された点は無い。装甲防御も基本的に同様だが、弾火薬庫上面の装甲が51mmに減厚されたとする資料もある。高角砲用の高射装置は竣工時は装備していなかったが間もなく設置され、同時期にケント級にも装備された。航空艤装は当時英海軍で水偵射出用のカタパルト開発が遅れていたこともあり、新造時にはケント級同様これの搭載が見送られ、やはり同級と同様に1930年以降にカタパルト1基と水偵1機の搭載と、水偵運用に必要な各種装備の搭載が行われている。

ロンドン級は1926年から1927年に掛けて4隻が起工され、全艦が1929年中に竣工した。「ロンドン」を除く3隻については、1936年以降にケント級と同じ耐弾性能の向上と対空火力増強、航空兵装の刷新を目的とした改装が実施された。その工事内容もケント級に準ずるが、機関部追加水線装甲帯の高さを増大させるために装甲の増厚を若干減少させて89mmとしており、同部位の装甲厚は25mm+89mmの計114mmとなった。また対空兵装の増備は高角砲が連装砲への換装では無く単装型4門の追加とされ（艦によっては高射装置も増備)、12.7mm4連装機銃が艦橋横両舷に増備される、と言う違いがあった。この時期及び戦時中には艦橋形状の変化、対空兵装の強化、電測兵装の装備等の改正が行われている。1943年以降には単装高角砲の全数撤去と連装高角砲4基の搭載等が行われ、近接対空兵装の重量増が大きくなった1944年以降になると、航空艤装及び3番砲塔の撤去も実施されたほか、「サセックス」では魚雷発射管の撤去も行われている。

1939年以降本級で唯一大改装が実施された「ロンドン」では、兵装面と防御面の改正は他艦と同様としつつ、サウサンプトン級軽巡に準じた前部煙突と格納庫を一体化した大型艦橋の採用と、艦中央部に横方向に固定式配置のカタパルトへの変更、煙路配置見直しにより煙突を直立型の2本煙突とするなどの大改正が行われたため、艦容は大きく変化した。主砲及び高角方位盤の新型への改正等も実施された。ただ本艦の改装では、増大した排水量に対して船体強度が不足気味で、1941年2月の再役後にこれに起因する艦内への漏水が発生、この対策として1942年末から翌年5月に掛けて、船体外板を二重張りにする船体強度向上策を実施している。ただしこの船体強化のお陰もあり、本艦は戦争中期以降に他艦より多くの近接防御火器を装備しているが、3番主砲塔の撤去を行わずに済んでいる。

本級の戦時中の行動はケント級に類似した物で、通商路保護及び艦隊作戦の中核艦として各作戦に参加しており、相応の戦績を残している。1943年6月にオーストラリア海軍に貸与された「シュロプシャー」は二度と英海軍の艦籍に戻らな

1943年、オーストラリア海軍に移籍した「シュロプシャー」。本艦は戦後も英海軍に復帰することなく、1954年に解体された

写真は1939～41年にかけて近代化改装を受けた後の「ロンドン」。艦橋から第1煙突にかけての上部構造がサウサンプトン級軽巡に準じた形状となり、煙突も2本に減じている

かったが、他の3艦は戦時中には損傷を負ったものもあるが喪失艦は無く、終戦を迎えた。戦後は艦齢と英海軍の兵力縮小もあって早期に退役が図られ、1954年に練習艦として使用されていた「デヴォンシャー」の退役で全艦の退役が完了した。

カウンティ級巡洋艦の最後の建造艦となったドーセットシャー級は、主砲塔が機械的信頼性がより高く、高角射撃時の射撃速度が向上したMkⅡ型に換装されたことと、弾火薬庫の防御が一部改善されたこと、艦尾にスターンウォークが追加されたのを除けば、概ねロンドン級と同様の艦だった。

1930年に揃って竣工した本級は、爾後高射装置及び水偵搭載とカタパルトを含む航空艤装の追加、12.7mm4連装機銃の追加等を実施、1937年以降にはケント級同様に高角砲の連装砲型への換装（4基8門）、高射装置の追加及びカタパルトの換装、艦橋形状の改正等が実施されるが、ケント級やロンドン級とは異なり、舷側装甲の追加増厚は実施されていない。

開戦後は近接対空火器の強化を実施しつつ、通商路保護及び艦隊の作戦に参加、その中で「ドーセットシャー」は「ビスマルク」追撃戦時の最終決戦で「ビスマルク」に雷撃で止めを指し、仮装巡洋艦「アトランティス」とその補給艦「ピトン」を撃沈するなど、大きな戦功を挙げたが、1942年4月5日にインド洋で日本海軍機の攻撃を受けて沈没した。対して「ビスマルク」追撃戦で初期の追撃戦から最終決戦まで参加、独戦艦「シャルンホルスト」を沈めた北岬沖海戦でも活躍を見せた「ノーフォーク」は、1943年6月以降近接対空火器の増備に対応して航空艤装とスターンウォークの廃止、1944年の北岬沖海戦での損傷復旧を兼ねた改修工事で3番砲塔及び魚雷発射管の撤去などを実施しつつ、様々な作戦に参加。終戦時にはノルウェー水域の哨戒任務に当たっており、戦後は解役の後に1950年に解体された。

カウンティ級第3群は写真の「ノーフォーク」のように、艦尾にスターンウォークを設けたのが他級と異なる特徴だった

カウンティ級（第3群）
「ドーセットシャー」

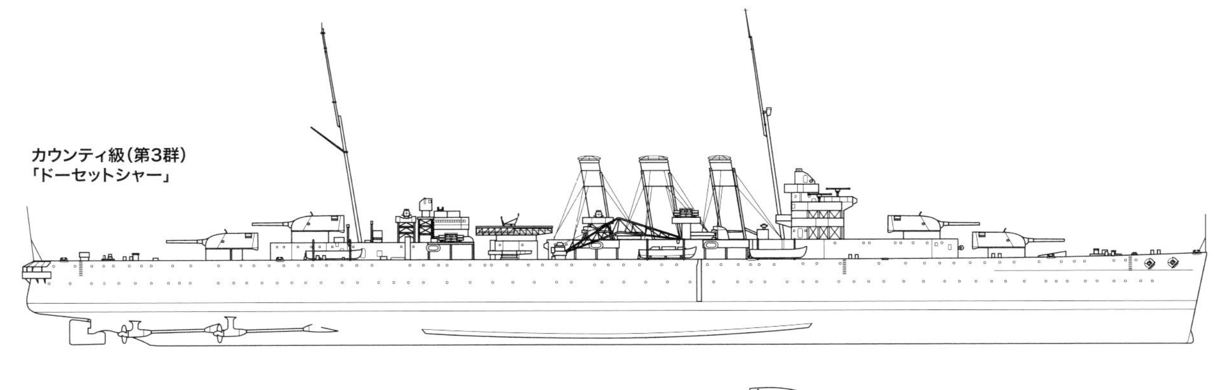

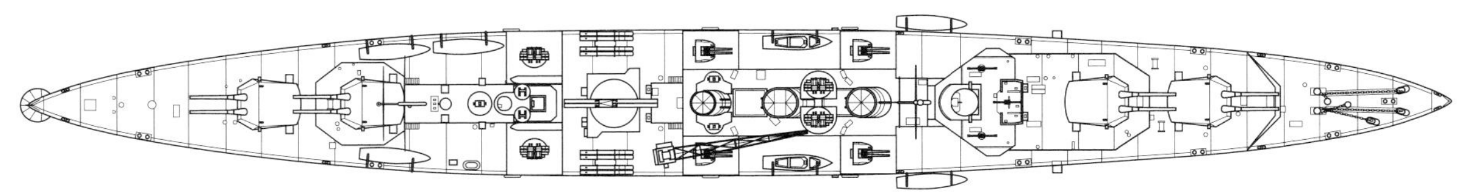

	ロンドン級	ドーセットシャー級
基準排水量	9,750トン	10,035トン
満載排水量	13,315トン	13,420トン
全長	193m	
全幅	20.1m	
吃水	5.2m	5.5m
主機/軸数	パーソンズ式ギヤード・タービン4基/4軸	
主缶	アドミラルティ式重油専焼缶8基	
出力	80,000馬力	
速力	32.25ノット	
航続距離	12ノットで12,500浬	
兵装	50口径20.3cm連装砲×4、45口径10.2cm単装高角砲×4、40mm単装機関砲×4、53.3cm4連装魚雷発射管×2	
装甲厚	舷側25～110mm、甲板35mm、主砲塔25mm	
乗員	700名	710名

	起工	進水	竣工	
ロンドン	1926.2.23	1927.9.14	1929.1.31	1950解体
デヴォンシャー	1926.3.16	1927.10.22	1929.3.18	1954解体
サセックス	1927.2.1	1928.2.22	1929.3.19	1950解体
シュロプシャー	1927.2.24	1928.7.5	1929.9.12	1943オーストラリア海軍に貸与
ドーセットシャー	1927.9.21	1929.1.29	1930.9.30	1942.4.5戦没
ノーフォーク	1927.7.8	1928.12.12	1930.4.30	1950解体

イギリス海軍

重巡洋艦「ヨーク」/「エクセター」

予算節減のため小型化を図ったイギリス最後の8インチ砲巡洋艦

ケント級の整備開始時期、英海軍の巡洋艦整備は10,000トン型で統一する予定だったが、政府側からの海軍予算圧縮要求を受けて、砲塔1基の減少と、航続力抑制等の措置を取って排水量を8,250トンに抑制した巡洋艦が計画される。これに基づく艦として整備されたのが「ヨーク」と「エクセター」の両艦で、後者の整備以降20.3cm砲搭載巡洋艦の整備は予算の問題と、1930年のロンドン条約締結に伴う巡洋艦整備見直しで実現しなかったため、「エクセター」が英海軍最後の20.3cm砲搭載巡洋艦となってもいる。

船殻重量の減少のため、この両艦の船体の型式は、カウンティ級の平甲板型から長船首楼型に変わっており、艦内容積拡大のために「エクセター」の方が艦の幅は約30cm広い。上構配置はカウンティ級に準拠するもので、「ヨーク」では当初カタパルトを2番砲塔上に搭載する予定があったため、艦橋が背の高い独特の形状とされたが、「エクセター」ではケント級の就役後の実績から、艦隊側から艦橋の容積拡大が要望されたことを受けて、ネルソン級戦艦に範を取った塔型艦橋を採用したという相違がある。

主砲塔はMkII型砲塔が3基搭載されたが、「ヨーク」ではカウンティ級同様に高角射撃に対応した最大仰角70度のものが搭載される一方で、「エクセター」では機構簡略化のために高角射撃機能を削除した仰角50度のものが装備された。高角砲の門数はカウンティ級と同等だが、対空機関砲の装備数は半数に減らされた。また雷装も53.3cm3連装魚雷発射管2基搭載と、若干の縮小が行われている。航空兵装は、「ヨーク」は竣工時点で装備しておらず、1932年になって煙突後方に折りたたみ式のカタパルト1基を搭載、水偵1機の運用能力を得ている。「エクセター」は煙突後方の飛行機作業甲板部に艦の中心線に対して45度の角度を付けた固定式カタパルトを両舷各1基（計2基）を搭載、水偵2機を搭載する形に変わっている。

防御面では砲塔及び弾火薬庫部の防御は、「ヨーク」はカウンティ級と基本的に同様で、装薬揚弾筒に51mmの装甲が付与されるなど、より改善が図られてもいる。これに加えて「エクセター」では、弾薬庫側面が140mmに強化されたことで、英重巡中で最も強力な弾火薬庫防御を持つ艦ともなっている。また船体水線装甲は前後弾火薬庫部間に76mmのものが設けられ、甲板部は38mmの装甲を施されていた。なお、この改正の結果、この両艦の装甲防御は日本の同格艦である古鷹型/青葉型を上回るなど、各国の条約型重巡の中でも相応の能力を持つ物となった。

速力性能維持のため、機関はカウンティ級と同様のものが搭載された。ただし艦の小型化と上構配置の都合もあり、煙突は第1/第2煙突を結合させて2本煙突艦とされた。また煙突の形状は、「ヨーク」ではカウンティ級同様の傾斜式とされたが、「エクセター」では垂直式に変更された。なお、この煙突配置と先述の艦橋形状の差異は、この両艦を識別する最大の特徴ともなっている。排水量はカウンティ級より小さいが、小型化で船型が悪化したことで、速力は常備状態での速力は32ノット台、満載で31ノット代と大きな向上はなされていない。燃料搭載量はカウンティ級の約6割まで減少した一方で、航続距離は機関技術の進歩のお陰で14ノットで10,000浬に達している。

「ヨーク」は1930年5月に、「エクセター」は1931年7月に竣工しており、艦隊に就役後、この両艦はカウンティ級に比べて改善された点が多いことが評価されており、特に「ヨーク」の問題点も改正した「エクセター」は、艦隊側からより高い評価を得る事に成功している。だがこの両艦の建造費はカウンティ級に比べて約10%圧縮されただけで、主砲の砲力が25%減少するなど、戦闘力の低下が著しかったため、対費用効果に劣るとして各方面から批判が相次いだという。

第二次大戦開戦後、「ヨーク」は大西洋での通商路保護任務及びドイツ封鎖破り船の追跡、「エクセター」は南大西洋での哨戒任務に従事、その中で「エクセター」は1939年12月13日のラプラタ沖海戦でドイツ装甲艦「アドミラル・グラーフ・シュペー」と交戦、自らも大破するが、最終的に同艦を自沈させるのに大きな働きを見せた。

写真は第二次大戦勃発前の「ヨーク」。当初は2番砲塔上に射出機を設ける予定だったため、艦橋の背が高いのが「エクセター」との顕著な相違点だった

「エクセター」を右舷上空から撮影した写真で、第2煙突後方、それぞれ45度の角度をつけて固定式に装備された射出機の配置がよくわかる

この後「ヨーク」はドイツのノルウェー侵攻に対処しての同方面で活動、爾後地中海艦隊に転属して各種の任務に就いたが、1941年3月26日にクレタ島のスーダ湾に停泊中、イタリアの水上特攻艇の攻撃を受けて大破、座礁した。以後スーダ湾の防空砲台として使用されるが、ドイツのクレタ島侵攻に伴い、1941年5月22日に英軍の手で破壊、放棄された。一方、ラプラタ沖海戦の損傷復旧工事を1941年3月に終えて艦隊任務に復帰した「エクセター」は、以後大西洋での通商路保護任務に従事した後、極東方面の情勢緊迫化に伴って東インド方面に廻航、太平洋戦争開戦を迎えた。以後「エクセター」は同方面の英海軍部隊の中核として活動するが、1942年2月27日のスラバヤ沖海戦の第一合戦で損傷、3月1日にジャワ海からの脱出を企図したが、スンダ海峡で遙かに優勢な日本艦隊に捕捉されて交戦、沈没した。

なお、この両艦のうち「ヨーク」は戦前実施されたカタパルトの固定式のものへの変更を除くと、戦時中含めて近接対空火器を若干増備した以外の改修は実施されていない。一方「エクセター」は、ラプラタ沖海戦での損傷復旧時に高角砲を全数単装型から連装型に更新、40mm8連装型機関砲（4連装型説あり）の増備、12.7mm4連装機銃を撤去して、40mm単装機関砲の移設や20mm機銃の増設、対水上用及び対空用の電探装備など、かなりの規模の改正が実施され、この状態で喪失に至っている。

1942年3月1日のスラバヤ沖海戦（連合軍側呼称:Battle of the Java Sea）で、沈没しつつある「エクセター」。この海戦で本艦を含む米英蘭豪の連合軍艦隊は、日本海軍を相手に大敗を喫した

重巡「エクセター」（1939年）

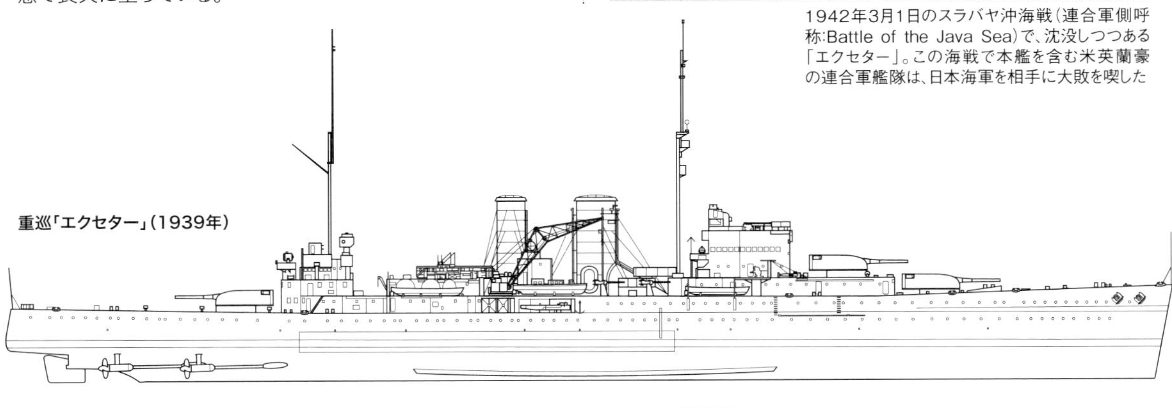

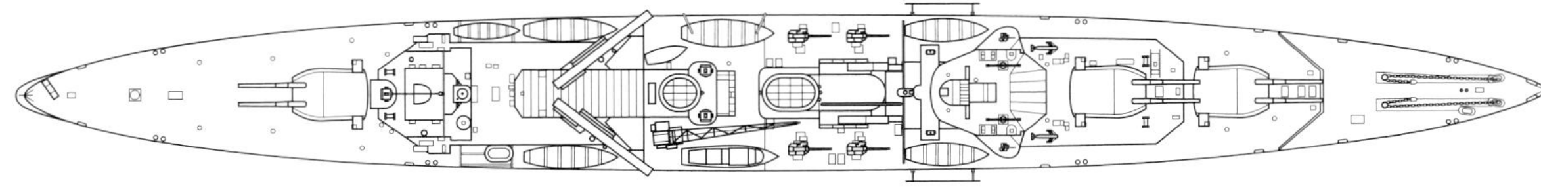

	ヨーク	エクセター
基準排水量	8,250トン	8,390トン
満載排水量	10,350トン	10,490トン
全長	175.26m	
全幅	17.4m	17.7m
吃水	5.2m	
主機/軸数	パーソンズ式ギヤード・タービン4基/4軸	
主缶	アドミラルティ式重油専焼缶8基	
出力	80,000馬力	
速力	32.25ノット	
航続距離	14ノットで10,000浬	
兵装	50口径20.3cm連装砲×3、45口径10.2cm単装高角砲×4、40mm単装機関砲×2、53.3cm3連装魚雷発射管×2、水偵×1、射出機×1	
装甲厚	舷側76mm、甲板38mm、弾火薬庫76～102mm、主砲塔25mm	舷側76mm、甲板38mm、弾火薬庫76～140mm、主砲塔25mm
乗員	623名	630名

	起工	進水	竣工	
ヨーク	1927.5.16	1928.7.17	1930.5.1	1941.5.22戦没
エクセター	1928.8.1	1929.7.18	1931.7.27	1942.3.1戦没

コラム①

英連邦諸国の巡洋艦

■オーストラリア海軍

第二次大戦時には、英連邦諸国やドイツ占領下の国の海軍が運用する巡洋艦が、英海軍の指揮下もしくは自国の指揮下で各種の作戦に従事してもいる。ここでは各国の巡洋艦群をざっと眺めてみよう。

第一次大戦後、英国の仮想敵となった日本との戦争に備える形で、一定量の海軍を保有していたオーストラリアでは、英連邦諸国でももっとも多い計7隻の巡洋艦を運用している。その中で最も旧かったのが第一次大戦前の計画に基づくバーミンガム級偵察巡洋艦の同型艦で、オーストラリア国内建造とされて1922年に竣工した「アデレード」だ。本艦はC級原型に近い片舷砲力を持ち、同等以上の防御装甲を持つ一方で、戦前の改装で雷装を喪失、更に速力も24.3ノットと低いため、第二次大戦での艦隊作戦に使える艦ではなかった。このため大戦中は基本的に通商路保護及び哨戒任務に就き、その中でドイツの封鎖破り船を沈めるなどの戦果を挙げている。戦後は母艦任務等にも就いたが、1946年5月に解役された。

第一次大戦後、ワシントン条約で廃棄となった巡洋戦艦「オーストラリア」の代艦が要求されたことを受けて、ケント級重巡2隻をオーストラリア政府の予算で建造することが決定された。これが1928年に竣工した「オーストラリア」と「キャンベラ」の両艦である。第二次大戦時、前者はまずノルウェーからオーストラリアに至る広大な水域で英艦隊の指揮下で行動、1940年9月のダカール進攻作戦での損傷復旧後にオーストラリアに戻った。以後インド洋方面での哨戒任務に就いた後、太平洋戦争開戦後は南西太平洋方面で活動、ルソン島上陸作戦時の1945年1月5日に特攻機の突入により損傷するまで、米艦隊との協同作戦等で多くの活動を見せた。第二次大戦開戦後、主としてオーストラリア水域で活動していた「キャンベラ」はタスマニア海及びインド洋の哨戒任務に従事して、ドイツの通商破壊艦の支援に当たるタンカーや、ドイツ艦が鹵獲した商船を捕捉して沈めるなどの戦果を挙げた。太平洋戦争開戦後はインド洋及び東南アジア方面、ソロモン方面で活動するが、1942年8月8日/9日の第一次ソロモン海戦で日本艦隊と交戦して大破、米駆逐艦の魚雷で処分されるに至った。「キャンベラ」喪失の後、オーストラリア海軍は兵力維持のために英海軍に重巡1隻の転籍を要請、これを受けて1943年6月に転籍されたのがロンドン級の「シュロプシャー」だった。同年11月以降にオーストラリア海軍の艦として実戦参加した本艦は、スリガオ海峡海戦に参加したことを含めて、比島方面及び南西太

第二次大戦に参加したオーストラリア海軍の巡洋艦では最古参だった「アデレード」。写真は1924年の艦影だが、1930年代末の改装で9基あった15.2cm単装砲を1基減らして対空火器を増強、機関換装により煙突も1本少なくなっている

	アデレード
基準排水量	5,550トン
満載排水量	6,160トン
全長	141.0m
全幅	15.2m
吃水	5.7m
主機/軸数	パーソンズ式直結タービン2基/2軸
主缶	ヤーロー式石炭・重油混焼缶12基
出力	25,000馬力
速力	25.5ノット
航続距離	16ノットで4,140浬
兵装	45口径15.2cm単装砲×9、7.6cm単装高角砲×1、4.7cm単装砲×4、53.3cm水中固定式魚雷発射管×2、爆雷投射装置×2
装甲厚	舷側38～76mm、甲板10～38mm、司令塔102mm
乗員	480名

1942年8月8～9日の第一次ソロモン海戦（連合軍側呼称:Battle of Savo Island）で大破炎上した「キャンベラ」。本艦の傍らの駆逐艦は米海軍の「ブルー」、写真右は同じく「パターソン」

1935年3月、パナマ運河を通過する「オーストラリア」。外見上の特徴からも、英海軍ケント級重巡の同型艦であることがわかるだろう

オーストラリア海軍に移籍後と見られる「シュロプシャー」の艦影。本艦は「キャンベラ」喪失による戦力の穴埋めのため、英海軍より供与された

写真の「シドニー」は1941年11月、ドイツ仮装巡洋艦「コルモラン」との戦闘で戦没、乗組員の生存者は皆無という最期を遂げている

写真は1936年、竣工して間もない時期の英海軍改リアンダー級軽巡「アポロ」。1938年にオーストラリア海軍に移籍して「ホバート」と改称された

	改リアンダー級
基準排水量	6,830〜7,105トン
満載排水量	9,000〜9,275トン
全長	171.4m
全幅	17.3m
吃水	4.8m
主機/軸数	パーソンズ式ギヤード・タービン4基/4軸
主缶	アドミラルティ式重油専焼缶4基
出力	72,000馬力
速力	32.5ノット
航続距離	12ノットで10,700浬
兵装	50口径15.2cm連装砲×4、45口径10.2cm単装高角砲×4、40mm4連装機関砲×2、12.7mm4連装機銃×2、53.3cm4連装魚雷発射管×2、水偵×1、射出機×1
装甲厚	舷側102mm、甲板38mm、弾火薬庫51〜98mm、主砲塔25mm
乗員	570名

1940年3月、パナマ運河を通って太平洋に回航中の「パース」。オーストラリア海軍に引き渡された改リアンダー級3隻は、本艦の名をとってパース級と呼ばれる場合もある

	起工	進水	竣工	
パース	1933.6.26	1934.7.27	1936.6.15	1942.3.1戦没
ホバート	1933.8.15	1934.10.9	1936.1.13	1962解体
シドニー	1933.7.8	1934.9.22	1935.9.24	1941.11.19戦没

平洋、ボルネオ方面の各水域で活動、戦後は占領艦隊の1艦として相模湾にその姿を見せてもいる。「オーストラリア」と「シュロプシャー」は戦後も就役を続けたが、艦齢もあって前者は1955年、後者は1954年に退役している。

オーストラリア海軍では他に改リアンダー級の3隻が戦時中に就役している。改型の各艦は第二次大戦開戦後、インド洋方面の警戒・護衛任務、地中海艦隊での艦隊作戦など様々な任務に就いたが、1941年11月19日に「シドニー」はドイツ仮装巡洋艦「コルモラン」と交戦、相討ちになって沈没した。この時期、本国水域に戻っていた「ホバート」と「パース」の両艦は、その直後の太平洋戦争開戦でジャワ方面での諸作戦で活動、その中で「パース」はスラバヤ沖海戦に参加した後、1942年3月1日のバタビア沖海戦で日本の「最上」「三隈」両重巡による砲雷戦で撃沈される。一方、スラバヤ沖海戦前にジャワ水域を離れていた「ホバート」は、以後、珊瑚海海戦やガダルカナルの戦いを端緒とするソロモン海の作戦等で活動、1943年7月20日に「伊11潜」からの雷撃を受けて大破して戦列を離れるが、1945年初頭の修理完了後に南西方面での連合軍の反攻作戦に従事、終戦後に東京湾を埋め尽くした占領艦隊の1艦ともなった。

■ニュージーランド海軍

1937年4月にリアンダー級の「リアンダー」と「アキリーズ」からなるニュージーランド戦隊が編成されたことにより、ニュージーランド海軍は戦前に巡洋艦を保有した数少ない英連邦自治領海軍の一つとなった。

「リアンダー」は第二次大戦開戦後、インド洋方面で活動して独伊の封鎖破り船の捕獲等の戦績を残した上で太平洋戦争開戦を迎え、以後フィジー・ニューギニア・ソロモンの諸水域で活動、1943年夏には米の巡洋艦兵力低下を補うために米巡洋艦戦隊の指揮下に入ったが、7月12日のクラ湾夜戦で大破、損傷した。この損傷復旧に長期間を要した本艦は、以後第二次大戦での戦績を特に持たず、戦後英海軍籍に戻った後、1949年に除籍処分となった。

本艦損傷の代艦としてニュージーランドに引き渡されたフィジー級の「ガンビア」は、戦争末期に英太平洋艦隊の指揮下で沖縄・台湾・日本本土への空母作戦に従事したのちに終戦を迎え、1946年3月に英艦隊へと復帰した。

対して「アキリーズ」は、第二次大戦開戦後南大西洋方面の哨戒に従事、1939年12月13日に発生したラプラタ沖海戦の勝利に大きく貢献した。この後ニュージーランドに戻って周辺水域の通商路保護と哨戒に従事していた「アキリーズ」は、太平洋戦争開戦後は、オーストラリア及びニュージーランド周辺水域での兵員輸送船団の護衛、ソロモン方面での艦隊作戦に従事した後、1943年3月に英国に帰還、戦時改修を兼ねた整備を実施する。1944年5月に艦隊に復帰して以後はインド洋方面で英東洋艦隊の艦として活動。英太平洋艦隊編成後は同艦隊に転籍して空母の護衛艦として活動し、沖縄作戦及び日本本土への空襲作戦に従事した後に終戦を迎えた。1946年9月に英本土に帰還した本艦は、これと同時に予備役編入されたが、1947年にインドへと売却され、同年7月にインド軍艦「デリー」として再役した。インド軍艦として活動中、1956年公開の映画「戦艦シュペー号の最期」に巡洋艦「アキリーズ」役で銀幕に姿を表したことでも知られ

1942年2月、ニュージーランド海軍時代の「リアンダー」。本艦は1943年7月のコロンバンガラ島沖海戦で日本駆逐艦の雷撃を受け大破し、1945年に修理が完了するとイギリス海軍籍に復帰した。右奥の艦影は米重巡「シカゴ」

「リアンダー」とともに、第二次大戦前からニュージーランド海軍に艦籍を置いていた「アキリーズ」。さらに戦後はインド海軍に譲渡され、「デリー」と改名している

写真はフィジー級「ガンビア」。1943年のニュージーランド海軍移管後も英海軍の指揮下にあり、1944年には英太平洋艦隊に転属して対日戦に参加した

る本艦は、晩年停泊実習艦として使用された後、1977年に解役されて44年に及ぶ艦歴に終止符を打った。

■カナダ海軍

英連邦海軍で最後に巡洋艦を受け取ったのはカナダ海軍で、その最初の艦は1944年10月に同海軍に就役したフィジー級第2群の「ウガンダ」だった。同艦は太平洋戦線への充当が決定、カナダ本国は対日戦への直接的参加に興味は無かったが、同艦乗員の意向もあって欧州戦終結後も英海軍の指揮下で作戦に参加。台湾・沖縄方面及び中部太平洋での空母作戦に従事した後、日本占領艦隊の1艦として相模湾に進駐した。戦後主として練習艦として使用された本艦は、1952年に「ケベック」と改名した後、1956年に退役処分となった。

1945年4月に就役した「オンタリオ」は実戦に参加すること無く終戦を迎え、戦後香港及びマニラ、日本本土方面での作戦を実施したのみで終わった。戦後の活動は「ウガンダ」同様で、1958年に退役の後、1960年に日本の大阪で解体された。

「ウガンダ」はサレルノ上陸作戦で受けた損傷をアメリカで修理した後、1944年10月にカナダ海軍へ移管された。写真は「ケベック」と改称した後の1954年のもの

写真の「オンタリオ」は英海軍「マイノーター」として起工されたが、建造中にカナダ海軍への引き渡しが決まり、改名した上で竣工した

■ポーランド海軍

戦前、巡洋艦等の大型艦の取得を考慮していたポーランド海軍の計画は実現することは無かったが、第二次大戦開戦直後のポーランド敗戦後、同国海軍を基盤とする自由ポーランド海軍が設立されると、同海軍最高司令官は駆逐艦以上の大型艦の貸与を英海軍に申し出た。これは当初、英海軍側が自由ポーランド海軍に大型艦の運用が可能なリソースが無いとして承認されなかったが、1942年に当時改修工事中だったD級軽巡の「ドラゴン」を自由ポーランド海軍に貸与することが決定、1943年1月15日に同海軍に就役した。なお、本艦の引き渡しにあたって、艦名を「ルヴォフ」に改名することをポーランド側は望んだが、英とソ連との外交関係への配慮もあり、元の艦名のままで就役させた、という逸話もある。本艦は以後北極洋の船団護衛等に従事した後、北フランス進攻作戦に充当され、ノルマンディー海岸での艦砲射撃任務に就いたが、1944年7月8日にドイツの人間魚雷からの雷撃を受けて大破、全損扱いとなって放棄が決定。最終的に人工港の沿岸防波堤となる「グーズベリー」の構成物として沈められた。

同艦喪失後、D級の「ダナエ」が代艦として1944年10月4日に転籍となり、引き渡し後「コンラッド」と艦名を改めた本艦は、当初欧州大陸への船団護衛任務に就いたが、2月12日に深刻なタービン事故の発生により戦列を離れ、その修理が完了したのは欧州戦終結後の5月29日のことだった。戦後ドイツ軍捕虜の復員輸送、英本国及び北欧方面への人道支援任務での派遣などを経た後、1946年9月28日に英艦籍に「ダナエ」として復帰するが、そのまま予備艦とされて爾後売却された。

1933年時の「ドラゴン」。本艦は1943年に自由ポーランド海軍に貸与され、翌年6月のノルマンディー上陸作戦時にドイツ海軍の特殊潜航艇の攻撃を受けて大破し、装備を撤去した上で防波堤として自沈となった

第二次大戦後期にポーランド海軍に移り、艦名を「コンラッド」と改めることとなる「ダナエ」。写真は戦間期の1934年時の状態である

アメリカの巡洋艦

文／本吉 隆　図版／田村紀雄

（上）写真は1947年のフィラデルフィア海軍造船所で、終戦後に退役となった多数の米巡洋艦が集められている。左手前には3隻のブルックリン級軽巡、奥には条約型重巡が並ぶ。終戦時、米海軍の現役巡洋艦の数は70隻にも上っていた
（左）1943年11月1日、ソロモン諸島の戦いで夜間の艦砲射撃を行うクリーブランド級軽巡「コロンビア」。ソロモン方面では米巡洋艦にも少なくない損害が発生している

オマハ級軽巡洋艦
ブルックリン級軽巡洋艦
アトランタ級軽巡洋艦
クリーブランド級軽巡洋艦
ファーゴ級軽巡洋艦
ウースター級軽巡洋艦

ペンサコラ級重巡洋艦
ノーザンプトン級重巡洋艦
ポートランド級重巡洋艦
ニュー・オリンズ級重巡洋艦
重巡洋艦「ウィチタ」
ボルチモア級重巡洋艦
オレゴン・シティ級重巡洋艦
デ・モイン級重巡洋艦

コラム②第二次大戦下における巡洋艦の任務とその変遷

オマハ級軽巡洋艦

第二次大戦では活躍の場が制限された偵察用巡洋艦

日露戦争の戦訓を受けて、「偵察艦の任務は大型駆逐艦で事足りる」という思想が海軍上層部及び議会で主流となっていた米国では、1908年に近代的軽巡の祖の一つ、とも言えるチェスター級の偵察巡洋艦が竣工した後、暫(しばら)く小型の巡洋艦の整備が途絶する状況となった。

だが第一次大戦が勃発すると、その戦訓から軽巡洋艦の必要性が認識されたこともあり、偵察巡洋艦(軽巡洋艦)整備は既定方針とされた。この偵察巡洋艦の設計案は、様々な紆余曲折(うよきょくせつ)を経て1916年7月に一旦制式承認されたが、第一次大戦参戦後に英軽巡の設計図を入手した後、より小型のC級/D級に比べても劣る面が少なくない点が認められたことから、砲装や雷装の強化を含む各種の改設計を行った上で、1917年度以降1919年度に掛けて、総数10隻の整備が実施された。これが計画当初の艦種類別は「偵察巡洋艦(CS)」で、後に「軽巡洋艦(CL)」扱いになる、オマハ級となった艦である。

駆逐艦式の軽量構造で建造された長船首楼式船体を持つ本級は、基準7,050トン、満載で9,507トンと、当時の軽巡の中では大型の艦に属するものだ。艦橋を含む上構部の構成は、頂部に三脚檣を持つ前部艦橋など、巡洋艦としての形態を持つものだが、軽量化のために駆逐艦式の艤装も施されており、その影響もあって本級には司令塔が無い。

主砲は当時の軽巡の搭載砲の中では、有力な部類に属する15.2cm53口径砲が搭載された。本級ではこれを艦の前後に置かれた連装砲塔2基と片舷宛て4門を置いたケースメートに配して計12門を装備している。片舷砲力は8門で、当時の英巡洋艦より強力な片舷砲力を持つが、前後の連装砲塔は内部が狭小に過ぎて、単装砲に比べて高い射撃速度を得られないという欠点があった。高角砲は同時期の英軽巡と同様の7.6cm砲2～4門が装備されている。雷装は53.3cm径の連装と3連装発射管を片舷宛て各1基（5門：両舷合計10門）搭載と、日英の軽巡と同等か近い能力を持たされており、機雷の搭載量も最大224と大きいものがあった。米海軍は早期に水上艦艇用のカタパルトを実用化出来たことから、本級は当初から薬発式のカタパルトを両舷に各1基(計2基)搭載、水偵2機を運用する能力が付与されている。装甲防御も主水線装甲帯が76mm、甲板部が38mmで、この時期の巡洋艦として平均的なものを持たされていた。

駆逐艦の高速化に対処して、本級は計画時より35ノットの速力付与が要求されており、このため機関は4機4軸で90,000馬力の高出力のものが搭載された。搭載した汽缶(12基)と主機械は各艦で相違があり、また巡航タービンの仕様が「デトロイト」以前の艦とこれより後の艦で異なるため、航続力及び最大巡航速度が異なる。因みに6番艦「リッチモンド」以降の艦の場合、航続力は15ノットで9,000浬と言われるが、「オマハ」を含む初期の3隻は、10ノットで10,000浬の航続力発揮を予定していたところ、同速度で6,400浬の航続力しか発揮出来なかった事を含めて、「デトロイト」以前の艦は「リッチモンド」以降の艦に比べて航続力に無視し得ぬ差異があった。この航続性能の差異もあり、艦隊側では本級の戦隊構成は、5番艦以前と6番艦以降で明確に分ける必要があると捉えられてもいる。

本級のネームシップ「オマハ」。艦前部の連装砲塔、およびその後方に上下2段のケースメートに装備された15.2cm単装砲の配置がわかる

1933年5月10日、右舷カタパルトからヴォートO2Uコルセア水上機を発進させる「メンフィス」

当初は「偵察巡洋艦」扱いだった本級は、1923年から1925年に掛けて「軽巡洋艦」として10隻が就役した。米海軍にとって本級の就役は大きな戦力向上となったが、就役後に兵装配置の不良、復原性の余裕のなさと航洋性能の不足、衛生設備の不足を始めとして居住性が劣悪であること、軽構造の船体に起因する水密性の不足で、燃料タンクに海水が漏洩(ろうえい)するという問題があるなど、艦隊側からは少なからぬ不評を買ってもおり、その就役実績はお世辞にも優良とは言い難いものがあった。

このためもあり、本級はより大型で強力な重巡が配されるようになると、本来期待された「偵察艦」の任務から外されていき、第二次大戦開戦直前時期には戦闘艦隊（日本の第一艦隊に相当）の護衛部隊となる巡洋艦戦隊及び大規模な駆逐艦隊（1個艦隊で駆逐艦30隻以上が所属）の旗艦や潜水艦隊旗艦等に配されていた。

設計の余裕のなさもあって本級は太平洋戦争開戦前まで大きな改装はなされておらず、その時期には既に代艦の整備も開始されてもいたが、太平洋戦争開戦後には艦隊の兵力量確保の一環として、小規模な改装を実施しつつ、現役に留まる措置が取られている。ただし真珠湾攻撃時の「ローリー」と、ジャワ海における「マーブルヘッド」の戦訓調査により、本級は1942年春時期には「前線で使用するには抗堪性不足で、かつ復原性不良」という「軍艦失格」とも言える判定が為されてしまった。このため本級は、戦時中に主砲の減載と連装発射管の撤去（艦によっては3連装発射管も撤去）、レーダー及び高角砲、近接対空火器の増備、燃料搭載量の増大（1,986トン）等の改正を受けつつも、激烈な水上戦闘が展開された太平洋方面での戦闘を含めて、苛烈な戦闘への投入が諦め（あきら）られてしまう。このため1943年3月26日のアッツ沖海戦で日本艦隊と交戦した「リッチモンド」を除けば、後方での哨戒及び艦隊の補給艦部隊の援護を含む船団護衛任務、また上陸作戦時の火力支援艦として活動するに留まっており、この運用法もあって本級は1隻の喪失艦も無く終戦を迎えることが出来た。なお、本級の大部は1945年11月～1946年1月に退役となったが、1944年4月20日にソ連に貸与されて「ムルマンスク」となった「ミルウォーキー」のみは、1949年3月にソ連から返還された後に退役処分がなされている。

写真の「シンシナティ」は1944年7月の撮影で、後檣トップのレーダーアンテナなど、戦中の改修箇所が見て取れる

オマハ級「デトロイト」（1945年）

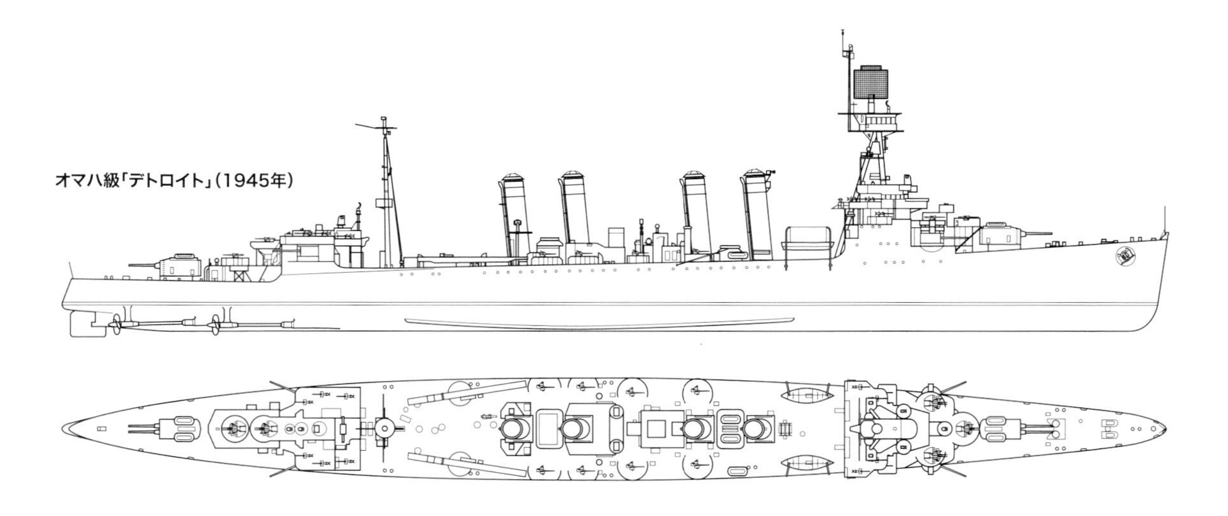

	オマハ級
基準排水量	7,050トン
満載排水量	9,507トン
全長	169.3m
全幅	16.8m
吃水	5.2m
主機/軸数	ウェスティングハウス式（※1）ギヤード・タービン4基/4軸
主缶	ヤーロー式（※2）重油専焼缶12基
出力	90,000馬力
速力	33.75ノット
航続距離	15ノットで9,000浬
兵装	53口径15.2cm連装砲×2、同単装砲×8、50口径7.6cm単装高角砲×2～4、53.3cm3連装魚雷発射管×2、同連装発射管×2、水偵×2、射出機×2
装甲厚	舷側76mm、甲板38mm
乗員	458名

	起工	進水	就役	
オマハ	1918.12.6	1920.12.14	1923.2.24	1946解体
ミルウォーキー	1918.12.13	1922.3.24	1923.6.20	1949解体
シンシナティ	1920.5.15	1921.5.23	1924.1.1	1946解体
ローリー	1920.8.16	1922.10.25	1924.2.6	1946解体
デトロイト	1920.11.10	1922.6.29	1923.7.31	1946解体
リッチモンド	1920.2.16	1921.9.29	1923.7.2	1946解体
コンコード	1920.3.29	1921.12.15	1923.11.3	1947解体
トレントン	1920.8.18	1923.4.16	1924.4.19	1946解体
マーブルヘッド	1920.8.4	1923.10.9	1924.9.8	1946解体
メンフィス	1920.10.14	1924.4.17	1925.2.4	1947解体

※1:「ローリー」「デトロイト」はカーチス式、「リッチモンド」「コンコード」「トレントン」「マーブルヘッド」「メンフィス」はパーソンズ式
※2:「リッチモンド」「コンコード」「トレントン」「マーブルヘッド」「メンフィス」はホワイト・フォスター式

アメリカ海軍

ブルックリン級軽巡洋艦

砲戦を重視した15cm砲15門搭載の大型軽巡

ロンドン条約締結後に計画がなされた大型の軽巡洋艦で、基本的に日本の最上型に対して、砲戦で優位に戦闘を進められる艦として設計がなされたものだ。本級は1933年度と1934年度で1番艦「ブルックリン」以下の計7隻が整備され、続いて1935年度には艦齢に達するオマハ級2隻の代艦としてブルックリン級の改正型2隻が整備されたことで、最終整備数は9隻となっている。なお、1935年度計画艦は、機関のシフト配置化や、高角砲の変更などの大きな改正がなされたこともあり、セント・ルイス級として別扱いにする場合もある。

本級の船体形式は艦の容積と凌波性確保を念頭に置いて、以前の重巡とは異なり平甲板型に変更され、一方で上部構造物の配置は塔型の艦橋及び後部指揮所の配置を含めて、ニュー・オリンズ級に範を取った形となっている。

兵装のうち主砲は15.2cm47口径砲の3連装砲塔5基を搭載した15門艦とされた。主砲塔の配置は日本の妙高型/高雄型に通じる前部の3基をピラミッド式、後部に2基を背負い式としており、前部のピラミッド配置は爆風問題を考慮して日本巡洋艦式としたと言われる。対空兵装は初期の7隻は以前の重巡と同様で、対して最後の2隻は高角砲を新型の12.7cm38口径連装砲塔4基（計8門）装備とされている。航空艤装の配置も以前の重巡から大きく変更された点で、艦尾にカタパルトを2基、艦尾船体内に上部にスライド式のドアを持つ4機収容可能な大型格納庫が設けられる形に変わった。なお、本級の航空艤装の配置は、航空機の運用上は望ましくは無い部分があるが、艦の肥大化を抑えつつ充分な航空艤装を配せることが利点とされ、以後米大型巡洋艦の標準的な配置となってもいる。

機関は主缶8基、主機械4基の4軸艦なのは以前の重巡と同様だが、主機械等は変更されたため機関出力は100,000馬力に減少した。ただし船体長の延伸もあって公称速力は以前の重巡と同様で、公試ではより高い速力を発揮した例もある。なお、機関配置は初期の7隻はニュー・オリンズ級同様だが、後期の2隻ではシフト配置に変更されており、これにより前期艦と後期艦では船体内配置もかなりの変更を見ている。公称航続力は以前の艦同様に15ノットで10,000浬とされるが、戦争末期の公式資料に拠れば、航続力はポートランド級以前の重巡に対して約7割（15ノット）～8割＋（25ノット）程度で、ニュー・オリンズ級と「ウィチタ」には勝り、ボルチモア級とは15ノットで同等程度、25ノットで8割程度の航続力を持つとされている。

装甲防御は機関部水線部が127mm～83mm（+16mm：船体鋼鈑）、甲板部が51mmと、ニュー・オリンズ級に近いが、弾火薬庫部は垂直部が艦内弾火薬庫側面に51mm、甲板51mmと重巡より薄い。砲塔は前面165mm、上面51mm、バーベット部は最厚165mmと、これも重巡並みのものが施されている。この防御で本級は巡洋艦の主要戦闘距離内で15.2cm砲弾に対して抗堪できる能力を得たが、なお20.3cm砲弾の防御には不足であると評価されており、これは10,000トンの排水量規定内で、充分な20.3cm砲弾防御の付与が困難であることを示す好例ともなっている。

本級は2番艦の「フィラデルフィア」が1937年9月23日に、続いて1番艦「ブルックリン」がその1週間後に竣工したのを皮切りとし、最終艦の「ヘレナ」が1939年9月18日に竣工して9隻全艦が揃う格好となった。因みに1番艦の建造所はニューヨーク（ブルックリン）海軍工廠、2番艦はフィラデルフィア海軍工廠で、この両艦の艦名はこれに因んだものである。本級は完成後、オマハ級に変わる形で、主力隊である戦闘艦隊（日本の第一艦隊に相当）の指揮下にある巡洋艦戦隊に配され、同艦隊で偵察及び護衛等の任務に就く艦として活動した。ただし第二次大戦開戦後に大西洋艦隊が編成されると、同艦隊の指揮下に本級4隻を、太平洋艦隊及びアジア艦隊に計5隻を置かれる格好に変わり、太平洋戦争開戦後も大西洋艦隊の本級の勢力は3～4隻を維持し続け、同艦隊の貴重な巡洋艦兵力の中核として活動する事にもなった。

太平洋戦争開戦後、太平洋方面では重巡に準ずる艦として、空母の機動作戦や水上戦闘艦隊の中核艦として行動。サボ島沖夜戦や第三次ソロモン海戦第一夜戦等の水上戦闘で活躍し、「マシンガン・クルーザー」と呼ばれた「ヘレナ」を含めて、各艦がかなりの活躍を見せるが、同艦はクラ湾夜戦で沈没、他の艦もサボ島沖夜戦で「衣笠」の砲撃で損傷した「ボイシ」や、クラ湾夜戦で被雷大破した「セント・ルイス」を含めて、少なからぬ艦が損傷を受けている。一方、サボ島沖

1944年9月、上空から捉えた本級3番艦「サヴァンナ」。サレルノ沖での損傷修理と合わせて近代化改装を実施した後の姿で、高角砲が38口径12.7cm連装両用砲に強化されている

※…アルゼンチン（Argentina）、ブラジル（Brazil）、チリ（Chile）の三国。

夜戦の損傷復旧後に一時大西洋艦隊に転籍した「ボイシ」を含めて、大西洋艦隊の所属艦は通商路保護のための哨戒任務や、北アフリカ上陸作戦以降の欧州方面での反攻作戦に参加、サレルノ上陸作戦時に「サヴァンナ」がFX1400誘導爆弾の命中を受けて大破する等の事態は生じたが、喪失艦は無く終戦を迎えた。戦後本級で生き残った8隻のうち、「サヴァンナ」と「ホノルル」は1947年に予備役となり、1959年に除籍処分となったが、残る6隻は揃って1951年に南米のABC三国（※）に2隻ずつ売却されて、各国の海軍の主力艦として活動を継続することになった。これらの艦のうち、アルゼンチンの「ヘネラル・ベルグラノ（引き渡し時の艦名「10月17日」、1956年改名：旧「フェニックス」）」は1982年5月3日に英原潜「コンカラー」からの雷撃を受けて被雷沈没するが、他の5隻は艦齢に達するまで就役を続けた後に退役となり、1992年1月14日にチリ海軍の「オイギンズ（旧「ブルックリン」）」が退役したことで、本級の艦歴にようやく終止符が打たれることになった。

写真の「ホノルル」はメジャー32系の迷彩塗装が施されている。本級の主砲配置は前部3基がピラミッド式、後部2基が背負い式で日本海軍の妙高型や高雄型と同様だった

後期型の「セント・ルイス」。前期型との目立つ相違点は高角砲が新型の連装両用砲となったほか、低くなった艦橋、第2煙突と後檣が接近した配置になったことなど

ブルックリン級「ブルックリン」(1945年)

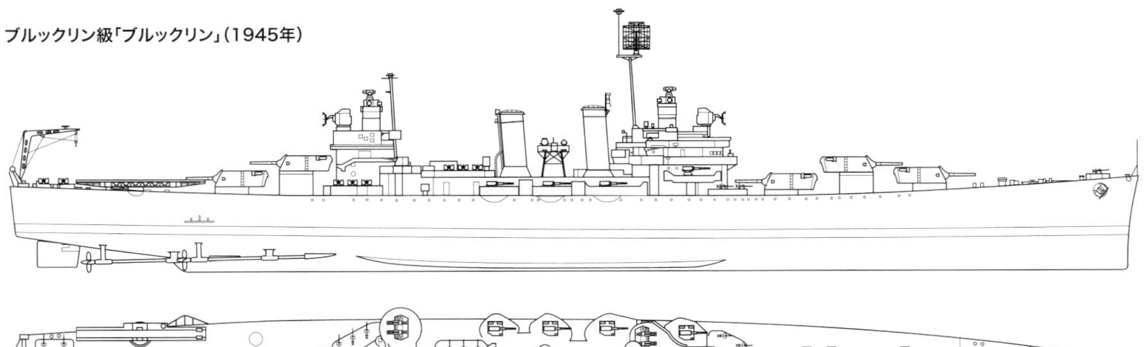

	ブルックリン級	セント・ルイス級
基準排水量	9,767トン	10,000トン
満載排水量	12,207トン	13,327トン
全長	185.4m	185.5m
全幅	18.8m	18.8m
吃水	6.6m	6.7m
主機/軸数	パーソンズ式ギヤード・タービン4基/4軸	
主缶	バブコック&ウィルコックス式重油専焼缶8基（※）	
出力	100,000馬力	
速力	32.5ノット	
航続距離	15ノットで10,000浬	
兵装	47口径15.2cm3連装砲×5、25口径12.7cm単装高角砲×8、12.7mm単装機銃×8、水偵×4、射出機×2	47口径15.2cm3連装砲×5、38口径12.7cm連装両用砲×4、12.7mm単装機銃×8、水偵×4、射出機×2
装甲厚	舷側83～127mm、甲板51mm、主砲塔32(側面)～165mm(前楯)、司令塔127mm	
乗員	868名	888名

※:「フィラデルフィア」「サヴァンナ」「ナッシュビル」はバブコック&ウィルコックス式重油専焼缶2基+ベスレヘム式重油専焼缶6基

	起工	進水	竣工	
ブルックリン	1935.3.12	1936.11.30	1937.9.30	1951チリに引き渡し
フィラデルフィア	1935.5.28	1936.11.17	1937.9.23	1951ブラジルに引き渡し
サヴァンナ	1934.5.31	1937.5.8	1938.3.10	1966解体
ナッシュビル	1935.1.24	1937.10.2	1938.6.6	1951チリに引き渡し
フェニックス	1935.4.25	1938.3.19	1938.10.3	1951アルゼンチンに引き渡し
ボイシ	1935.4.1	1936.12.3	1938.8.12	1951アルゼンチンに引き渡し
ホノルル	1935.12.9	1937.8.26	1938.6.15	1959解体
セント・ルイス	1936.12.10	1938.4.15	1939.5.19	1951ブラジルに引き渡し
ヘレナ	1936.12.9	1938.8.27	1939.9.18	1943.7.6戦没

アメリカ海軍

アトランタ級軽巡洋艦

水上戦闘と艦隊防空に活躍したアメリカ版防空巡洋艦

第二次ロンドン条約下でのオマハ級代艦整備検討の中では、この排水量で対水上戦闘及び対空戦闘に充分な砲門数を確保出来る「12.7cm両用砲もしくは15.2cm両用砲を主兵装とする巡洋艦」の整備検討が行われる。1938年7月には水雷戦隊旗艦としても充当することを考慮した、12.7cm連装砲塔を8基搭載する6,000トン型の試案が最終案として確定、第二次ロンドン条約のエスカレーター条項発動で巡洋艦の新規建造枠が取れたことにより、1939年度より建造を開始された。これがアトランタ級となった艦だ。

1942年2月、竣工時のアトランタ級2番艦「ジュノー」。本艦を含む1938年度計画艦4隻は、艦前後各3基ずつに加え、後部上構の両舷にも各1基の12.7cm連装砲を搭載した

ブルックリン級を参考とした平甲板型船型とされた本級は、砲装の配置の都合や必要とされた艦内容積確保を考慮して、主船体上部に甲板室を設けた格好とされた。本級は就役後に復原性不良が指摘されてその改善が実施されるが、そのためもあって戦時中の公式資料の中では「オークランド」以降の艦は船体幅が原型の16.2mに対して、16.5mに拡幅した、ともしている。当初の艦橋は当時の駆逐艦式の前面が湾曲した形状の密閉式艦橋で、これが「オークランド」以降の艦では角型の開放式艦橋に代わり、「ジュノー」以降の艦ではより形状が変化した密閉式艦橋に改められている。

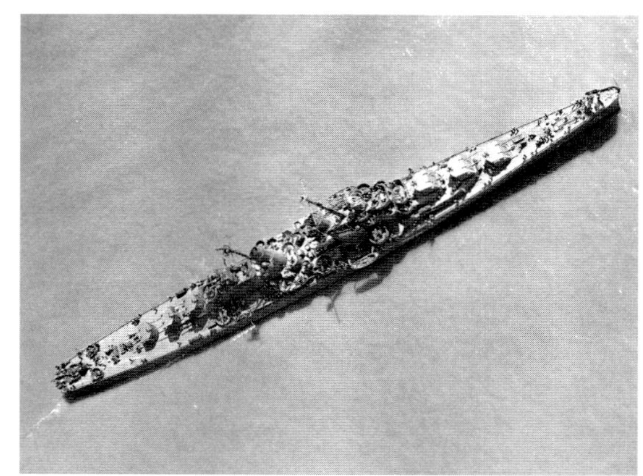
写真の「オークランド」に始まる1940年度計画艦は、原型から12.7cm連装砲を2基減らしたこともあり、オークランド級と分類される場合もある

主砲は駆逐艦の主砲としても使用された12.7cm38口径両用砲を、連装砲塔に収めて計8基(16門)を搭載している。搭載方法は前後に3基を背負式に(計6基)、後部上構側面の両舷部に各1基(計2基)とされている。ただし就役後に復原性不良が指摘されたことと、近接対空火器増強が要求されたこともあり、後期の建造艦は当初から両舷部の砲を装備していない。対空機銃は28mm4連装機銃4基(16門)の搭載が予定され、竣工前に新型の20mm機銃6門も追加装備が決定した。なお、本級では前後艦橋の上部に設けられたMk37型高角方位盤を同時に使用して、主砲の分火射撃を実施することが出来る能力も付与されている。水雷戦隊旗艦として使用するのを前提としたため、水雷兵装として53.3cm4連装魚雷発射管が片舷宛て1基(計2基:8門)搭載されたが、戦後竣工の「ジュノー」以下3隻はこれを搭載していない。また対潜作戦に従事することを考慮して、爆雷の投射機6基、投下軌条2基が搭載されてもいたが、ソナー等の装備が無いため、その有効性には限度がある。航空兵装は小型で艦上容積に余裕が無い本級では搭載されなかった。

機関は新型の高温高圧缶4基と、主機2基から構成される2軸艦で、機関の配置はシフト配置となっている。時折本級は「40ノット以上の発揮が可能」とされる場合があるが、実際には計画出力(75,000馬力)を超える過負荷で実施した「アトランタ」の公試時でも、常備排水量に近い状態で33.7ノットを発揮するに留まり、戦争末期の公式資料では、アトランタ級は32ノット、「オークランド」以降の艦は33.2ノットが最高速力として扱われてもいた。航続力は公称では15ノットで8,500浬と大型巡洋艦より短いが、先の戦争末期の資料に拠れば、15ノット及び25ノットでの航続性能は、ブルックリン級と同等かやや上回る程度の性能があるとされている。装甲は船体外板に組み込まれた水線部が95mm、甲板部が32mmで、弾火薬庫の防御もこれと同じとされており、巡洋艦用の12.7cm連装砲塔の装甲厚も32mmであった。この装甲は大型軽巡に比べれば劣る面はあったが、他国のこの規模の軽巡と比較すれば優良と言える物で、15.2cm砲搭載の巡洋艦との戦闘で相応の効果が期待できた。

本級は1938年度計画で4隻、1940年度の「両洋艦隊整備計画」計画で4隻、戦時計画の1942年度で3隻の合計11隻が整備された。このうち1940年度艦以降は砲装に差異があり、1942年度艦は対空見張の視界向上を考慮しての艦橋の形状を含めた外形の変化が生じるなど、各年度の艦で変化が生じている。このためもあって、本級は公式資料では

1938年度艦はアトランタ級（第1群）、1940年度以降の艦はオークランド級（第2群）として分類しているが、1942年度艦もジュノー級（第3群）として分類する資料が存在する。

これらの艦のうち、1941年12月24日に竣工した1番艦「アトランタ」を始めとする1938年度艦は、残る3隻も1942年中に全艦が竣工し、1番艦が1942年6月のミッドウェー海戦に参加したのを皮切りとして、空母部隊及び水上戦闘部隊に編入されて、太平洋の苛烈な戦場に投ぜられ、ガ島を巡る戦闘の中で、南太平洋海戦で「サンファン」が損傷。その2週間後には「アトランタ」と「ジュノー」が第三次ソロモン海戦の第一次夜戦の際に大破、前者は復旧不能として放棄されて自沈処分となり、後者は伊26潜の雷撃を受けて沈没するなど、大きな被害も被るが、1943年以降の空母機動部隊の各種作戦に随伴して行動。「サンディエゴ」は戦後相模湾に姿を見せるが、「サンファン」は1945年6月に台風による損傷を受けたため、終戦時には修理のために後方に下がっていた。

1943年から1945年に掛けて竣工した1940年度艦も空母部隊の随伴艦として活動、各種の活躍を見せており、1944年11月4日に伊41潜からの雷撃を受けて、一時は転覆の危機に瀕したが応急修理に成功した「リノ」を含めて、損失無く終戦を迎えた。1942年度艦は全艦が戦後竣工のため、大戦時の戦歴はない。戦後生き残った9隻のうち、「ツーソン」までの艦は1950年以前に全艦が予備役となり、戦後竣工の「ジュノー」以下3隻も1956年に「ジュノー」が退役したのを最後として、全艦が予備役に編入された。退役艦は爾後長期にわたって保管されたが、現役に復帰することは無く、全艦が1962〜1972年に掛けて除籍された。

戦後の竣工となった1942年度計画艦（ジュノー級）「フレスノ」。兵装配置の変更など、オークランド級にさらなる改正が実施されている

アトランタ級「アトランタ」

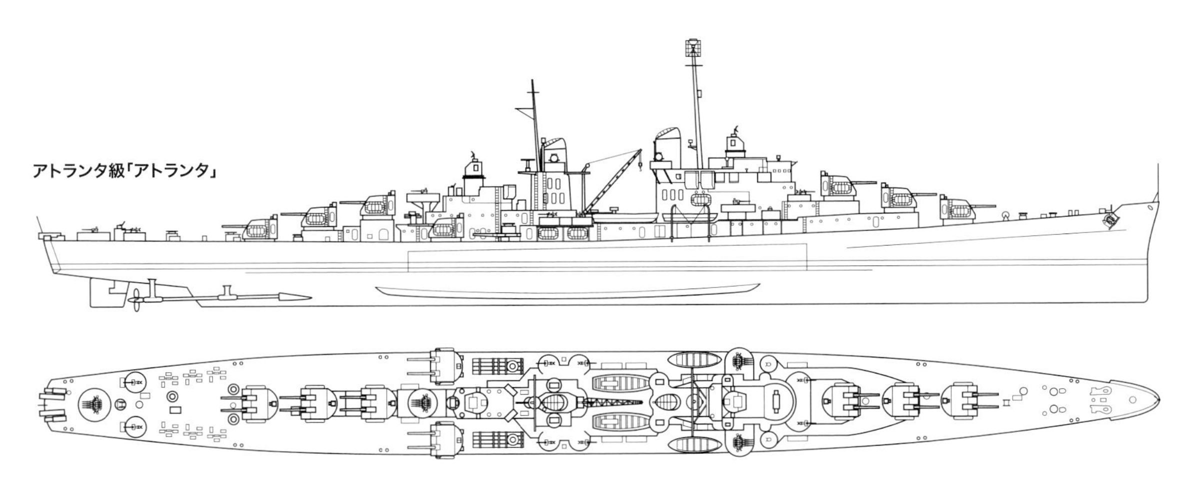

	アトランタ級	オークランド級	ジュノー級
基準排水量	6,000トン	6,000トン	6,500トン
満載排水量	8,100トン	8,300トン（※2）	8,200トン
全長	165.0m（※1）	164.5m	164.5m
全幅	16.2m	16.5m	16.5m
吃水	6.25m	6.25m	6.25m
主機/軸数	ウェスティングハウス式ギヤード・タービン2基/2軸		
主缶	バブコック&ウィルコックス式重油専焼缶4基		
出力	75,000馬力		
速力	32.5ノット		
航続距離	15ノットで8,500浬		
兵装	38口径12.7cm連装両用砲×8、28mm4連装機銃×4、20mm単装機銃×8、53.3cm4連装魚雷発射管×2	38口径12.7cm連装両用砲×6、40mm4連装機銃×8、20mm単装機銃×16、53.3cm4連装魚雷発射管×2	38口径12.7cm連装両用砲×6、40mm4連装機関砲×6、同連装機関砲×4、20mm連装機銃×8
装甲厚	舷側95mm、甲板32mm、主砲塔32mm、司令塔64mm		
乗員	623名（戦時810名）	戦時820名	戦時820名

※1:「サンディエゴ」「サン・ファン」は165.1m
※2:「リノ」「フリント」「ツーソン」は8,200トン

	起工	進水	竣工	
アトランタ	1940.4.22	1941.9.6	1941.12.24	1942.11.13戦没
ジュノー	1940.5.27	1941.10.25	1942.2.14	1942.11.13戦没
サンディエゴ	1940.3.27	1941.7.26	1942.1.10	1960解体
サンファン	1940.5.15	1941.9.6	1942.2.28	1961解体
オークランド	1941.7.15	1942.10.23	1943.7.17	1959解体
リノ	1941.8.1	1942.12.23	1943.12.28	1962解体
フリント	1942.10.23	1944.1.25	1944.8.31	1966解体
ツーソン	1942.12.23	1944.9.3	1945.2.3	1971解体
ジュノー	1944.9.15	1945.7.15	1946.2.15	1960解体
スポカン	1944.11.15	1945.9.22	1946.5.17	1973解体
フレスノ	1945.2.12	1946.3.5	1946.11.27	1966解体

アメリカ海軍

クリーブランド級軽巡洋艦

第二次大戦中に大量整備された艦隊型軽巡洋艦

本級は元をたどると、アトランタ級検討時の試案の一つである15.2cm連装両用砲5基搭載の8,200トン型軽巡に行き着く艦で、アトランタ級に続いて1940年度以降で建造する「空母の護衛を含めて、あらゆる任務に対応可能な標準型の艦隊用巡洋艦」として考慮されていた艦だ。アトランタ級の整備後に建造が検討されていたこの艦は、1939年初期の段階では、15.2cm連装両用砲5基と53.3cm3連装魚雷発射管2基を搭載する基準排水量8,000トンの艦として試案の検討が行われている状況にあったが、この後に15.2cm連装両用砲の実用化の遅れと、第二次大戦勃発に伴う第二次ロンドン条約の無効化に伴い、1939年10月2日にブルックリン級軽巡の「ヘレナ」を元として、兵装面では15.2cm3連装砲塔を1基撤去する代わりに、12.7cm両用砲の連装砲塔2基を増設した基準排水量10,000トンの艦として計画を推進することが確定。これに沿って各種の検討が進められた後、1941年2月に最終案が確定を見た。

本級の船体形式は元とされた「ヘレナ」同様の平甲板型船型で、水線長は同一、全長も大差無いが、水線幅は艦の復原性改善と安定性向上を考慮して、約90cm広げられていた。上構は新規設計されており、後述の高角兵装の変更や上部の射撃指揮装置の変更、後部上構の大型化等もあり、前後部の艦橋形状はブルックリン級と比べてかなりの変化を見ている。

主砲塔は前述のようにブルックリン級と同じ15.2cm3連装砲塔が採用され、これを前後に2基ずつ背負い式配置で搭載した（計4基：12門）。高角砲はセント・ルイス級同様に12.7cm連装砲塔として、これを前後部の中心線上に各1基、船体中央部両舷に各2基（合計6基：12門）を搭載した。この高角砲配置により、本級の片舷方向への高角砲指向門数はブルックリン級の最大4から最大8へと倍増しており、以前の艦に比べて大きな長距離対空戦闘能力を持つに至った。近接対空火器は初期案では28mm4連装機銃5基（20門）の装備が検討されていたが、第二次大戦開戦後に英海軍からもたらされた各種戦訓等も考慮して建造開始後も再検討が加えられ続けることになり、最終的に1942年2月に40mm4連装機関砲4基、20mm機銃19門として竣工させる事が決定するが、初期の建造艦は40mm機関砲の4連装型の製造が間に合わず、当初連装型装備で竣工している。また戦時中に近接対空火器の増強が続けられ、最終的に40mm機関砲は4連装型4基、連装型6基（計28門）、20mm機銃10～23門の装備が標準となった。電測兵装は1番艦の竣工時期より搭載され、戦時中に継続しての更新や増備も行われている。初期案では雷装も考慮されたが、15.2cm3連装砲塔搭載艦とされた後に放棄された。航空艤装は、ブルックリン級に準ずる配置となっている。装甲厚も基本的に同級に準ずるが、砲塔は前面が152mmに減厚され、砲塔上面部は76mmに強化される等の差異もある。

本級はブルックリン級同様の主機4基の4軸艦で、出力も100,000馬力と要目上は同級から特に変化は無い。一方で汽缶は、より高温高圧の大型新型缶が採用されたことで、汽缶搭載数は4に減少しただけでなく、主機も2段減速式の新型のものに更新されたこともあり、3番艦以降で大量建造を考慮した簡易化のために巡航用タービンを廃止したにもかかわらず、航続力は以前の重巡/大型軽巡より高く、戦時計測の数値では15ノットで9,900浬と、他の重巡の計画値とほぼ同等の数字を発揮している。

本級は1940年度にまず2隻の整備が考慮されていたが、第二次大戦開戦後、太平洋と大西洋の両大洋で、米国単独で戦争が可能なだけの戦力を確保することが必要とされて、1940年に成立した「二大洋艦隊整備法案（スターク案）」で一気に32隻（うち2隻は同年中に建造中止）の整備が計画されたのに続き、戦時中に25隻の追加建造も計画されたが、途上で9隻が軽空母に改装もしくは起工前に計画変更されたほか、

1944年1月の竣工から間もない時期と思われる「ヴィンセンス」。前後2基背負い式の主砲塔、中心線上に2基と左右両舷各2基の連装両用砲といった兵装配置がなされた

写真は1944年10月の台湾沖航空戦で2度被雷し、曳航される「ヒューストン」。被雷による浸水のためか乾舷が低くなっている。写真奥では同様に台湾沖で被雷した重巡「キャンベラ」が曳航されている

戦後、本級の「スプリングフィールド」「トピカ」「プロヴィデンス」、および「オクラホマ・シティ」「リトル・ロック」「ガルヴェストン」はミサイル巡洋艦に改装された。特に写真の「ガルヴェストン」は第二次大戦中に進水したものの、その後工事が保留され、1958年にミサイル巡洋艦として就役した

戦後に工事中止もしくは計画中止、また戦時中の計画変更で別艦型となった艦もあったため、本級として完成したのは27隻で、うち22隻が大戦時に戦功を挙げている。

本級は1番艦「クリーブランド」が1942年6月に竣工したのを皮切りに、最初の4隻は同年10月までに竣工、1943年初頭時期より、兵力が枯渇した米大型巡洋艦部隊の戦力を埋めるだけでなく、同年夏以降の艦隊拡張の際には米海軍の基本形の大型巡洋艦の一つとして、戦列に加わる様になる。その中で有力な対空火力を利しての空母の護衛艦としての活動、水上戦闘艦隊の中核としての活動など、各種の任務で戦功を挙げている。なお、水上戦闘艦としては、大型軽巡はその主砲である15.2cm砲の弾量が小さいため、日本の大型駆逐艦や巡洋艦に対して、致命傷を与えるのに弾数を要する、という欠点があったが、優秀なレーダーに支えられたCICでの作戦立案及び射撃指揮が可能という利点を活かして夜戦でも活躍、ブーゲンビル島沖海戦では日本の重巡部隊を撃退するなど、相手が火力に勝る重巡との戦闘でも、対抗出来るだけの能力は持つ艦だった。

台湾沖航空戦での「ヒューストン」、レイテ沖海戦での「バーミンガム」等、本級は戦時中に大規模な損傷を負った艦はあるが、喪失艦は無く終戦を迎えた。終戦後は艦隊の縮小により戦後竣工の艦を含めて早期に退役が図られ、1959年以降除籍が行われている。ただし1950年代末期に広域防空用のミサイル巡洋艦への大規模改装を受けた艦は1970年代まで艦籍にあり、この時期に第7艦隊旗艦も務めた「オクラホマ・シティ」は、1978年に本級最後の除籍艦となって姿を消した。

クリーブランド級「デンヴァー」

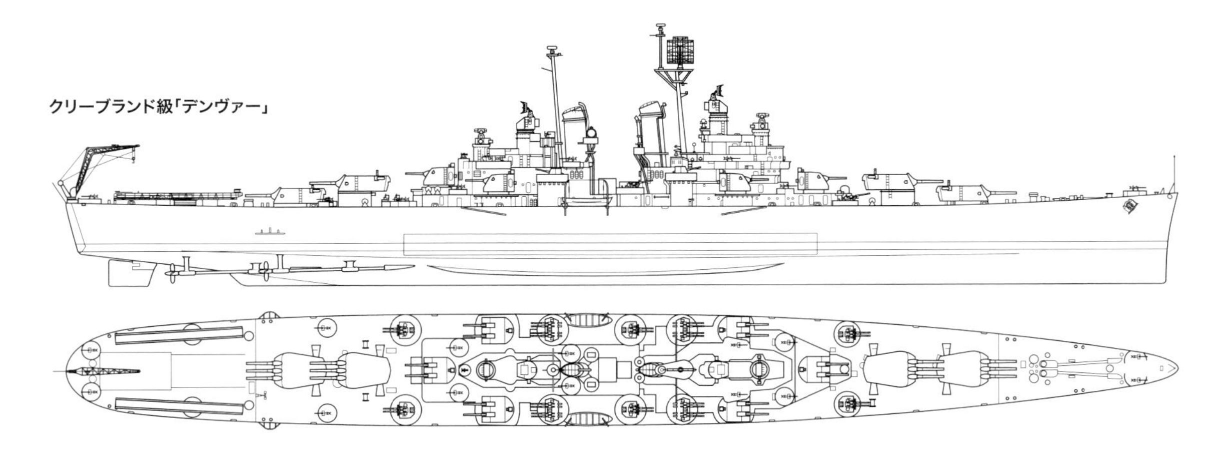

	クリーブランド級		
基準排水量	10,000トン	満載排水量	13,755トン
全長	185.9m	全幅	20.3m
吃水	6.9m		
主機/軸数	ジェネラル・エレクトリック式ギヤード・タービン4基/4軸		
主缶	バブコック&ウィルコックス式重油専焼缶4基		
出力	100,000馬力	速力	32.5ノット
航続距離	15ノットで11,000浬		
兵装	47口径15.2cm3連装砲×4、38口径12.7cm連装両用砲×6、40mm4連装機関砲×4、同連装機関砲×6、20mm単装機銃×19		
装甲厚	舷側83〜127mm、甲板51mm、主砲塔38(後面)〜152mm(前楯)、司令塔57〜127mm		
乗員	1,255名		

	起工	進水	竣工	
クリーブランド	1940.7.1	1941.11.1	1942.6.15	1960解体
コロンビア	1940.8.18	1941.12.17	1942.7.29	1959解体
モントピリア	1940.12.2	1942.2.12	1942.9.9	1960解体
デンヴァー	1940.12.26	1942.4.4	1942.10.15	1960解体
アムステルダム	1941.5.1			※1943.1空母「インディペンデンス」として就役
サンタフェ	1941.6.7	1942.6.10	1942.11.24	1959解体
タラハシー	1941.6.2			※1943.2空母「プリンストン」として就役
バーミンガム	1941.2.17	1942.3.20	1943.1.29	1959解体
モービル	1941.4.14	1942.5.15	1943.3.24	1959解体
ヴィンセンス	1942.3.7	1943.7.17	1944.1.21	1968標的として海没処分
パサディナ	1943.2.6	1943.12.28	1944.6.8	1972解体
スプリングフィールド	1943.2.13	1944.3.9	1944.9.9	1980解体
トピカ	1943.4.21	1944.8.19	1944.12.23	1975解体
ニュー・ヘヴン	1941.8.11			※1943.3空母「ベロー・ウッド」として就役
ハンチントン	1941.11.17			※1943.5空母「カウペンス」として就役
デイトン	1941.12.29			※1943.6空母「モンテレー」として就役
ウィルミントン	1942.3.16			※1943.7空母「カボット」として就役
ビロクシ	1941.7.9	1943.2.23	1943.8.31	1962解体
ヒューストン	1941.8.4	1943.6.19	1943.12.20	1961解体
プロヴィデンス	1943.7.27	1944.12.28	1945.5.15	1980解体
マンチェスター	1944.9.25	1946.3.5	1946.10.29	1961解体
バッファロー				※1940.12建造中止
ファーゴ	1942.4.11			※1943.8空母「ラングレー」として就役
ヴィクスバーグ	1942.10.26	1943.12.14	1944.6.12	1964解体
ダルース	1942.11.9	1944.1.13	1944.9.18	1960解体
ニューアーク				※1940.12建造中止
マイアミ	1941.8.2	1942.12.8	1943.12.28	1962解体
アストリア	1941.9.6	1943.3.6	1944.5.17	1971解体
オクラホマ・シティ	1942.12.8	1944.2.20	1944.12.22	1999標的として海没処分
リトル・ロック	1943.3.6	1944.8.27	1945.6.17	記念艦として保存
ガルヴェストン	1943.8.27	1945.4.22	1958.5.28	1975解体
ヤングスタウン	1944.9.4			※1945.8建造中止
バッファロー	1942.8.31			※1943.11空母「バターン」として就役
ニューアーク	1942.10.26			※1943.11空母「サン・ジャシント」として就役
アムステルダム	1943.3.3	1944.4.25	1945.1.8	1972解体
ポーツマス	1943.6.28	1944.9.20	1945.6.25	1974解体
ウィルクス・バリ	1942.12.14	1943.12.24	1944.7.1	1972標的として海没処分
アトランタ	1943.1.25	1944.2.6	1944.12.3	1970標的として海没処分
デイトン	1943.3.8	1944.3.19	1945.1.7	1962解体

右上へ続く↗

アメリカ海軍

ファーゴ級軽巡洋艦

戦後に完成したクリーブランド級の運用性向上型

戦時中に戦訓に基づく改正を重ねられたことで、クリーブランド級の艦上部の重量は増す一方となり、復原性の不良が予期された（実際に1945年時期には運用に支障が出るほどに復原性能に問題を抱えることになった）。このため1942年7月末時期に、クリーブランド級に対する高角砲位置の低下を含む各種復原性能改善対策の実施と、戦訓に基づく艦上部の防空指揮所からの視界の改善と高角砲及び近接対空火器の射撃可能範囲拡大、同級就役後に発覚した前部艦橋及び後部指揮所の主砲射撃指揮装置と高角砲用の両用方位盤のレーダー位置干渉等の問題の解決を含む艦上構の大規模な改正、更に艦内防御区画内への大型CICの設置や水中防御改善を考慮した艦内区画の細分化と、それに伴う横隔壁追加による航空機格納庫スペースの半減とこれに伴う水偵搭載数の減少など、多岐にわたる改正が実施されることになった。

この改正型では、特に搭載兵装の増備等や艦の性能の向上等は要求されなかったので、カタログ性能はクリーブランド級から大きく変化していない。しかし要求された各種の項目を満たすために、艦橋や後部艦橋はその形状、主砲及び高角砲用の方位盤位置を含めて各部が大きく変化しており、更に艦上射界確保と艦上のスペース確保の目的もあって煙突の単煙突化が図られたこともあって、その艦容は大きく変化しており、艦内区画の配置も改善の対象となるなど、改正内容は多岐にわたっている。この改正もあって、本級就役後にその復原性はクリーブランド級よりかなりの改善を見たと評価されており、その他の面でも改正によって同級より総じて良好な運用特性を持つ艦として、評価がなされている。

本級は1942年8月に承認された二年計画とされた第二次戦時計画の中で、当初計画されたクリーブランド級23隻のうち20隻をこれとして建造することとされたが、このうち7隻が他級に振り替えられたこと、残りの13隻も未起工艦4隻が1944年10月、起工済みの艦も太平洋戦争の終戦が見えた直後の1945年8月12日に建造中止が発令されたため、本級で竣工したのは1番艦「ファーゴ」と2番艦「ハンティントン」のみで、この両艦も竣工は戦後となったため、第二次大戦時で活躍する機会は得られなかった。

竣工した「ファーゴ」と「ハンティントン」の両艦は、戦後共に大西洋艦隊配備となるが、前者は1949年、後者は1950年に予備役編入となり、この後はミサイル巡洋艦への改装対象にもならずに予備役に留まり続け、「ハンティントン」は1961年9月に除籍、「ファーゴ」もベトナム戦争休戦後の海軍予算緊縮の中で、1970年5月に除籍されて姿を消した。

なお、本級の未完成艦のうち、3番艦の「ニューアーク」のみは船台を開けるために進水まで工事を実施、戦後水中爆発実験の標的として使用された後に売却解体に至っている。

写真は2番艦の「ハンティントン」。前級では艦橋頂部後方にあった舷側両用砲用の方位盤が、本級では司令塔上部に位置している

ファーゴ級「ファーゴ」

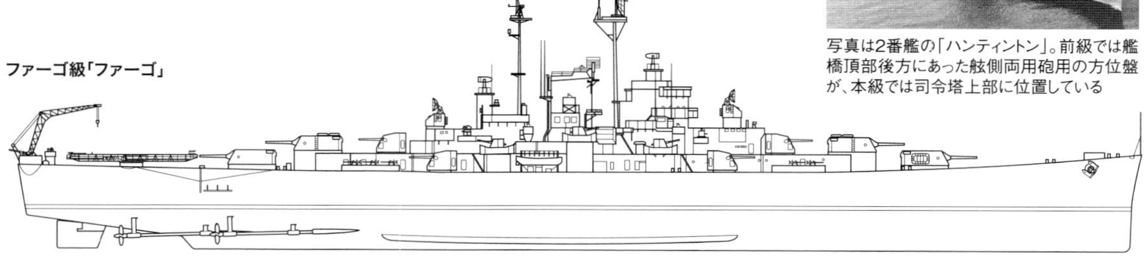

	ファーゴ級		
基準排水量	11,744トン	満載排水量	14,464トン
全長	185.95m	全幅	20.2m
吃水	7.5m		
主機/軸数	ジェネラル・エレクトリック式ギヤード・タービン4基/4軸		
主缶	バブコック&ウィルコックス式重油専焼缶4基		
出力	100,000馬力	速力	32.5ノット
航続距離	15ノットで11,000浬		
兵装	47口径15.2cm3連装砲×4、38口径12.7cm連装両用砲×6、40mm4連装機関砲×6、同連装機関砲×2、20mm単装機銃×10、水偵×4、射出機×2		
装甲厚	舷側83～127mm、甲板51mm、主砲塔38（後面）～152mm（前楯）、司令塔57～127mm		
乗員	1,255名		

	起工	進水	竣工	
ファーゴ	1943.8.23	1945.2.25	1945.12.9	1971解体
ハンティントン	1943.10.4	1945.4.8	1946.2.23	1962解体
ニューアーク	1944.1.17	1945.12.14		1949解体
ニュー・ヘヴン	1944.2.28			※1945.8.12建造中止
バッファロー	1944.4.2			※1945.8.12建造中止
ウィルミントン	1945.3.5			※1945.8.12建造中止
ヴァレーオ				※1944.10.5建造中止
ヘレナ				※1944.10.5建造中止
ロアノーク				※1944.10.5建造中止
<艦名未定>				※1944.10.5建造中止
タラハシー	1944.1.31			※1945.8.12建造中止
シャイアン	1944.5.29			※1945.8.12建造中止
チャタヌーガ	1944.10.9			※1945.8.12建造中止
コロンボ	1917.12.8	1918.12.18	1919.6.18	1948.1.22売却

ウースター級軽巡洋艦

水上/対空の両方に対応可能な大型軽巡

写真は2番艦の「ロアノーク」。本級の主砲は艦前後に3基ずつ搭載された15.2cm連装両用砲で、3番および4番砲塔が一段高い位置に置かれている。本砲の発射速度は1門あたり毎分12発だった

戦前から望まれていた15.2cm47口径連装両用砲搭載艦として計画された大型軽巡。第二次大戦の戦訓を受けて、経空目標に対してより遠距離から対空弾幕を張れる艦として1941年夏時期より研究が行われたこの艦は、最終的に水線長、船体幅はほぼボルチモア級と同等で、基準排水量が1,000トン以上大きいという大型軽巡として設計が纏められた。

船体の設計は概ねボルチモア級に準じており、上構配置はオレゴン・シティ級に近いものがあるが、2本煙突艦とされたことと、12.7cm高角砲を欠くこともあって、艦容は以前の大型軽巡や重巡とは異なる印象がある。

兵装のうち、主砲に「射撃速度がより高いので、同一射撃時間で平射用の3連装砲塔と同一の弾量が撃てる」15.2cm連装両用砲6基が艦の中心線上に搭載されたのが、本級の一大特色だ。これにより本級は指向門数の多さもあって、有効な防空弾幕を張れる艦となったが、本級の計画時期には、水上戦闘用の砲として、一弾あたりの威力が小さい15.2cm砲の有用性は限られていると判定されていたため、水上戦闘能力については就役前から疑念が持たれている面があった。近接対空火器はデ・モイン級と同様に「カミカゼ」対策に40mm機関砲より有効と判断された7.6cm連装速射砲が採用される一方で、20mm機銃も同級同様に装備されなかった。なお、航空艤装は戦後の水偵運用停止措置もあって、デ・モイン級と本級では、竣工時よりカタパルトの装備を取りやめており、水偵格納庫は艦載艇収容庫として使用された。

装甲防御はブルックリン級以降の大型軽巡に近いが、弾火薬庫部も機関部水線装甲と同様の装甲を持ち、また装甲甲板部に89mmの水平装甲が装備されるなどの差異がある。また砲塔の装甲は、前面が165mmと、クリーブランド級の砲塔より厚くなっている。機関はクリーブランド級と同様で、配置も同様である。

本級は戦前から検討されていた「15.2cm両用砲搭載の多目的巡洋艦」として、必要な能力を持つ艦と見做されたが、水上戦闘能力の不足もあり、当初7隻建造予定だったものを、以後の計画変更でその整備数を1個巡洋艦戦隊分4隻への減少が図られた。またこのうち2隻は太平洋戦争終結直前に建造中止となったため、竣工したのは戦後完成の2隻のみとなった。

本級は竣工直後は両艦共に大西洋艦隊に配されるが、1番艦の「ウースター」は後に太平洋艦隊配備となって朝鮮戦争で戦功を挙げており、爾後大西洋艦隊に戻り地中海配備となるが、再度太平洋艦隊に再配属されて1958年に退役となった。一方、就役中に大西洋艦隊で射撃訓練成績の新記録を残したという2番艦の「ロアノーク」も、次いで太平洋艦隊、大西洋艦隊、太平洋艦隊と配属を変えた後、これも1958年10月に退役処分となった。以後予備役に置かれたこの両艦は、1970年12月に揃って除籍された。

ウースター級「ウースター」

	ウースター級		
基準排水量	14,700トン	満載排水量	17,997トン
全長	207.1m	全幅	21.5m
吃水	7.6m		
主機/軸数	ジェネラル・エレクトリック式ギヤード・タービン4基/4軸		
主缶	バブコック&ウィルコックス式重油専焼缶4基		
出力	120,000馬力	速力	33ノット
航続距離	15ノットで8,000浬		
兵装	47口径15.2cm連装両用砲×6、50口径7.6cm連装両用速射砲×11、同単装両用速射砲×2		
装甲厚	舷側76～127mm、甲板89mm、主砲塔165mm(前楯)、司令塔127mm		
乗員	1,401名		

	起工	進水	竣工	
ウースター	1945.1.29	1947.2.4	1948.6.26	1972解体
ロアノーク	1945.5.15	1947.6.16	1949.4.4	1972解体
ヴァレーオ	1945.7.16			※1945.12.8建造中止
ゲイリー				※1945.8.12建造中止
<艦名未定>				※1945.8.12建造中止
<艦名未定>				※1945.8.12建造中止
<艦名未定>				※1945.8.12建造中止
<艦名未定>				※1945.8.12建造中止
<艦名未定>				※1945.8.12建造中止

アメリカ海軍

ペンサコラ級重巡洋艦

多くの課題を残したアメリカ初の重巡洋艦

米海軍は1919年よりオマハ級に代わる新型軽巡の検討を開始したが、これはワシントン条約の締結で廃案となり、これに続いて同条約の補助艦の制限に沿いつつ、艦隊決戦時に偵察巡洋艦として活動し、敵の同種艦を撃破出来る砲力、艦隊作戦に必要な高速力、広大な太平洋での艦隊作戦及び通商路保護任務にも充当可能な長大な航続力を持つ新軽巡の検討が開始される。この要求は当時としてはかなり難易度が高いもので、最終的に整備が伝えられた日本の10,000トン型巡洋艦に対抗可能な砲力を持たせる事を最優先として、駆逐艦の12.7cm砲に抗堪できる防御力を持たせ、必要な航続力と速力性能を付与するという方針の元に設計が進められて、1925年7月にようやく最終設計案が承認された。

本級2番艦「ソルト・レイク・シティ」の戦前の姿。背が高い三脚式の前檣は当時の米戦艦によく似ている。主砲塔は4基だが内2基を3連装とすることで、10門の火力を確保した

この新型軽巡の船体型式はオマハ級同様に平甲板型とされたが、設計途上で艦内容積不足が明白となったことで、船体中央部に甲板室が設けられる形に変更された。排水量上限を考慮して船殻重量軽減のために船体はかなり軽構造とされ、その結果、就役後に主砲射撃時の衝撃で船体が損傷する、等の各種問題が発生してしまう。このため1930年代に船体構造の強化が図られたが、なお船体強度の面で問題が生じており、戦時中の改装では更に船体強化の必要が生じてもいる。上部構造物の配置は上部に主砲観測所を持つ三脚檣と下部艦橋からなる前檣／前部艦橋部と、三脚檣式の後檣を持つ当時の米戦艦に近い配置とされたため、本級は同時期の他国の重巡に比べて、やや大仰で古めかしい印象を持つ艦となった。

兵装は本級用に開発されたMk9型20.3cm55口径砲を連装砲塔2基と3連装砲塔2基に収めることで、対抗相手の日本重巡と同じ砲力を確保した。ただ高速発揮のための船型のリファインの必要から、より重量のある3連装砲塔を上側に配する形としたことは、本級の復原性を悪化させる大きな要因ともなった。竣工時の対空兵装は12.7cm25口径高角砲4門で、近接対空火器は装備していない。水雷兵装としては53.3cm3連装魚雷発射管が片舷宛てに各1基搭載されていたが、12.7cm高角砲4門と12.7mm機銃8挺が1930年代初期に増載された際に代償重量として撤去された。航空艤装は格納庫が無いため一部制限が生じてもいるが、片舷宛て1基（計2基）搭載されたカタパルトの装備を含めて、当時の巡洋艦として有力なものを持つ艦ではあった。

装甲防御のうち主水線装甲（64mm）は機関部のみを防御する形とされたが、これは米重巡は日本重巡と違って弾火薬庫部が基本的に水線下にある、というのが大きな要因となっている。一方、機関部の甲板装甲は25mmと日英の重巡に比べて薄く、砲塔は前面64mm、側面38mmと日英の巡洋艦より厚いが、天蓋部やバーベット部は19mmと薄いため、日英の艦に一概に優るとは言えない面がある。弾火薬庫部は水線下となる垂直部が102mm、上面38mmと相応の防御がある。

1943年10月、真珠湾における写真で中央が「ペンサコラ」、左が「ソルト・レイク・シティ」。右の重巡「ニュー・オリンズ」に比べると、本級の乾舷の低さや前檣の高さが際立つ

汽缶は当時としては高温高圧の過熱式ものを8基搭載しており、このお陰もあり、4基4軸構成の主機は同様の構成の英重巡より高い出力（107,000馬力）を発揮可能だった。この機関により最高速力は32.5ノットを発揮可能であり、燃料搭載量が日本重巡より少ないが汽缶の性能の高さもあり、15ノットで10,000浬と、より長い航続力も持つ。

ペンサコラ級は1924年度に8隻の整備が予定されたが、予算不足から25年度と26年度（「ソルト・レイク・シティ」）に各1隻の整備が認められるに留まり、この計画遅れにより、

以後の艦は新型でより能力が向上したノーザンプトン級へと振り替えられた。このため本級の整備は2隻で終わり、建造された艦のうち、「ソルト・レイク・シティ」は1929年に、「ペンサコラ」は1930年に竣工した。なお、この結果として米海軍は日米英の三国で、最初の重巡を最後に取得した形となった。

本級は就役後、乾舷高不足と兵装の過剰搭載に起因するトップヘビーのために航洋性能が不良と見做され、後に改正はされたが、その後も良好な航洋性を持つとは評されなかった。更に艦の動揺周期の問題もあって主砲の散布界は劣悪で、防御力も「ブリキ艦」と称されたように、同種艦と戦うには不足と見做されるなど、艦隊側の就役後の評価は高いものでは無かった。また乗員からも、過剰な兵装搭載もあっての艦内容積不足もあり、その評価は芳しいものでは無かったという。

戦前時期、偵察艦隊（日本の第二艦隊に相当）の重巡兵力の主力として活動した本級は、太平洋戦争開戦後、空母機動部隊の護衛艦及び水上戦闘部隊の中核となって各方面で作戦に参加した。その中で1942年11月30日のルンガ沖夜戦でテキサス級戦艦と見間違えられた「ペンサコラ」が日本駆逐艦からの雷撃を受けて大破、「ソルト・レイク・シティ」は1942年10月12～13日のサヴォ島沖夜戦で「衣笠」と交戦して損傷、5時間にわたり炎上し続け、1943年3月26日のアッツ沖海戦でも「那智」「摩耶」の砲撃を受けて一時行動不能となるなどの損傷を受けているが、両艦共に無事戦争を生き残った。戦後この両艦は復員輸送に従事した後、1946年7月のビキニ環礁における原爆実験の標的艦として使用されたが沈没に至らず、1948年に除籍処分となった後に「ペンサコラ」は沈没喪失、「ソルト・レイク・シティ」は実艦標的として処分された。戦時中の本級には、近接対空火器の強化や電探を始めとする各種の電子兵装の増備が行われたが、この結果として復原性が悪化したため、「ペンサコラ」では大戦中に上構を作り直す改装を実施しており、その結果最終時期の艦容は、以前からかなりの変化を遂げたものとなっている。

1945年6月に撮影された「ペンサコラ」で、前掲の写真と見比べると、改装によって前檣が低くなっていることがわかる。この前檣の改修は本艦のみに実施された

ペンサコラ級「ペンサコラ」(1944年)

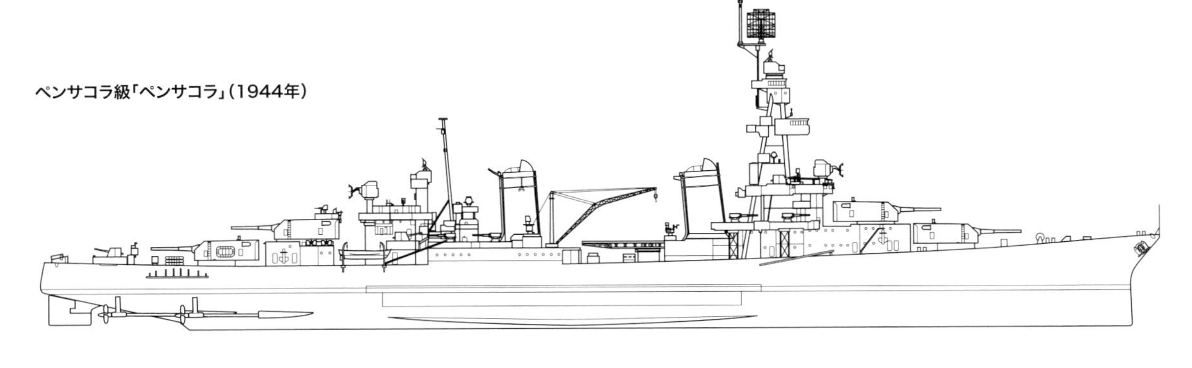

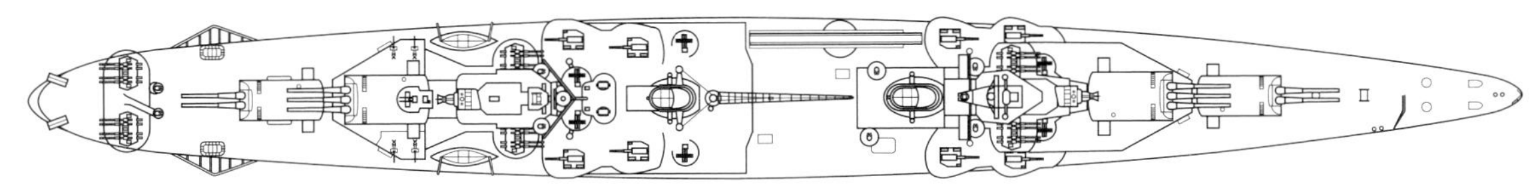

	ペンサコラ級
基準排水量	9,096トン
満載排水量	11513トン
全長	178.5m
全幅	19.9m
吃水	5.9m
主機/軸数	パーソンズ式ギヤード・タービン4基/4軸
主缶	ホワイト・フォスター式重油専焼缶8基
出力	107,000馬力
速力	32.5ノット
航続距離	15ノットで10,000浬
兵装	55口径20.3cm3連装砲×2、同連装砲×2、25口径12.7cm単装高角砲×4、53.3cm3連装魚雷発射管×2、水偵×4、射出機×2
装甲厚	舷側64～102mm、甲板25～38mm、主砲塔19(天蓋)～64mm(前楯)、司令塔32mm
乗員	631名

	起工	進水	竣工	
ペンサコラ	1926.10.27	1929.4.25	1930.2.6	1948海没処分
ソルト・レイク・シティ	1927.6.9	1929.1.23	1929.12.11	1948海没処分

アメリカ海軍

ノーザンプトン級重巡洋艦

対日戦で半数が戦没したペンサコラ級の改良型

ペンサコラ級の設計完了後、米海軍内部では防御力改善を含めて、様々な問題があることが認められ、各種の改正を施した新型艦の整備が必要であると考えられた。この改正型が1927年度に6隻の建造が認められて、全艦が翌年に起工されたノーザンプトン級となった艦だ。

船型は船体容積の増大と凌波性の改善を考慮して、前級の平甲板型から船首楼型へと変更された。航空機運用能力改善の要求から格納庫の設置が必要とされたことで、後部煙突側部から後檣に掛けて設置された甲板室の拡大が行われる等の改正が実施されている。上構は前部艦橋部は前級と同様だが、後檣部はその基部に後部艦橋が設置されるという差異が生じた。また本級の「オーガスタ」では、艦隊旗艦としての充実した旗艦設備を設けるべく、より多くの艦内容積確保のために船首楼を延長したことから、他の同型艦との形状差異が生じている。

1937年、カリフォルニア州ロング・ビーチに係留される「ヒューストン」。船首楼型の採用で高くなった乾舷や、艦中央部に設けられた格納庫など、前級からの改良点が目立つ

兵装面では、主砲自体は前級と同系列のものが装備されたが、砲塔は主要区画長を短縮して、防御性能を改善する事を考慮して、3連装砲塔3基に改められた。高角砲と水雷兵装は前級と同様で、1930年代に12.7cm高角砲4門と12.7mm機銃8門の増備が行われて、その代償として雷装の撤去が行われたのも同様だった。ただし、「オーガスタ」「ルイヴィル」「シカゴ」の3隻は、水雷兵装撤去の際には高角砲を増備せず、1941年になってこれを実施している。カタパルトの装備と水偵の搭載機数も前級から変化は無いが、格納庫が装備されたことで、航空機の整備を含めて、運用性は大きく改善されている。

装甲防御は水線装甲帯は76mmに強化されたが、甲板装甲はそのままだった。砲塔の防御も変わらないが、バーベット部は38mmに増厚されたので、砲塔部の防御は一定の向上を見ている。配置が船体外鈑部から艦内の弾火薬庫側面に変わった弾薬庫部の垂直装甲は、95mmと前級より若干薄くされたが、上面は51mmと強化されており、この面でも一定の抗堪性向上を果たしている。なお、前級含めて、ワシントン条約後に計画された米重巡及び軽巡では、本格的な水中防御を実施した艦は存在せず、この面では総じて日本重巡より劣る面があった。因みに本級の機関は前級と同様のもので、速力及び航続性能も変化していない。

本級は1930年から1931年に掛けて全艦が竣工しており、それまで兵力不均衡が生じている面があった日本海軍との重巡兵力差を埋める存在ともなった。就役後、凌波性が改善されたことを含めて、前級よりその評価は高いものがあったが、相変わらず復原性は良好とは言えず、ローリングが激しく荒天時の行動に不安があること、砲のプラットフォームとしても安定しない上に耐弾性も不足と判定されるなど、前級の各種欠点を受け継いでいる艦でもあった。このため艦隊側からの評価はあまり芳しいものでは無く、乗員からの評価も居住性に不満が持たれた事を含めて、良いとは言い難いものだった。

対日開戦前の1941年8月、オーストラリアのブリズベンにおける「ノーザンプトン」。前部三脚檣トップにはすでにレーダー・アンテナを搭載している。艦首水線部に描かれているのは欺瞞のための偽の艦首波

竣工後各艦は、偵察艦隊の主力として行動するとともに、フィリピンのマニラを根拠地とするアジア艦隊の旗艦に本級を配するのが通例となるなど、極東方面での外交任務でも少なからぬ貢献を見せていた。また「シカゴ」は、この時期偵察艦隊巡洋艦隊旗艦の座に長らく就いてもいた。

第二次大戦開戦後、一部の艦は大西洋戦隊/大西洋艦隊で米東岸及び大西洋方面での哨戒等の任務に就いたが、太平洋戦争開戦後は、当時大西洋艦隊旗艦で、終戦まで同艦隊に留まっていた「オーガスタ」を除く全艦が太平洋方面に投じられている。太平洋方面では開戦初期より空母機動部隊の

護衛艦及び水上艦隊の中核艦として行動を続け、このためもあって開戦時のアジア艦隊旗艦で、圧倒的な日本艦隊に対して絶望的な戦闘を繰り返した「ヒューストン」が1942年3月1日にバタビア沖海戦で沈没したのを嚆矢(こうし)として、1942年11月30日のルンガ沖夜戦で「ノーザンプトン」が、1943年1月29日のレンネル島沖海戦で「シカゴ」が戦没、戦争中に半数の艦を失うことになった。またこれ以外でも、特攻機に2度突入された「ルイヴィル」や、「チェスター」が1942年10月20日に伊176潜の雷撃で損傷したことを含めて、各艦が幾度となく損傷する事態も生じた。対して大戦の大半の時期を大西洋艦隊旗艦として過ごした「オーガスタ」は、北アフリカ上陸作戦やノルマンディー上陸作戦に参加、大きな損傷を被ること無く終戦に至っている。また「大統領のヨット」と言われた「ヒューストン」がアジア艦隊転籍後、それまでは同艦が務めることが多かった大統領の迎賓艦の任務を、戦時中何度も務めるという栄誉にも浴している。

1945年4月、同年初頭の特攻機による損傷修理を終えた「ルイヴィル」。レーダーや対空兵装の増備のほか、後部三脚檣を撤去して後部煙突前側にレーダー用三脚檣を設置するなどといった戦時改装が施されている

戦時中本級には近接対空火器と電測兵装の強化が継続して実施された（ただし「ヒューストン」は太平洋戦争開戦時期にマニラで予定していたレーダー搭載の改修を実施する予定が、開戦によりその機会を逸したため、最後までレーダー非装備だった）。このうち対空火器の増強は、1941年以降に28mm4連装機銃の増備と12.7mm機銃の20mm機銃への換装予定から始まり、戦争末期になると近接対空火器は40mm機関砲が4連装型4～5基、連装型4基、20mm機銃は22～26門と大幅に増強され、これに伴って必要となる射撃指揮装置の増備も実施された。この大幅な近接対空火器の増備に伴う艦上部の重量増による復原性不良を改善するため、非喪失艦では戦時中にレーダー搭載のための前檣・後檣の改正などが実施されており、また復原性能悪化の対策の一環として、戦争末期にはカタパルト1基を撤去して搭載機数も2機程度に減らす措置も取られていた。このため終戦時期の艦容は、開戦時期に比べて変化が生じてもいる。

ノーザンプトン級「ルイヴィル」（1945年）

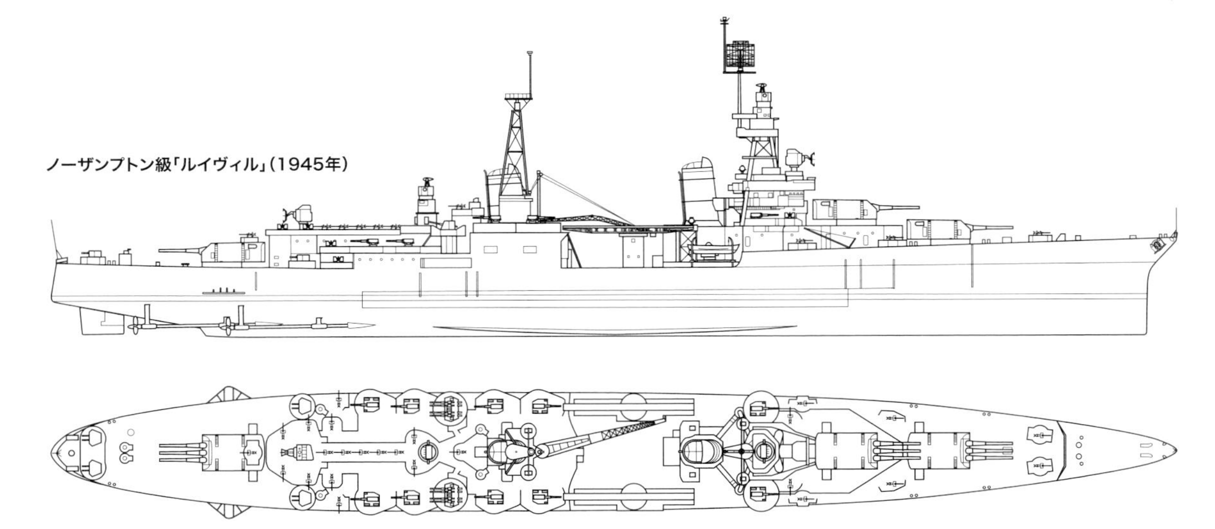

	ノーザンプトン級
基準排水量	9,390トン
満載排水量	11,826トン
全長	182.96m
全幅	20.14m
吃水	5.92m
主機/軸数	パーソンズ式ギヤード・タービン4基/4軸
主缶	ホワイト・フォスター式重油専焼缶8基
出力	107,000馬力
速力	32.5ノット
航続距離	15ノットで10,000浬
兵装	55口径20.3cm3連装砲×3、25口径12.7cm単装高角砲×4、53.3cm3連装魚雷発射管×2、水偵×4、射出機×2
装甲厚	舷側76～95mm、甲板25～51mm、主砲塔19（天蓋）～64mm（前楯）、司令塔32mm
乗員	617名

	起工	進水	竣工	
ノーザンプトン	1928.4.12	1929.9.5	1930.5.17	1942.12.1戦没
チェスター	1928.3.6	1929.7.3	1930.6.24	1959解体
ルイヴィル	1928.7.4	1930.9.1	1931.1.15	1959解体
シカゴ	1928.9.10	1930.4.10	1931.3.9	1943.1.30戦没
ヒューストン	1928.5.1	1929.9.7	1930.6.17	1942.3.1戦没
オーガスタ	1928.7.2	1930.2.1	1931.1.30	1959解体

アメリカ海軍

ポートランド級重巡洋艦

米海軍で初めて排水量1万トンを超えた条約型重巡

ノーザンプトン級の計画年度である1927年には、重巡兵力を英海軍と同一とすることが整備方針とされたことで、1929年度に重巡5隻の整備が認められた。当初1929年度の艦は、ノーザンプトン級の追加整備が検討された。しかしこの時期になると米が建造した前2級の重巡の排水量が条約制限を割り込むことが確実視されてもおり、このため同年度整備の重巡は、防御力の改善等を図った新規設計艦とすることとされた。

だがこの決定が為された時点で、同年度で建造を予定していた艦のうち、「ポートランド」と「インディアナポリス」の建造を担当する民間造船所では、既にノーザンプトン級の建造を予期した資材の集積及び部材の加工が始まってしまっていた。このため海軍では、この両艦についてはノーザンプトン級を元にして、装甲強化を含む出来る限りの改正を施した艦として建造を行うこととした。

この様な経緯もあり、ポートランド級の設計では船型や竣工時の装備はほぼ前級に準ずる形とされたが、艦内容積拡大の目的から船体長は3m延長されたほか、艦隊旗艦としての使用が前提として建造された「インディアナポリス」は、前後部の甲板室の一層の拡大等の措置も取られるなどの変更が生じた。復原性やローリング特性の改善等のため、前部三脚檣と下部艦橋の形状変更、後部三脚檣廃止と後部上構配置変更を含む重心低下策が採られた結果、艦容はノーザンプトン級から相応に変化も生じている。

主砲の砲装や砲塔部の装甲防御も変化は無い。対空砲も当初はノーザンプトン級の竣工時と同様とする予定だったが、建造中に同級の対空火力増強後と同様とされたことで、当初から12.7cm高角砲は8門装備された。なお、これに伴って雷装も竣工時から廃止となり、結果として本級は米重巡で初めて雷装を持たない艦となってもいる。

機関部水線装甲の厚みは76mmと前級と同様だが、甲板部の水平装甲は64mmと強化されており、また主水平装甲甲板の下に弾片防御甲板が設けられたこともあって、機関部の水平防御は前級に比べて大きく改善を見ている。弾火薬庫部も側面は146mmと約1.5倍+に強化されたのに加え、上面装甲も57mmと若干強化されたことで、総じて弾火薬庫部の耐弾性能も前級より強化が図られた格好となった。

機関は基本的に前級と同様の構成で、汽缶のみが以前のホワイト・フォスター缶からヤーロー缶に代わり、機関出力も前級と同様だった。本級の排水量は装甲の強化や船体規模の拡大等もあり、前級より1,000トン以上大きくなっているが、船体の延長による船体抵抗改善により速力は特に低下せず、航続力も前級と同様とされている。ただし戦時中の米海軍公式資料によると、前級の航続力は4,800浬（25ノット）／10,200浬（15ノット）なのに対し、本級は若干燃料搭載量が多いにも関わらず4,700浬（25ノット）／9,800浬（15ノット）と若干短いものとされているので、竣工時からある程度の相違が生じていた可能性もある。

本級は揃って1930年に起工されたが、竣工は2番艦「インディアナポリス」が1932年11月に、1番艦「ポートランド」は1933年2月と2番艦の方が早かった。竣工後、本級2隻は以前の重巡同様に偵察艦隊に配され、「インディアナポリス」は予定通り偵察艦隊旗艦の任に就いて、一時を除けば太平洋戦争開戦までその任にあった。また同艦は、1934年の大統領艦隊観閲式の際に、大統領の迎賓艦を務める栄誉にも浴している。

竣工時に近い時期のネームシップ「ポートランド」。基本的なレイアウトは前級に準じているが、前檣や艦橋の小型化、船体の延長など細部に相違もあった

写真の「インディアナポリス」は1943～44年頃の艦影で、後檣撤去や後部煙突への三脚檣設置、対空兵装の増強といった改修が実施されている。また本艦では艦内容積確保のため、船首楼が「ポートランド」より後方に延長されている

しかし本級は若干だが、排水量が条約上限を超えたにもかかわらず、以前の米重巡よりは優良だが復原性能が不良である事、耐弾防御がなお不足、と艦隊側から評価されてもいた。本級を含めた米の第一世代の重巡10隻については、早期に抜本的な改装が必要と見做されたように、なお優良な艦であるとは見做されていない（ただ居住性については、以前の艦より改善されていたので、乗員からの評価はまだ良かったという）。

沖縄沖で受けた特攻による損傷修理を終えた、1945年7月10日の「インディアナポリス」。この直後の7月30日、本艦は日本の伊58潜に撃沈されることとなる

太平洋戦争開戦後は、真珠湾攻撃の損害による艦隊の編制替えもあって、「インディアナポリス」を含めた本級2隻も他の重巡と共に、空母の護衛艦及び水上艦隊の中核として太平洋の諸作戦に従事した。その中で南太平洋海戦で受けた魚雷3発が全て不発となり、第三次ソロモン海戦の第一夜戦で「夕立」撃沈に寄与するが、魚雷の命中で行動困難となり、「比叡」の砲撃で水偵格納庫を吹き飛ばされて中破し、スリガオ海峡海戦では西村艦隊撃滅に一役買うなど、各種の激戦生き抜いた「ポートランド」は、戦後復員輸送に従事した後の1946年に予備役となり、1959年に除籍されて爾後解体された。

一方「インディアナポリス」は開戦後に空母機動部隊の作戦及びアリューシャン方面での封鎖任務等に従事、1943年11月以降は、主としてスプルーアンス提督の率いる米第5艦隊旗艦として活動するが、1945年3月31日に沖縄方面で特攻機の攻撃を受けて損傷する。損傷復旧後の7月、本艦は米本土からテニアンまで広島に投下された原爆のウラニウムの輸送任務に就いた後、テニアンから訓練地のレイテ湾に向かう途上の7月30日に伊58潜からの雷撃を受けて沈没、太平洋戦争に参加した米大型艦の最後の喪失艦となった。

本級の戦時中における電測兵装の搭載や近接対空火器増備の改装は前級に類したものとなっている。これに伴い、三脚檣の短縮や前部艦橋上部の方位盤変更、旧来の後檣撤去と後部煙突部への三脚式の後檣設置など、多くの改正がなされてもおり、この結果大戦後半時期の艦容は、以前とは相応に変化している。因みに1943年春以降の両艦では、対空用のSKレーダーが前檣にあるのが「ポートランド」、後檣にあるのが「インディアナポリス」という明瞭な識別点が存在している。

ポートランド級「ポートランド」(1942年)

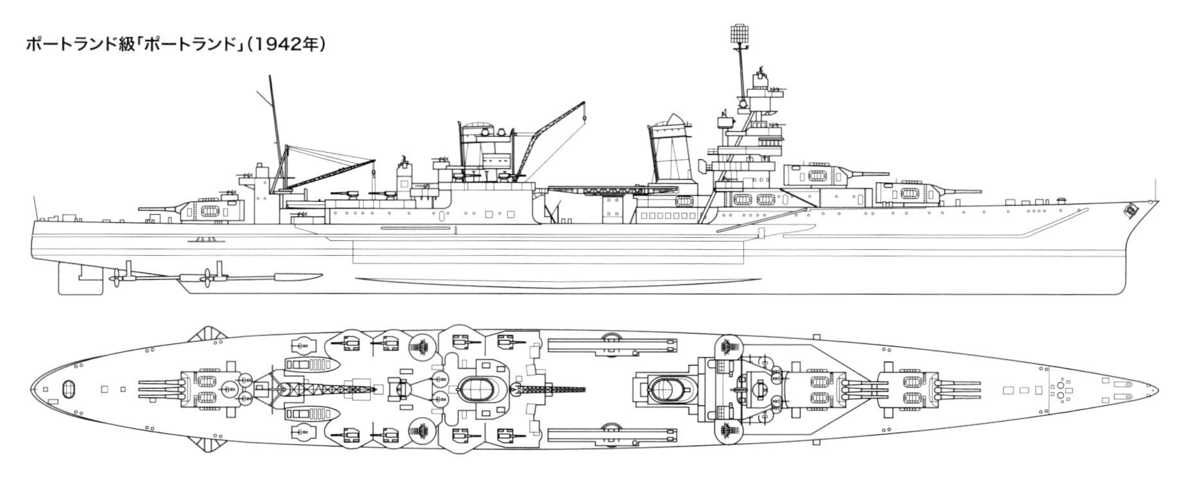

	ポートランド級
基準排水量	10,258トン
満載排水量	13,767トン
全長	185.93m
全幅	20.12m
吃水	6.4m
主機/軸数	パーソンズ式ギヤード・タービン4基/4軸
主缶	ヤーロー式重油専焼缶8基
出力	107,000馬力
速力	32.5ノット
航続距離	15ノットで10,000浬
兵装	55口径20.3cm3連装砲×3、25口径12.7cm単装高角砲×8、12.7mm単装機銃×8、水偵×4、射出機×2
装甲厚	舷側76～146mm、甲板64mm、主砲塔19（天蓋）～64mm（前楯）、司令塔32mm
乗員	807名

	起工	進水	竣工	
ポートランド	1930.2.17	1932.5.21	1933.2.23	1959解体
インディアナポリス	1930.3.31	1931.11.7	1932.11.15	1945.7.30戦没

アメリカ海軍

ニュー・オリンズ級重巡洋艦

前級までの反省を踏まえ設計を一新した米条約型重巡の第2世代

先述の様に1929年度計画の重巡5隻のうち、海軍工廠で建造が行われる3隻については、耐弾防御能力の向上を始めとする各種要求を満たす艦とするため、完全な新規設計艦として建造する方針が出されており、これに基づいて設計されたのがニュー・オリンズ級となった艦だ。

船体型式は前級同様長船首楼型だが、防御力改善を図りつつも排水量抑制を図る見地から、船体長及び船体幅共に前級より縮小されており、艦首乾舷高も約1m短縮されている。艦橋は英のネルソン級戦艦に範を取った背の低い塔型艦橋とされ、前檣はその後部に単檣形式のものが設置された。格納庫の後部には予備の司令塔と射撃指揮所を持つ後部指揮所があり、後檣もこれの上部に単檣式のものが置かれる形となっている。

1939年3月の演習中に撮影された「ミネアポリス」の空撮写真。塔型艦橋、航空艤装や上部構造物など、その艦容は前級までとは大きく異なっている

初期建造艦の3隻では、主砲は以前の艦と同型式だが、後期建造艦は新型のMk12型系列のものへと改められた（ただしMk9型とMk12型には、性能面での有意な差異は無い）。砲塔も機構が一新された新型とされ、後期建造艦では更に小型化された新型軽量のものとされているが、射撃速度等の諸性能は以前の艦と変わらない。高角砲及び近接対空火器の装備数は前級と同様だが装備位置は変更された。雷装は設計当初から搭載が見送られ、カタパルトの装備数は前級同様2基で、一方で後述する機関配置の変更もあり、装備位置は2番煙突の後方両舷部へと変化した。格納庫はカタパルトの後方に4機収容可能な大型のものが装備されている。

装甲防御は耐弾性向上の要求もあり、機関部の水線装甲は上部146mm、下部102mm（各部船体鋼鈑19mmを含む）と、当時各国が整備中の重巡の中でもトップクラスの装甲を持つが、装甲帯の高さは前級より約1m減らされた。甲板防御は57mmで前級と同様で、砲塔は前盾152mm（165mm説及び203mm説あり）、側面38mm、上面57mm、バーベット部は127mmと大幅に強化された。新型砲塔を搭載した後期建造艦は、その余剰重量でバーベット部の装甲を「タスカルーサ」と「サンフランシスコ」は152mm、最後の2隻は140mmと以前の艦より強化している。弾火薬庫の垂直装甲は船体内部に設けられ、同部位の装甲は76 ～ 102mm、上面が57mmと、側面部こそ前級より薄いが、ここも相応の装甲を施されていた。

機関は4機4軸艦である事、主缶数が8基であるのは以前と同様で、一方で船体規模の小型化に伴い、前級までのシフト配置を取りやめて、前部に缶室を集約。その後部に機械室を集約する、と言う日英の重巡に類した配置とされた。機関出力は前級と同様だが、汽缶とタービンが共に新型となったことで、燃料搭載量は前級より少ないが、航続力は同等のものを維持している。ただし本級のうち「サンフランシスコ」「クィンシー」「ヴィンセンズ」の3艦は、排水量増大に対処して更なる燃料搭載量削減を図ったため、航続力はより低い。最高速力も排水量が増大したにもかかわらず、幅の狭い高速発揮に適した船型となったことで、ノーザンプトン級より若干向上を見ている。

1942年8月8～9日の第一次ソロモン海戦（連合軍側呼称:Battle of Savo Island）にて、探照灯に照らし出された「クィンシー」。同海戦では本級3隻が一挙に喪われた

本級は1929年度から1931年度に掛けて7隻が計画され、このうち1930 ～ 31年に掛けて起工された最初の5隻は、揃って1934年に完成した。ただし最後の2隻は改設計と建造予算の問題で起工が1933 ～ 34年度にずれ込んだため、完成時期が1936 ～ 37年と遅れた。

本級は完成後、復原性がやや不足気味であること、船体の小型化により排水量は条約制限を僅かに超過する程度となったが、その対価として浮力が不足気味である事、艦首高が低くなったことの影響で凌波性が低下する、という諸問題があったこと、以前の米重巡同様に水中防御に不足がある事が懸念された。ただ、それでも以前の重巡に比べれば、耐弾性能の改善を含めて多くの問題が解決していたため、艦隊側からは好評を得たという。

竣工後に以前の重巡と同様に偵察艦隊に配されたが、第二次大戦開戦後には当時最優良の米重巡だった本級のうち、3隻が大西洋艦隊に引き抜かれる事態ともなった。ただし太平洋戦争が勃発すると、日本海軍に対抗する重巡兵力確保の必要から、開戦後まもなく「タスカルーサ」を除く全艦が太平洋艦隊配備となり、空母の機動作戦や水上戦闘部隊の中核艦として活動する事になった。その中で1942年8月8～9日以降のガ島を巡る水上戦闘で3隻を喪失しただけでなく、他艦も多くが損傷して一時太平洋艦隊配備の本級で実働艦が無くなる事態すら生じたが、その中でサボ島沖夜戦で「吹雪」を撃沈、第三次ソロモン海戦第一夜戦で「比叡」に致命的な損傷を与えるなど、「サンフランシスコ」がガ島方面の水上戦闘で重要な役割を果たす活躍を見せてもいる。またこの後も「ミネアポリス」が1944年10月25日のスリガオ海峡海戦で西村艦隊の撃破に、同日のエンガノ岬沖海戦では「ニュー・オリンズ」が「千代田」「初月」の撃沈に関与するなど、太平洋の水上戦闘では各所で活躍を見せてもいる。また大西洋艦隊にあった「タスカルーサ」も、大西洋での通商路保護任務や北アフリカ上陸作戦及びノルマンディー上陸作戦での火力支援等で活動した後、太平洋艦隊配備となって硫黄島・沖縄を転戦する等、様々な局面で活躍した。

本級は戦時中、他の重巡同様に対空火器と電測兵装の増備・更新が継続して行われているが、艦が小型で艦上スペースに余裕が無いため、追加装備には相当の苦心が必要だった。更に浮力の一層の減少や復原性能の悪化、大戦末期には浸水に対する抗堪性が以前の米重巡に比べても低下するだけでなく、燃料増載も困難だったため、戦時中の航続力は戦前の公称に比べて大きく低下してもいた。このためもあり、第三次ソロモン海戦で上構に大きな被害が生じた「サンフランシスコ」のみは、上構をより小型化・軽量化する措置が取られてもいる。

「サンフランシスコ」は第三次ソロモン海戦での損傷修理の際、艦橋の大部分を作り直した。写真は1944年4月の撮影で、以前のものより艦橋が小型化されている

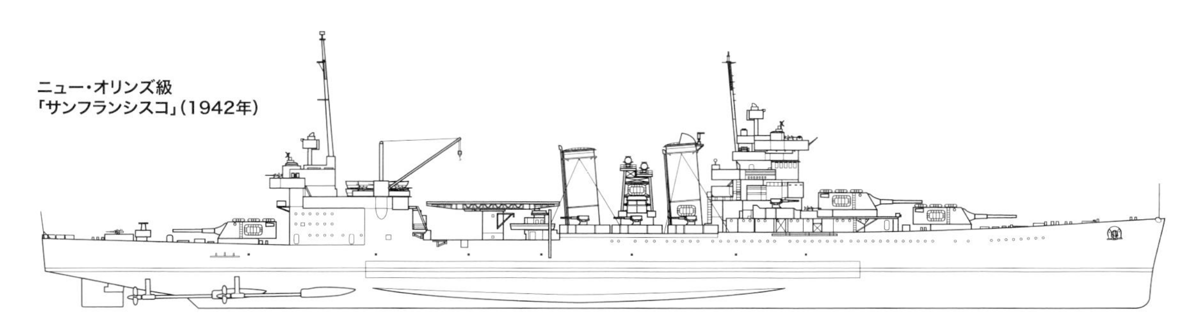

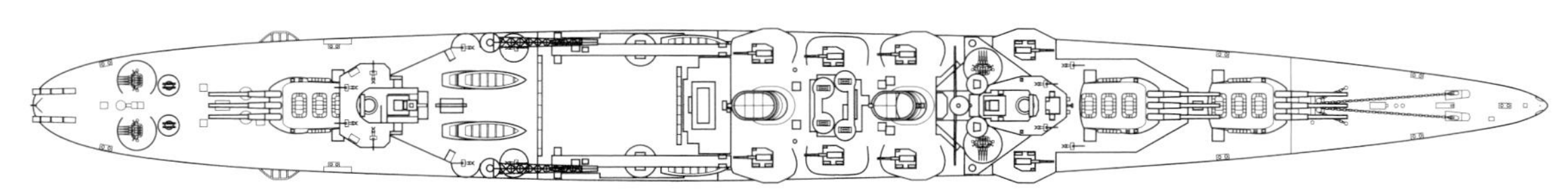

	ニュー・オリンズ級
基準排水量	10,050トン
満載排水量	12,411トン
全長	179.22m
全幅	18.82m
吃水	6.93m
主機/軸数	ウェスティングハウス式(※)ギヤード・タービン4基/4軸
主缶	バブコック&ウィルコックス式重油専焼缶8基
出力	107,000馬力
速力	32.7ノット
航続距離	15ノットで10,000浬
兵装	55口径20.3cm3連装砲×3、25口径12.7cm単装高角砲×8、12.7mm単装機銃×8、水偵×4、射出機×2
装甲厚	舷側76～146mm、甲板57mm、主砲塔38(側面)～152mm(前楯)、司令塔127mm
乗員	868名

※:「タスカルーサ」「クィンシー」「ヴィンセンズ」はパーソンズ式

	起工	進水	竣工	
ニュー・オリンズ	1931.3.14	1933.4.12	1934.2.15	1959解体
アストリア	1930.9.1	1933.12.16	1934.4.28	1942.8.9戦没
ミネアポリス	1931.6.27	1933.9.6	1934.5.19	1960解体
タスカルーサ	1931.9.3	1933.11.15	1934.8.17	1959解体
サンフランシスコ	1931.9.9	1933.3.9	1934.2.10	1961解体
クィンシー	1933.11.15	1935.6.19	1936.6.9	1942.8.9戦没
ヴィンセンズ	1934.1.2	1936.5.21	1937.2.24	1942.8.9戦没

アメリカ海軍

重巡洋艦「ウィチタ」

戦前型の欠点を解消したアメリカ最後の条約型重巡

条約下で整備可能な最後の米重巡だった本艦は、当初はニュー・オリンズ級の同型艦として計画されたが、計画前にブルックリン級の設計がニュー・オリンズ級より優良であると判断されたことを受けて、これの設計を元とする新規設計艦とされたものだ。

船体設計はブルックリン級を元にしつつ、重巡への設計変更の際に艦内配置を含めて各部に改正の実施を図られたため、相応に相違がある。一方で上構の配置は基本的にブルックリン級と同様とされた。主砲兵装はニュー・オリンズ級に準じたもので、砲塔は各砲身が独立俯仰可能となる等の改正が図られた新型とされた。高角砲も門数は変わらないが、砲は新型の12.7cm38口径高角砲となり、うち2門を前後部の主砲塔の後方に各1基搭載するなど砲配置も改められた。対空機銃の装備はニュー・オリンズ級同様で、一方、航空艤装の配置は基本的にブルックリン級と同様とされている。

装甲防御は機関部水線装甲帯は上部165mm、下部114mm、甲板部は57mmと強化された。砲塔部も前盾203mm、側面95mm、バーベット部は178mmと一層の強化が図られたが、対して水線下の弾薬庫部は、側面76mm ～ 51mm、甲板57mmと側面だけはニュー・オリンズ級より薄くされている。

機関も当初ブルックリン級同様とする予定だったが、新型の高温高圧缶が使用可能となったためこれを採用したことから、汽缶数が同級の8から6へと減少した。以前の重巡に比べて機関出力はやや低いが、船型改良もあって速力は逆に33ノットに増大している。航続力も計画値は以前の艦と同様とされるが、戦時中の公称は戦前型重巡では最も短い数値となった(15ノットで7,200浬、25ノットで3,300浬)。

1939年2月に完成した「ウィチタ」は就役後に復原性不良が発覚するが、この改正後の実績は改設計によりニュー・オリンズ級までの欠点の多くが解決していたこともあり、「戦前型米重巡で最良の艦」と評されてもいる。戦時中の米海軍公式資料では、「前級からボルチモア級への橋渡し的存在」とも評された。

「ウィチタ」は、艦隊就役後に大西洋戦隊哨戒部隊の巡洋艦隊旗艦、後に大西洋艦隊の巡洋艦隊旗艦を歴任するなど、大西洋方面で活動した後、太平洋艦隊の重巡洋艦兵力が危機的状況となった1942年末に太平洋艦隊に転籍、1943年1月のレンネル島沖海戦から太平洋方面での活動を開始、以後沖縄戦に至る各作戦に従事しており、その中で台湾沖では損傷した「ヒューストン」の曳航艦として活動、エンガノ岬沖海戦で「千代田」「初月」の撃沈に寄与する等の活躍を見せる。戦後日本占領艦隊の1艦として東京湾に進駐した本艦は、1946年2月に米本土に帰還後予備役となり、1959年に除籍された。戦時中の改装は他の戦前型重巡同様で、近接対空火器と電測兵装の増備・更新、戦争末期の搭載機数の減少等が実施されている。

1940年5月、大西洋で行動中の「ウィチタ」。設計の元となったブルックリン級軽巡と同様に、カタパルトやクレーンといった航空艤装を艦尾に配置している

	ウィチタ		
基準排水量	10,589トン	満載排水量	13,015トン
全長	185.42m	全幅	18.82m
吃水	7.24m		
主機/軸数	パーソンズ式ギヤード・タービン4基/4軸		
主缶	バブコック&ウィルコックス式重油専焼缶6基		
出力	100,000馬力	速力	33ノット
航続距離	15ノットで10,000浬		
兵装	55口径20.3cm3連装砲×3、33口径12.7cm単装高角砲×8、12.7mm単装機銃×8、水偵×4、射出機×2		
装甲厚	舷側114～165mm、甲板57mm、主砲塔203mm(前楯)、司令塔152mm		
乗員	929名		

	起工	進水	竣工	
ウィチタ	1935.10.28	1937.11.16	1939.2.16	1959解体

「ウィチタ」(1944年)

ボルチモア級重巡洋艦

軍縮条約の軛を脱して建造された“第二次大戦最良の重巡”

第二次ロンドン条約のエスカレーター条項発動後、重巡の保有枠が拡大された事に伴い、日本が新規の重巡建造を企図しているという情報もあって重巡の整備再開が望まれたのを受けて計画された本級は、1939年8月の検討開始当初は「ウィチタ」の改良型として作業が進められるが、後に艦の大型化を含めた各種改正が行われた完全な新型艦として設計が纏(まと)められる。

本級のネームシップ「ボルチモア」。メジャー32デザイン16Dと呼ばれるパターン迷彩が施されている。艦尾の水偵揚収用クレーンが2基あるのが、本艦から4番艦「クィンシー」までの初期建造艦の特徴

これが米海軍が第二次大戦時の標準型重巡として整備を実施したボルチモア級で、その設計は「ウィチタ」及びクリーブランド級を元にしつつ、条約制限の撤廃を受けて、排水量を拡大して浮力不足や復原性能不良等の問題を解決すると共に、必要な兵装と性能を備える艦とされたこともあり、船型はこれらの艦同様に平甲板型だが、船体規模はかなりの拡大が図られている。上構は以前の重巡やクリーブランド級を参考にしつつ、独自の形状を持つものとされているが。射撃指揮装置の配置はクリーブランド級に準じており、就役後に艦隊から改正要求が出たのも同級と同様だった。

兵装面も変化が生じ、以前の艦の搭載砲と同系列のものでは最新型となるMk15型20.3cm55口径砲が、主砲として採用された。砲塔は「ウィチタ」に近いが新型でより威力の大きい大重量砲弾（SHS）（※）の運用能力付与がなされた新型式のものとなり、一斉射あたりの投射弾量は以前の重巡の約3割増と大きく増大、各国重巡の中でも最大級の斉射弾量を持つ艦となった。高角砲の装備はクリーブランド級に準じるが、本級では艦の大型化と両舷部に2基装備された舷側部の高角砲の配置が前後部の上構側面に寄ったことから、艦中央部の甲板スペースが広く取れるようになり、近接対空火器の装備も以前の艦より容易となっている。初期の建造艦の就役時期は40mm4連装機関砲6基（24門）、20mm機銃13門以上を搭載、1943年6月以降にはより強化が図られて40mm4連装機関砲12基（48門：「クィンシー」以降は11基で44門）、20mm機銃22～26門が搭載される格好となっている。なお、本級はこの改正でこの規模の艦に搭載可能な最大級の近接防御火器を搭載したと見做され、戦時中は以後増大等は実施されていない。また電測兵装も、当初から充分なものを装備していたため、一部の艦で装備更新が行われた程度に留まっている。航空艤装は「ウィチタ」に準ずるが、初期の艦は航空機揚収用のクレーンが2基となっているという特色があり、「ピッツバーグ」以降の艦は格納庫容積が減少して、搭載機数が半減するなどの変更も実施された。

1945年5月19日、カリフォルニア州サン・ペドロ沖を航行する2番艦「ボストン」。真上からの撮影で兵装配置が明瞭である。艦尾2基のカタパルト上、下降状態の格納庫エレベーター、および格納庫ハッチ上に搭載機のヴォートOS2Uが計4機見えている

装甲防御は機関区画は「ウィチタ」と同様で、砲塔の装甲も上部が76mm、側面の一部が51mm（38mm説あり）に変更された以外は同様で、対してバーベット部は160～152mmと若干薄くされた。弾薬庫部は垂直部が76～51mm、上部が51mmとなっている。

機関はクリーブランド級同様に大型の汽缶4基と2段減速式の主機械4基で構成される4機4軸艦で、機関配置は同級と同様のシフト配置とされている。本級では機関出力が120,000馬力に強化され、同時に船体も高速発揮に有利な形状へと変更されたため、戦時常備排水量（約16,500トン）での公試で33ノットを記録するなど、速度性能にも秀でる艦となった。航続力は計画当初は以前の重巡と同様だが、戦時の公称では15ノットで「ニューオリンズ」「ウィチタ」を若干上回る程度なものの、新型主機のお陰もあり25ノットではこれらの艦の約5割増しの航続力を発揮出来るとされている。

ボルチモア級は戦前、戦時中の各計画で計25隻の建造が

※：SHS＝Super Heavy Shell

予定され、後に11隻が他級の建造へと振り替えられたため、実際に建造されたのは14隻で、終戦までに完成したのは11隻。このうち第二次大戦で実践に参加したのは1940年度発注8隻のうちの1～5番艦と、1942年度発注の「シカゴ」の計6隻のみだった。

船体が大型で安定しており、更に予備浮力が大きく復原性も以前の重巡よりは良好な面があった本級は、就役後に艦隊側からは非常に高い評価を受けている。実際に本級は「第二次大戦に参加した最良の重巡」とも評されるように、他の条約型やそれ以上の排水量を持つ重巡の中でも有力と言えるだけのものがある艦だった。戦時中に太平洋艦隊配備の本級は、1944年1月のマーシャル進攻作戦より艦隊作戦に従事、終戦まで空母の護衛艦として各方面を転戦したが、水上戦闘の機会を得ることは出来ず、その有力な砲力を活かすことが無かった。対して唯一大西洋艦隊での活動記録を持つ「クィンシー」は、同艦隊時代にノルマンディー上陸作戦や南フランス上陸作戦の火力支援艦として行動。またヤルタ会談時にルーズベルト大統領とその側近を米本土からマルタ島まで輸送する迎賓艦として、往路復路共に従事するという栄誉に浴した後、太平洋方面に転戦して沖縄戦以降の終戦までの空母の作戦にも従事するという活躍を見せている。なお、本級は台湾沖航空戦で「キャンベラ」が大破する事態は生じたが、戦時中に喪失した艦は無い。

戦後本級の「ボストン」「キャンベラ」「コロンバス」「シカゴ」はミサイル巡洋艦への改装工事が実施された。写真は改装後の「コロンバス」で、特に同艦と「シカゴ」は大規模な改装により艦容を一変させている

戦後、本級の大半は一旦予備役編入されたが、朝鮮戦争開戦後には1隻を除いて全艦が艦隊任務に復帰、艦砲射撃支援等の任務に従事している。その後レギュラスSSM搭載の戦略任務付与艦、艦隊旗艦の限定改装艦、SAMシステム搭載の広域防空ミサイル巡洋艦等への改装が実施された艦もあり、このうち未改装艦と戦略任務付与艦、艦隊旗艦の限定改装実施艦は1960年代初頭までに全艦が退役するが、大規模な艦隊旗艦改装をなされた「セント・ポール」は1971年まで現役にあった。またミサイル巡洋艦のうち、最も大規模な改装がなされた「コロンバス」と「シカゴ」のうち、ベトナム戦争時にスティックスSSMをSAMで撃墜した記録を持つ「シカゴ」は1980年にようやく退役、就役から39年を経た1984年に除籍に至った。

ボルチモア級「キャンベラ」

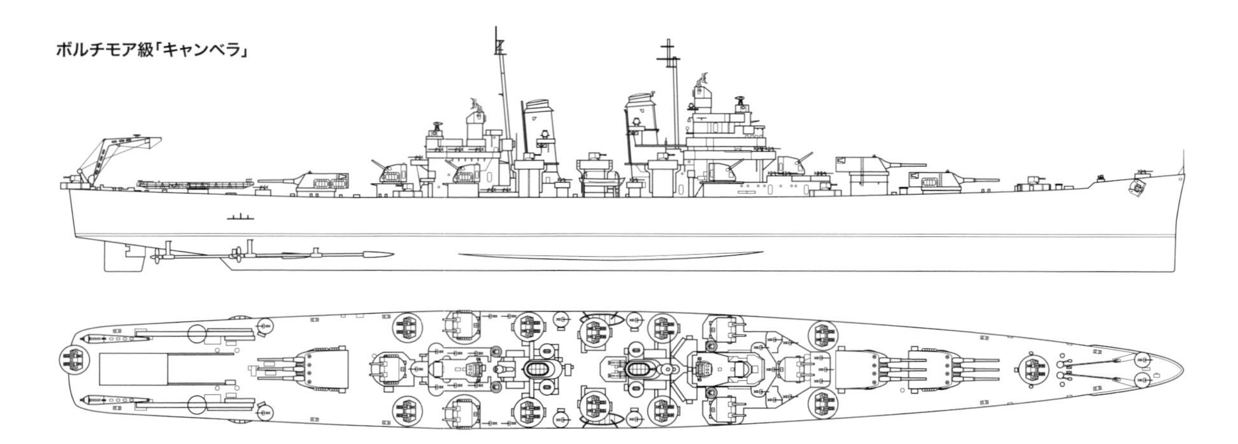

	ボルチモア級
基準排水量	13,881トン
満載排水量	17,031トン
全長	205.26m
全幅	21.59m
吃水	7.32m
主機/軸数	ジェネラル・エレクトリック式ギヤード・タービン4基/4軸
主缶	バブコック&ウィルコックス式重油専焼缶4基
出力	120,000馬力
速力	33ノット
航続距離	15ノットで10,000浬
兵装	55口径2.03cm3連装砲、38口径12.7cm連装高角砲×6、40mm4連装機関砲×6～12、20mm単装機銃×22～28、水偵×4、射出機×2
装甲厚	舷側114～165mm、甲板57mm、主砲塔203mm(前楯)
乗員	2,039名(戦時)

	起工	進水	竣工	
ボルチモア	1941.5.26	1942.7.28	1943.4.15	1972解体
ボストン	1941.6.30	1942.8.26	1943.6.30	1975解体
キャンベラ	1941.9.3	1943.4.19	1943.10.14	1980解体
クィンシー	1941.10.9	1943.6.23	1943.12.15	1974解体
ピッツバーグ	1943.2.3	1944.2.22	1944.10.10	1974解体
セント・ポール	1943.2.3	1944.9.16	1945.2.17	1980解体
コロンバス	1943.6.28	1944.11.30	1945.6.8	1977解体
ヘレナ	1943.9.9	1945.4.28	1945.9.4	1974解体
ブレマートン	1943.2.1	1944.7.2	1945.4.29	1974解体
フォール・リバー	1943.4.12	1944.8.13	1945.7.1	1972解体
メイコン	1943.6.14	1944.10.15	1945.8.26	1973解体
トレド	1943.9.13	1945.5.6	1946.10.27	1974解体
ロサンゼルス	1943.7.28	1944.8.20	1945.7.22	1975解体
シカゴ	1943.7.28	1944.8.20	1945.1.10	1991解体

アメリカ海軍

オレゴン・シティ級重巡洋艦

ボルチモア級重巡にファーゴ級と同様の改正を実施

ボルチモア級の竣工前より、ファーゴ級の設計進展に伴い、ボルチモア級に対しても同様の改正が検討されており、ボルチモア級の1番艦が竣工した時期には、上構の拡大や射撃指揮装置の再配置等の改訂を実施した、ファーゴ級類似の改正を実施するボルチモア級の整備は既定事項となっていた。

改正の内容はクリーブランド級からファーゴ級に至る要求に準じたもので、その結果として、後部上構の高さ低下を始めとする艦橋部の形状変化や、煙突の大型傾斜式の単煙突への変更、また近接対空火器の配置変更などが図られたことで、艦容はボルチモア級から大きく変化した。その他の点では、近接対空火器が40mm4連装機関砲11基、同連装型2基、20mm機銃20門とされたこと、機関出力は変わらず排水量も大きく増大はしていないが、公式資料の計画速力が32ノットとされている等の差異もあるが、基本的に原型からカタログ性能的には大きな変化はない艦だった。

この改正型の整備については、ボルチモア級として建造予定の艦のうち、1944年以降に起工される「オレゴン・シティ」以降の艦をその該当艦とすることが一旦確定とされた。しかし艦艇設計局の能力問題からこの改型の出図は遅れてしまい、その結果改型として建造予定の艦の一部はボルチモア級として建造を行う事に、計画を切り替えざるを得なくなってしまう。更に新型艦の設計進展により計画が再変更されて他級に振り替えられた艦が生じたこともあって建造予定数は10隻に減少、更に戦争終結により6隻が終戦直前に建造中止、1隻(「ノーサンプトン」)は戦後に指揮巡洋艦へと改装・艦種変更されたため、重巡として完成したのは3隻のみだった。

本級は全艦が1946年中に竣工した。1番艦「オレゴン・シティ」は竣工後の公試・訓練期間の終了直後に予備役編入が決定、1947年12月に予備役とされて1970年に除籍となった。他の2隻のうち太平洋艦隊配備の「ロチェスター」は、朝鮮戦争に参加後、暫く現役にあったが、1961年8月に予備役編入となり、1973年に除籍された。大西洋艦隊配備の「オルバニー」は、1958年に予備役編入された後、「シカゴ」「コロンバス」等と同じ「高速護衛艦」として徹底した改装が行われ、1962年11月にボルチモア/オレゴン・シティ級巡洋艦から「高速護衛艦」に改装されたミサイル巡洋艦で最初の就役艦として艦隊に復帰した。以後、大西洋艦隊で活動を続けた本艦は、1974年以降暫く大西洋艦隊指揮下にあった第2艦隊旗艦を務めた後、「シカゴ」と共に大規模なオーバーホールを実施して、1985年時期までは運用を続ける予定だったが、カーター政権下の海軍力縮小方針により1980年度での退役が決定。以後保管状態に置かれたが、1985年に除籍されて姿を消した。

1957年の3番艦「ロチェスター」。艦橋の小型化や煙突の単煙突化、兵装配置など、前級からの改正点はクリーブランド級からファーゴ級への変更と似通っている

1959〜62年にかけてミサイル巡洋艦に改装された「オルバニー」(写真は1968年時)。ボルチモア級「コロンバス」などと同じく、重巡時代とはかけ離れた艦容を見せている

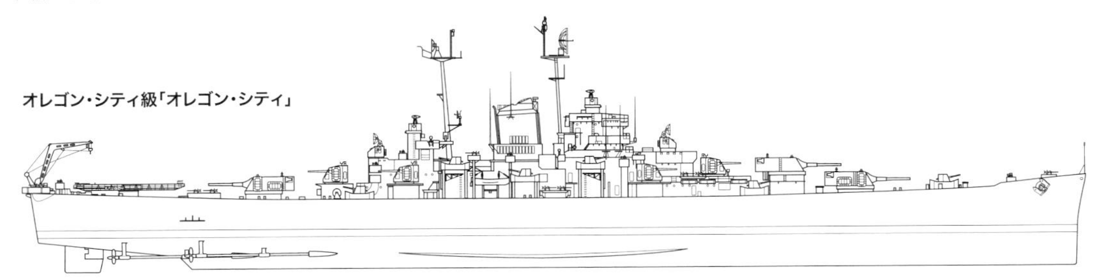

オレゴン・シティ級「オレゴン・シティ」

	オレゴン・シティ級		
基準排水量	14,335トン	満載排水量	17,677トン
全長	205.26m	全幅	21.59m
吃水	7.32m		
主機/軸数	ジェネラル・エレクトリック式ギヤード・タービン4基/4軸		
主缶	バブコック&ウィルコックス式重油専焼缶4基		
出力	120,000馬力	速力	33ノット
航続距離	15ノットで10,000浬		
兵装	55口径20.3cm3連装砲×3、38口径12.7cm連装高角砲×6、40mm4連装機関砲×11、同連装機関砲×2、20mm単装機銃×20、水偵×4、射出機×2		
装甲厚	舷側114〜165mm、甲板57mm、主砲塔203mm(前楯)、司令塔165mm		
乗員	2,039名(戦時)		

	起工	進水	竣工	
オレゴン・シティ	1944.4.8	1945.6.9	1946.2.16	1973解体
オルバニー	1944.3.6	1945.6.11	1946.6.15	1990解体
ロチェスター	1944.5.29	1945.8.28	1946.12.20	1974解体
ノーサンプトン	1944.8.31	1951.1.27	1953.3.7	1977解体
ケンブリッジ	1944.12.16			※1945.8.12建造中止
ブリッジポート	1945.1.13			※1945.8.12建造中止
カンザス・シティ	1945.7.9			※1945.8.12建造中止
タルサ				※1945.8.12建造中止
ノーフォーク	1944.12.27			※1945.8.12建造中止
スクラントン	1944.12.27			※1945.8.12建造中止

アメリカ海軍

デ・モイン級重巡洋艦

“WWⅡ最強の重巡”になるはずだったアメリカ最大の重巡洋艦

ソロモンの一連の戦闘の結果、戦闘時の抗堪性が高い日本の巡洋艦や大型駆逐艦相手の戦闘では、敵に雷撃の機会を与えないため、戦闘開始後の早期に、かつ彼我の相対位置の変化が激しい夜戦の中では、短時間で大口径砲弾を撃ち込む必要があると結論づけられた。

この戦訓を受けて、1943年5月になると装填機構を半自動化した新型の20.3cmMk16型砲を搭載する新型重巡の検討を開始、同年10月には同砲を3連装砲塔3基に収めた新型の大型重巡の整備が確定する。

この艦は10発/分という高発射速度を持つ、以前の20.3cm砲塔とは大きく異なる構造の大型大重量の砲塔を搭載したことから、基準約17,000トン、満載約21,000トンという大艦となった。主砲以外の兵装も、12.7cm高角砲の装備はオレゴン・シティ級と同様の一方で、近接対空火器はより新型のものが装備されるなどの変化が生じた。

装甲は機関部水線装甲はボルチモア級と同一だが、水平装甲は大幅に強化されており、弾火薬庫部は機関部と同様とする説が一般的だが、側面は254mmとする説もある。

缶と主機はボルチモア級と同様な一方で、機関配置がユニット式とされたことで、戦闘時の抗堪性は同級より大きく向上したと評される。ただし艦の大型化もあり、速力は同級より低下した。この他に船体の大型化による浮力の増大等もあり、艦自体の戦闘時における抗堪性能も、以前の重巡より大きく改善された艦となっている。

本級は設計確定後、オレゴン・シティ級として発注済みだった「デ・モイン」を新型重巡の1番艦として建造を振り替えたほか、同時に4隻の追加建造を決定、この後ウースター級の建造予定艦のうち3隻を本級へと振り替え、更に4隻の整備を新規に追加する措置が採られたことで、整備予定数は12隻となった。大幅な主砲戦闘能力の向上と、有力な対空兵装の搭載、直接及び間接を含めた艦の防御性能向上もあり、本級はある意味第二次大戦時に竣工した最強の重巡と言える艦となる筈だったが、太平洋戦争の推移・終結もあって8隻は起工前に建造中止となり、残る4隻のうち1隻は進水後に工事中止となったため、完成した艦は3隻となった。

竣工後、本級は戦闘力の高さや艦の性能の良好さから高い評価を受けるが、艦隊のミサイル化推進に伴い能力が陳腐化したため、1959年に「デ・モイン」、1961年に「セイレム」が予備役編入されてしまった。残った「ニューポート・ニューズ」は、以後大規模な改修を実施しつつ現役に留まり、1967年以降ベトナム戦争での艦砲射撃支援任務で活躍した後、同戦争終了後の1975年6月に米海軍の重巡籍の艦で最後に退役した艦となった。1980年代末期に艦種類別名が「砲装巡洋艦」に変更された残余の2隻は、冷戦終結後の1991年に除籍され、うち「セイレム」のみは現在記念艦としてその姿をなお留めている。

1949年5月、就役直前に撮影された2番艦「セイレム」。艦尾にクレーンが装備されているが、本級は建造段階で航空機の搭載を中止したため、カタパルトや水偵は搭載していない

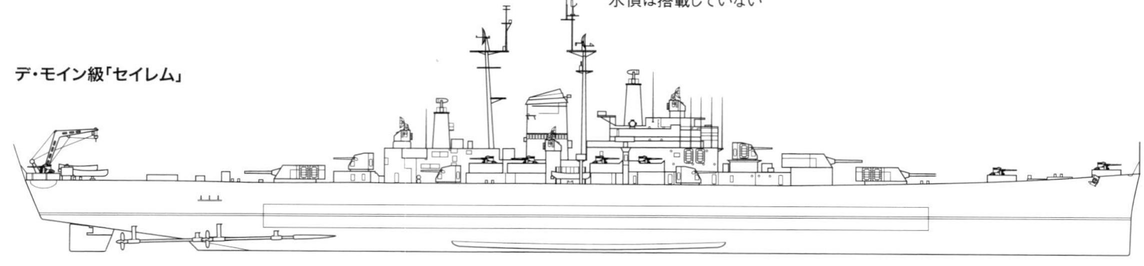

デ・モイン級「セイレム」

	デ・モイン級		
基準排水量	17,273トン	満載排水量	20,933トン
全長	218.39m	全幅	22.96m
吃水	7.92m		
主機/軸数	ジェネラル・エレクトリック式ギヤード・タービン4基/4軸		
主缶	バブコック&ウィルコックス式重油専焼缶4基		
出力	120,000馬力	速力	33ノット
航続距離	15ノットで10,500浬		
兵装	55口径20.3cm3連装砲×3、38口径12.7cm連装高角砲×6、50口径7.6cm連装両用砲×12、20mm連装機銃×12		
装甲厚	舷側114～165mm、甲板89mm、主砲塔203mm(前楯)、司令塔165mm		
乗員	1,799名		

	起工	進水	竣工	
デ・モイン	1945.5.28	1946.9.27	1948.11.16	2007解体
セイレム	1945.7.4	1947.3.25	1949.5.14	記念艦として保存
ダラス	1945.10.15			※1946.6.6建造中止
<艦名未定>				※1946.1.7建造中止
<艦名未定>				※1945.8.12建造中止
<艦名未定>				※1945.8.12建造中止
ニューポート・ニューズ	1945.10.1	1948.3.6	1949.1.29	1993解体
<艦名未定>				※1945.8.12建造中止
ダラス				※1945.8.13建造中止
<艦名未定>				※1945.8.14建造中止
<艦名未定>				※1945.8.15建造中止
<艦名未定>				※1945.8.16建造中止

コラム②

第二次大戦下における巡洋艦の任務とその変遷

第二次大戦開戦時点で、巡洋艦の任務は多岐にわたるものとして想定されていた。まず艦隊決戦兵力として、空母部隊を含む前衛部隊の主力として活動すること、小型巡洋艦には水雷戦隊旗艦として味方の駆逐艦部隊を先導し、敵の同種の部隊との交戦時に戦闘を優位に進めること、主力艦部隊の援護など、多くの任務があった。更に航続力と航洋性能を活かして通商路保護任務に当たり、敵の水上通商破壊艦に対して、その砲力と速力の優位を利してこれを撃破することも重要な任務として扱われていた。

■艦隊作戦

これらの要求の中で、まず砲戦を主務とする艦隊対決用の巡洋艦としては、重巡洋艦及び軽巡洋艦共にその価値を十分に発揮したと言える実績を残した。

その中で、大戦初期の巡洋艦同士の砲戦及びドイツの装甲艦との砲戦の戦訓から、重巡洋艦の20.3cm砲は、一発宛ての威力が勝ることで大型の軽巡及び駆逐艦の撃退に非常に有用であり、またドイツの装甲艦の如き大型巡洋艦との交戦でも有用に使用出来る威力があることが認められる。これにより戦前言われることがあった「手数に勝り、射撃速度の速い大型軽巡の方が、巡洋艦同士の砲戦では重巡より有利」との評を完全に覆すことにもなった。この戦訓もあり、この時期に米英では更なる重巡洋艦の整備が検討されるが、大西洋及び地中海で太平洋水域ほど激烈な巡洋艦同士の砲戦が発生しなかったことや、艦艇建造のリソースの問題もあり、英海軍では重巡の整備はついに実施されなかった。

一方で主砲の対空化と、有効な高角射撃の実施と、水上戦闘で早期に敵艦を撃破出来るだけの射撃速度の増大が求められ、高発射速度の15.2cm両用砲搭載の艦の整備検討も行われるが、これが実現するのは戦後となった。

これに対して、米海軍では1940年の二大洋艦隊法案成立後、日本海軍の重巡増勢に対応する形で一定数の整備が行われていた。その中で1942年8月以降のガダルカナルを巡る一連の夜間水上戦闘が発生すると、その戦訓検討の中で、強大な戦闘力を持ち、沈めるのが容易ではない日本の水上艦艇を撃滅するには、どのような艦を整備するのが良いか、という議論が行われ

英重巡「エクセター」。ラプラタ沖海戦（1939年12月13日）では、本艦と軽巡2隻の英艦隊が独装甲艦（ポケット戦艦）「アドミラル・グラーフ・シュペー」と交戦し、これを大破（後に自沈）させる戦果を挙げた

1942年11月30日のルンガ沖夜戦（連合軍側呼称:Battle of Tassafaronga）にて日本駆逐艦の雷撃を受け、2番主砲塔より前の艦首部を失った米重巡「ニューオーリンズ」。太平洋戦争中盤、ソロモン方面で幾度も生起した日本海軍との夜間戦闘で米海軍は度々大きな損害を被っている

日本軍との戦訓から米海軍では20.3cm自動砲を搭載したデ・モイン級重巡を整備したが、その竣工は戦後のこととなった。写真は同級「ニューポート・ニューズ」の前部主砲塔の発砲シーン

るようになる。その検討の中で、大型巡洋艦が搭載する30.5cm砲や、より大口径の戦艦主砲は、威力は問題は無いが、夜戦のように交戦距離が短い中で、高速で運動するために短時間で態勢が大きく変動する目標を捕らえるには、旋回俯仰速度が遅い上に射撃速度が低いため、この目的には不向きとされた。巡洋艦の砲は旋回俯仰能力に問題は無いとされたが、20.3cm砲は一弾宛ての威力は充分だが、高速で移動する目標を早期に撃破するには射撃速度が不足しており、充分な射撃速度を持つ15.2cm砲は、一弾宛ての威力に欠ける上に、長射程の酸素魚雷を持つ日本艦を、魚雷襲撃実施前に撃破するには、有効射程も不足気味と判定される。これを受けて、充分な威力と発射速度を持つ20.3cm自動砲搭載の大型重巡の整備が推進されるが、これらの艦は一部が戦後に完成するに留まった。

この他の国では、日本海軍を始めとして、戦前計画の艦でも竣工させる事が出来なかったのが大半を占める。その中で戦争中に重巡を増備したソ連海軍は数少ない例外でもあるが、戦後に艦隊の再編のため、チャパエフ級及びスヴェルドロフ級の第二次大戦型大型巡洋艦を整備した、という点でも特異な例となっている。

■防空

空母部隊に随伴する場合を含めて、有力な高角砲を装備した巡洋艦は、艦隊の広域防空火力の要とも言える存在でもあった。その中で第二次大戦開戦後にその存在を増したのが防空巡洋艦という艦種だ。これは戦前に艦隊に有力な防空火力を付与する艦として整備が行われたものだが、英海軍では防空巡洋艦に戦闘機の指揮誘導能力も付与している。

英海軍の防空巡洋艦は、艦隊作戦及び艦隊の前方に出て通商路保護任務に就いた場合、陸上基地機を含めて援護にきた戦闘機を、自艦が担当する防空域において、その指揮誘導を行う防空指揮艦として活動することで、戦闘機による防空作戦の有効性を高めることを考慮して実施されたものだ。

日本海軍が㊄及び㊅計画で整備を予定していた防空巡洋艦も、英海軍同様に艦隊に有効な対空火力の付与と、戦闘機

英海軍のベローナ級防空巡洋艦「ロイヤリスト」。高角砲による対空火力のほかに、戦闘機部隊の指揮能力も付与されているのが英海軍の防空巡洋艦の特徴だった

一方の米海軍では、防空巡洋艦に艦隊防空全般の指揮機能までは求めていない。写真は米アトランタ級のネームシップ「アトランタ」

15.2cm連装両用砲6基を搭載する、新型防空巡洋艦として計画されたウースター級(写真は「ウースター」)だが、戦後に2隻が完成したにとどまった

の指揮誘導を行う防空指揮艦として活動する事を期待して検討が行われることになっていたが、一方で米海軍の防空巡洋艦は、基本的に航空作戦の中核となる空母が艦隊全般の防空指揮を執る事となっていたこともあり、この様な能力を持たされていない。戦争が進むと、戦闘機の防空指揮は、艦隊を統括する防空指揮所となる艦に一元化する、という米海軍式の方策の方が良いとして、英海軍でも空母部隊では空母が防空指揮の中核を執る形となったが、上陸作戦等で洋上の防空指揮を執る場合などでは、防空巡洋艦が戦闘機の指揮誘導を行うことも継続して実施されている。一方、米海軍では、大戦後半にカミカゼ攻撃への対処として、艦隊前方に割り当てたレーダーピケット艦による防空域での戦闘機の指揮誘導も行うが、この任務に投じるには数が少なく貴重な巡洋艦を当てる事は出来ず、駆逐艦がその任務に当たった。

この様な状況下で、艦隊に良好な広域防空火力を与える防空巡洋艦の追加整備は、国力に余力があった英米の両海軍では実施可能だった。しかし、米海軍では戦前から構想されていたものの、大戦中期以降にようやく実用化がなった15.2cm両用砲搭載の防空巡洋艦は、先述の様に整備数が減少された上に戦後の竣工となり、大戦末期に計画された防空巡洋艦も、別項で述べたように計画中止となってしまう。英海軍も15.2cm両用砲搭載の防空巡洋艦兼務の大型軽巡が戦後に計画されるが建造に至らず、戦時中に計画された軽巡洋艦の改装艦が竣工するに留まっている。

■水雷戦隊旗艦

水雷戦隊旗艦には基本的に小型の軽巡洋艦が当てられていた。これらの艦はスラバヤ沖海戦や、ソロモンの一連の戦闘で、駆逐艦主砲の有効射程外から有効な射撃実施が可能で、駆逐艦に大きな損傷を与えうる一発宛ての威力がある砲弾を撃ち込んでくる日本の水雷戦隊旗艦（五五〇〇トン型）が、英米の駆逐艦乗りから怨嗟（えんさ）の対象になったこと、英海軍の防空巡洋艦や比較的小型の軽巡が独伊の駆逐艦・水雷艇隊との戦闘で、英の駆逐艦・護衛駆逐艦の火力支援で有用に使用されたことを見れば、その目的で充分な成果を挙げたと言える。

だが戦争後半時期になると、英米では大型駆逐艦の大量就役に対して、水雷戦隊旗艦に充当する軽巡が不足したこと、嚮導駆逐艦を含む大戦時に就役した大型駆逐艦が駆逐艦部隊の旗艦を務めることが多くなったこと、水雷戦隊より小規模な駆逐隊規模で作戦を実施することが常態化したこともあり、大戦中期以降になるとこの種の艦の必要性が低下して整備がなされなくなってもいく。

一方で日本海軍では、大戦後半時期には五五〇〇トン型の代替となる阿賀野型が新型駆逐艦で構成される水雷戦隊の旗艦を務めるなど、軽巡洋艦が水雷戦隊旗艦を務めるのは、戦争末期でも艦隊編成の基本となってもいた。

■艦載水偵

戦時中に巡洋艦搭載の水偵の役割も見直される事になる。

英海軍では、欧州水域では大西洋の荒海で揚収が困難であることを含めて、艦の水偵の運用できる状況が限られることが早期に認識される。このため有力な空母兵力を持つ英海軍では、対空火器増設位置の確保等の理由から1941年時期より巡洋艦搭載機の廃止が進められていき、1943年後半時期にはほぼ大型艦での水偵運用は廃止される格好となった。また英軍指揮下で作戦を行った自由フランス海軍や、ドイツ空軍の脅威が高い水域での作戦を強いられたソ連海軍も戦争中期以降これに追随する格好となるが、有力な艦隊航空兵力を持たないドイツとイタリアの両海軍では、前者は大型艦の作戦終了時期、後者はイタリア休戦で連合軍側に付くまで、艦載水偵の運用が続けられることになった。

一方、太平洋を主戦場とする日米の両海軍では、水上機は終戦時期まで有用に使用されている。だが大戦中期以降、基本的に艦隊の大規模作戦で制空権を確保していた米海軍では、艦隊での水偵運用に特に問題は生じなかったが、逆に大戦中期以降、味方が制空権の優勢を取れない状況下で作戦を遂行する日本海軍では、水偵の性能問題もあって昭和18年（1943年）後半時期になると、長距離索敵等の任務での水偵の運用が難しくなっていく。

この様な情勢もあり、戦前に整備が実施された航空巡洋艦という艦種も、その有用性が狭められていく。これは日本の利根型の例を見れば分かるように、戦争初期にはその大きな航空機運用能力が艦隊作戦で有用に使いうる艦として活躍を見せたが、戦争中期以降搭載機の性能陳腐化もあってその有用性を失

日本海軍では昭和17～19年（1942～44年）にかけて、水雷戦隊旗艦用の阿賀野型軽巡4隻が竣工している。写真は昭和19年11月就役の4番艦「酒匂」

米オマハ級軽巡「デトロイト」のカタパルトから、OS2U-3キングフィッシャー観測機が射出された瞬間。後続する姉妹艦「ローリー」も射出直後で、写真右奥には同艦の搭載機の機影も見える

写真は日本海軍の重巡「利根」艦後部。多数の水偵を搭載し、航空索敵に威力を発揮した航空巡洋艦だったが、制空権を失った大戦後期には水偵を降ろして対空兵装を増備した

い、比島沖海戦後、最早艦隊の艦が水上機を有用に運用することが出来ないと判定されると、航空巡洋艦を含めて、日本の巡洋艦も水偵の搭載が諦められる。

米海軍では、戦後もなお水偵の配備が続けられたが、戦後の海軍予算圧縮の中でその有用性に疑問が持たれたことで、1949年には運用終了となり、この結果海軍から艦載水偵という機種が消えることになった。

■通商路保護

通商路保護任務については、英米の両国海軍では枢軸国の水上通商破壊艦が脅威と受け取られ、旧式の巡洋艦を中核兵力としつつ、時には艦隊用の巡洋艦もこれに充てる形で対処が取られた。戦争初期の枢軸国の仮装巡洋艦による通商破壊戦に対して、これらの艦は充分な働きを見せたと言える実績を残しており、また大型水上艦による通商破壊戦実施でも、独艦を捕捉し得た場合であれば、その攻撃阻止に充分な活躍を見せてもいる。そして長距離哨戒航空機兵力の増強等の理由により、大洋での水上艦による通商破壊戦実施が有効で無くなるまで、大洋の通商路保護任務において、有益に活動を続けたと言える。また艦隊作戦として実施された水上艦隊による船団攻撃に対しては、英米伊の巡洋艦はその保護に大きな損害を出すこともあったが成果を挙げている。

■総括

この様に第二次大戦・太平洋戦争の中で、巡洋艦は要求された任務を存分に果たしつつ、各戦闘での戦訓を受ける形で、更に発達が進む形となっていた。

だがしかし、この情勢は太平洋戦争終結後に大きく変動する。戦後になると、かつて米英の最大の仮想敵であり、強大な水上艦隊を持つ日本海軍は消滅してしまっていた。また独海軍も潰滅したことで、この両海軍にとって脅威対象国がごく短期間だが、消滅した格好となってしまう(イタリア海軍は、連合国側に付いたことで潰滅を免れ、戦後に再興された時には米英の敵ではなくなっていた)。

戦後にソ連海軍の勃興を見るが、既に海上の戦闘は航空機が主力となっており、米英の水上艦艇整備は、空母の護衛艦及び対潜艦艇として活動することが主務として求められたことで、ソ連の水上艦整備に対抗する形で水上戦闘艦の整備が行われることはなかった。

このため米英の海軍では戦後、巡洋艦の整備は戦時中に起工された艦の一部を竣工したのみで、砲装の巡洋艦の整備は終息するような形となった(米海軍で第二次大戦期の計画艦の後、「巡洋艦」として建造されたのが、原子力巡洋艦の「ロング・ビーチ」であり、これが米海軍で最初から「巡洋艦」として整備されて、竣工した最後の艦となったことは、戦後の艦艇整備の状況が大きく変わったことを示す好例だろう)。

この他の国では、オランダやフランスのように砲装の防空巡洋艦の整備を実施した国もあるが、これらの艦の整備も、艦隊のミサイル化が始まると終焉を迎えることになる。結果として第二次大戦期の砲装巡洋艦の系譜は、第二次大戦終結時点で、唐突に終わる格好となったのだった。

ドイツ仮装巡洋艦「コルモラン」との戦闘の末、これを撃沈するも自らも戦没した豪軽巡「シドニー」。連合軍巡洋艦は時に損害を受けつつも、通商破壊阻止に奔走した

日本の巡洋艦

文／本吉 隆　図版／田村紀雄

（上）昭和10年の大演習で撮影された高雄型4隻からなる第四戦隊。手前から順に「鳥海」（第二艦隊旗艦兼第四戦隊旗艦）「高雄」「摩耶」「愛宕」で、その奥には青葉型や古鷹型、五五〇〇トン型軽巡が続く。高雄型は条約型と呼ばれる重巡の中でもトップクラスの性能を誇った
（左）長良型軽巡の「名取」、おそらく昭和10年（1935年）ごろの撮影と思われる。右奥は同型艦の「阿武隈」。長良型や球磨型、川内型は五五〇〇トン型と総称され、太平洋戦争における日本海軍の軽巡戦力の中核をなした

天龍型軽巡洋艦
五五〇〇トン型軽巡洋艦（球磨型/長良型/川内型）
軽巡「夕張」
阿賀野型軽巡洋艦
大淀型軽巡洋艦

古鷹型重巡洋艦
青葉型重巡洋艦
妙高型重巡洋艦
高雄型重巡洋艦
最上型重巡洋艦
利根型重巡洋艦

香取型練習巡洋艦

コラム③　第一次大戦までの巡洋艦の発達

日本海軍

天龍型軽巡洋艦

駆逐艦の拡大型として設計された日本海軍初の近代的軽巡

日本海軍は日露戦争時の戦訓を受けて、同戦争後に偵察用の小型巡洋艦の整備を抑制する措置を執る。だが第一次大戦開戦後、英独の両海軍で偵察艦隊の主力として活動する軽巡洋艦の活躍の報が知らされたことと、英海軍からこの種の艦の整備実施を勧められたこともあり、大正4年（1915年）時期に水雷戦隊旗艦としての運用を考慮した、小型の軽巡洋艦の検討を開始した。

この小型軽巡は、英海軍最初の軽巡であるアレスーサ級を参考にしつつ、我が海軍の要求に基づいて設計が行われた独自設計艦とされた。船体の形式は水雷戦隊旗艦として必要な高速発揮を考慮して、磯風型及び谷風型の両駆逐艦の設計を参考とした船首楼型船形とされ、実際にスプーンバウの採用も含めて、全般的な上構、煙突、兵装の配置は、谷風型駆逐艦に良く似ている。艦橋は船首楼上に簡素な形態のものが置かれ、艦上には3つの甲板室があり、最後部のものの上部には、やはり簡素な後部指揮所と後部の砲装が置かれていた。因みに竣工時の排水量は常備3,605トン、満載で4,621トンと、計画より若干増大していた。

船体部の装甲は機関区画のみに施されており、米駆逐艦が搭載する10.2cm砲への抗堪を考慮して、水線付近は63.5mm、その上部が51mmの垂直装甲を有していた（ただしこの数値は船体外鈑と装甲鈑の厚みの合計値である）。また上甲板部には、中央部22mm、舷側側25mm厚の装甲が施されており、この程度の艦としては相応の装甲防御が付与されていた。対して本格的な水中防御は無く、基本的に水中防御は脆弱で、これは以後の日本軽巡でも同様だった。

駆逐艦撃退用として有力な砲力を付与するため、砲装はアレスーサ級のような異種口径混載では無く、14cm50口径砲を艦橋の前後中心線上に2門、後部艦橋を挟んだ前後中心線上に2門の計4門を装備する形とされた。高角砲は艦尾甲板部に8cm高角砲1門を有しており、船体中央部に6.5mm機銃が片舷宛て1門（計2門）搭載されている。水雷兵装は53.3cm3連装魚雷発射管を中心線上に2基搭載することで、当時の一等駆逐艦と同様の射線数を確保しており、魚雷は竣工時期より空気式の国産魚雷である六年式魚雷が搭載された。本魚雷は当時の駆逐艦用魚雷として、額面上は有力な性能を持つものだったが、機構上の不具合もあって冷走（※1）が多発するなど運用成績は不良で、太平洋戦争開戦時期には第二線級兵器として扱われてもいた。またこれに加えて、一号機雷48基を搭載することも可能だった。

本級は水雷戦隊旗艦として必要とされた33ノットの速力発揮のため、江風型駆逐艦では2基搭載した機関を3セット搭載した3軸艦とした。汽缶は艦本式のロ号艦本式の重油専焼型8基（大型6、小型2）、同混焼缶（小型）2基の計10基が搭載された。煙突は1番が小型缶4基、2番が大型4基、3番が大型2基の排煙を受け持っており、このため3本の煙突の太さが全て異なっている。航続力は14ノットで5,000浬と、これも相応の能力があった。

この小型軽巡は、大正5年（1916年）2月24日に公布された八四艦隊（※2）完成への艦艇補充計画で2隻が計画されており、これが「天龍」「龍田」として竣工する艦となる。続く八四艦隊完成計画の検討時には9隻の整備も予定されたが、事後の情勢変化によりこれらの艦は整備に至らなかった。

「天龍」と「龍田」は大正8年に竣工した後、予定通りに水雷戦隊旗艦として使用されるが、大正14年（1925年）にはより高性能な五五〇〇トン型の竣工もあってこの任から退いており、「龍田」はこの水雷戦隊旗艦の時期の大正13年（1924年）3月19日、第43号潜水艦に衝突して沈める事故も起こしている。以後この両艦は、前檣の三脚檣化と固定式の艦橋天蓋設置を始めとする艦橋の改正や、機関の重油専焼化等の改修を受けつつ、日華事変開戦時期まで主として中国方面で活動、また練習艦等の任務でも使用された。なお、本型は練習艦及び予備艦扱いだった昭和10～11年(1935～36年)頃と、㊃計画時期の昭和13～14年（1938～39年）頃に英のC級同様に防空巡洋艦への改装が検討されるが、予算と㊂計画以降の海軍工廠及び造船所の工事量増大で本型改装の余力が無くなったことから計画は進まず、この案自体も最終的に秋月型防空駆逐艦の整備で完全に廃案となった。

日華事変開戦後、現役に復帰したこの両艦は、対空機銃の増備等の小規模な改正を実施しつつ中国方面での作戦に従事するが、昭和13年秋に予備役に編入されて以後暫く練習任務に就いた。その後高角砲の撤去や25mm連装機銃2基の増備を行ったのち、昭和15年（1940年）11月に第十八戦隊に配されて現役に復帰。開戦時には第四艦隊にあって、

大正14年（1925年）、英皇太子が乗艦する巡洋戦艦「レナウン」の来日を横浜沖で出迎えた「天龍」。本級の竣工時に近い姿で、写真右奥には供奉艦の英軽巡「ダーバン」も見える

※1：熱走魚雷（内燃機関により航走する魚雷）が発射後も燃料に点火せずに航走する不具合。
※2：戦艦8隻/巡洋戦艦8隻の整備を目指した日本海軍の建艦計画「八八艦隊」の第一段階として、大正5～6年度に成立した軍備計画。

第一段作戦時には内南洋方面での作戦にあたり、その後第十八戦隊はラバウルを根拠地としてソロモン・ニューギニア方面での作戦に投ぜられて、MO作戦にも支援部隊として参加している。昭和17年（1942年）7月の戦時編制改訂後、第八艦隊に配された第十八戦隊は、第一次ソロモン海戦に参加して戦功を挙げた後、ソロモン・ニューギニアでの輸送作戦に従事したが、その中で「天龍」は同年12月18日のマダンへの輸送作戦従事中、米潜水艦「アルバコア」の雷撃を受けて沈没した。「龍田」は昭和18年1月に日本に帰還した後、4月以降練習水雷戦隊の旗艦となり、暫く呉周辺水域で活動した後、同年8～9月時期に二号一型と二号二型レーダーの搭載と、25mm対空機銃の増備等の改修を実施。10月以降陸軍兵力を中部太平洋方面へ輸送する船団の護衛艦として活動するが、連合艦隊直轄となった直後の昭和19年（1944年）3月13日、松二号船団護衛中に米潜水艦「サンド・ランス」の雷撃を受けて被雷沈没した。

中国方面で活動中と思われる「天龍」。昭和12年の撮影で、前檣が単檣から三脚檣となり、1番煙突両舷に13mm単装機銃を各1基追加している

昭和16年夏、トラック沖における「龍田」（写真手前）と「天龍」。両艦には、艦橋形状、艦首旗竿支柱の向き、1番煙突の配管、後檣（「天龍」は上下2本継ぎ、「龍田」は1本）などの相違点があった

天龍型「天龍」（1941年）

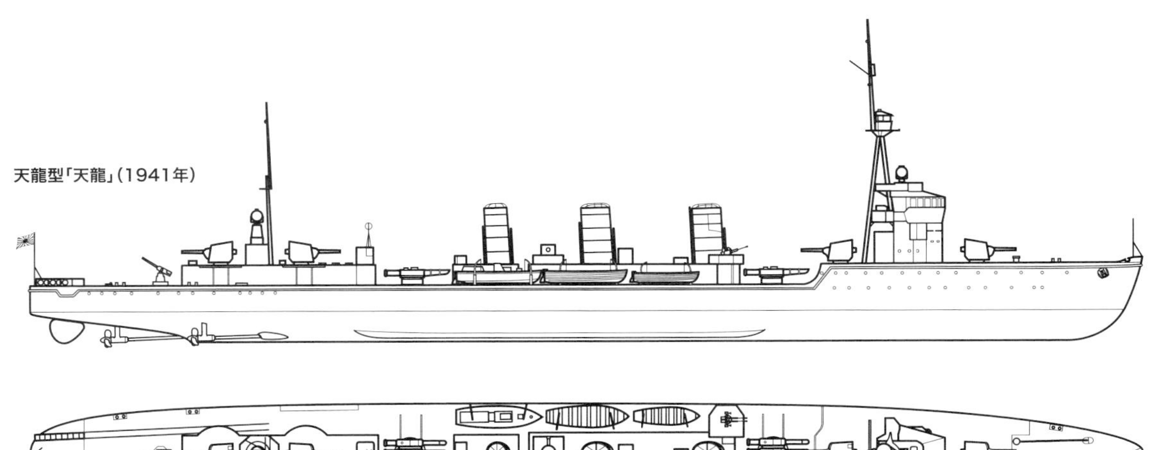

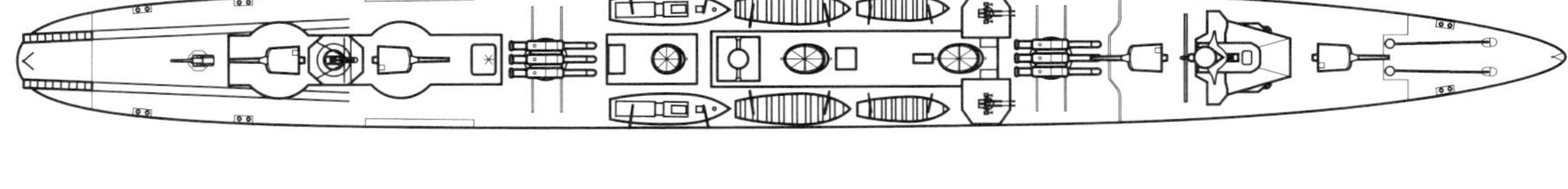

	天龍型
基準排水量	3,230トン
常備排水量	3,605トン
満載排水量	4,621トン
全長	142.65m
全幅	12.34m
吃水	3.96m
主機/軸数	ブラウン・カーチス式ギヤード・タービン3基/3軸
主缶	ロ号艦本式重油専焼缶8基、同混焼缶2基
出力	51,000馬力
速力	33ノット
航続距離	14ノットで5,000浬
兵装	50口径14cm単装砲×4、40口径7.6cm単装高角砲×1、6.5mm単装機銃×2、53.3cm3連装魚雷発射管×2
装甲厚	舷側51～63.5mm（25.4mm+38.1mm）、甲板22～25mm、司令塔51mm
乗員	327名

	起工	進水	就役	
天龍	1917.5.17	1918.3.11	1919.11.20	1942.12.18戦没
龍田	1917.7.24	1918.5.29	1919.3.31	1944.3.13戦没

日本海軍

五五〇〇トン型軽巡洋艦

球磨型／長良型／川内型

3クラス14隻が建造された太平洋戦争時の日本主力軽巡

球磨型

前述のように、八四艦隊計画の完成案の検討段階では、水雷戦隊旗艦としては3,500トン型巡洋艦の継続整備が予定されており、軽巡洋艦の主任務である偵察任務に就く巡洋艦としては、14cm砲12門装備もしくはより大型の20cm砲搭載も考慮する7,200トン型の大型偵察巡洋艦3隻の整備が予定される状況にあった。だが米の三年計画で水雷戦隊旗艦としても使用される軽巡として、3,500トン型では対処困難な7,100トン型の大型軽巡が整備されることが報じられると、これの対策として巡洋艦の戦備が見直されることになった（当時日本海軍が得ていたこの米巡洋艦の情報は、15.2cm砲8門と53.3cm連装魚雷発射管2基装備で速力35ノットと、あらゆる面で天龍型を凌駕するもので、これに対処して計画を組み替えるのはある意味当然の措置であった）。

このため日本海軍は、「大巡」分類となる7,200トン型巡洋艦の建造を一旦諦める一方で、軽巡戦力の底上げのため、水雷戦隊旗艦にも充当される「中巡」の大型化を図り、これの大量整備を図る方針を大正6年（1917年）夏時期に決定。同年7月に公布された八四艦隊完成計画で承認された大型巡洋艦（大巡：偵察巡洋艦）と小型巡洋艦（小巡：水雷戦隊旗艦用）の建造枠の合計9隻のうち、8隻を5,500トン型の「中巡」として建造するものとされた。このうち最初の5隻が、五五〇〇トン型巡洋艦の最初の系譜となった球磨（くま）型となった艦である。

五五〇〇トン型巡洋艦は、偵察巡洋艦として米の新型艦と対抗可能な戦力を持たせると共に、より高速化した新型の駆逐艦からなる水雷戦隊旗艦として運用可能なだけの速力付与を目的として設計が為されている。設計に当たっては、設計開始時期に英海軍が整備していたC級及びD級の軽巡洋艦を参考にしており、そのためこの両級に似通った部分もあるが、基本的にその設計は天龍型の拡大改良型と言える日本独自のものである。

船体は船首楼型の一種だが、竣工時は艦橋後部の位置に前部発射管が装備されたウェルデッキ（※）があり、その後方の船体中央部の甲板室は後部の発射管位置で、後部の砲装が置かれた後部の甲板室と分断されている、という独特の配置となっていた。艦橋は簡素だが天龍型よりは大型化が図られ、前檣も上部に方位盤のある観測所を持つ三脚檣に、後部は艦載艇用のデリックを持つ単檣とされ、艦の大型化も含めてその印象は前型からかなりの変貌を遂げている。

主砲は天龍型と同じ14cm50口径単装砲が採用された。砲の搭載数は7門だが、艦の中心線上に置かれたのは艦首艦

写真は球磨型の「多摩」で、開戦初頭に実施された修理と船体補強工事完了後の、昭和17年2月頃の撮影とされる。北方での行動に備えて、日本艦艇では珍しい迷彩塗装が施されている

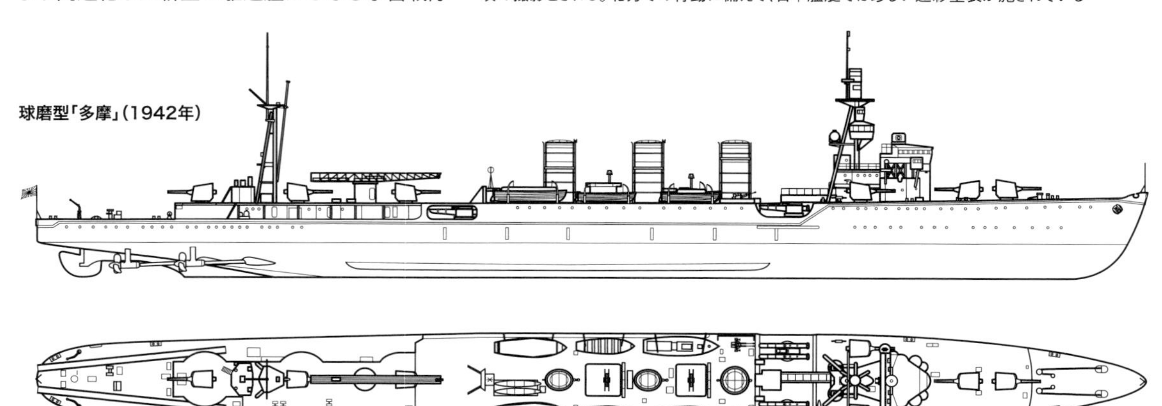
球磨型「多摩」（1942年）

※：甲板の一段低くなっている部分。

橋前の2門と艦尾側の甲板室上の3門の計5門で、この他に艦橋横の両舷に各1門が装備されたことで、片舷指向門数は英のD級と同様の6門となっている。対空兵装も機銃の装備数は同様な一方で、高角砲は天龍型と同じ8cm高角砲の2門搭載に増強されていた。雷装は53.3cm連装魚雷発射管4基装備となり、艦の大型化もあって天龍型の様な中心線配置が出来なかったため、片舷宛て2基を配する形としたため、射線数は4に減少したが、一方で搭載魚雷数は同型の12から16に増大している。機雷は当初五号機雷150基、後に五号機雷65基もしくは一号機雷48基に変更され、最終的に一号乙型機雷のみの運用を前提として、これを48基搭載する形に変わっている。

昭和7年頃の長良型「阿武隈」。艦橋内に航空機の格納庫、1番・2番主砲の上に滑走台が設けられている。本艦は太平洋戦争開戦時、第一水雷戦隊の旗艦として、真珠湾を攻撃する機動部隊と行動を共にした

航空艤装は4番艦までは装備されなかったが、「多摩(たま)」は竣工直後の一時期、水上機の試験搭載を実施したことがあり、5番艦の「木曽(きそ)」では大正11年(1922年)に艦橋部から1番砲を超えて艦首側に伸びる滑走台が装備されて、陸上戦闘機1機の搭載運用能力を得たが、その有用性に疑念が持たれたために翌年に撤去された。装甲防御は主水線装甲帯は機関区画のみを防御しており、水線装甲部分には天龍型同様船体鋼鈑と合わせて63.5mmの装甲が施される一方で、甲板部の装甲厚は29mmと天龍型より若干強化された。

機関は高速の新型駆逐艦に随伴する事を考慮して36ノットの発揮が要求されたことから、機関出力を90,000馬力に増大する必要が生じた。このため本型の主機械は、1軸宛てで当時の駆逐艦用主機を上回る出力を持つ22,500馬力型の主機が新規開発された上で、これを4セット搭載した4軸艦として、必要な出力を得ている。汽缶はロ号艦本式の重油専焼型の大型缶6基、小型缶4基、混焼型の小型2基の計12基が搭載されており、これの排煙を受け持つ3本の直立式の煙突の高さが何れも微妙に異なるのも、本型の外見的特色となっている。

長良型

球磨型の整備に続いて、八四艦隊完成案の残余の中巡3隻と、同案に続いて大正7年(1918年)3月に公布された八六艦隊完成案で新規に承認された中巡3隻の計6隻の建造枠で、長良(ながら)型巡洋艦の整備が実施された。長良型は基本的に球磨型の改良型で、船体は基本的に同一だが、後述する雷装の変更の影響もあって前型では分離していた中部と後部の甲板室が合一したことで、船体中央部から後部に掛けて長大な甲板室が設置された格好となった。また前部発射管が置か

「長良」を右舷後方から撮影した写真。昭和11年(1936年)9月の上海入港時のもので、3番煙突と後檣の間に移設された航空兵装や、三脚檣となった後檣などをよく捉えている

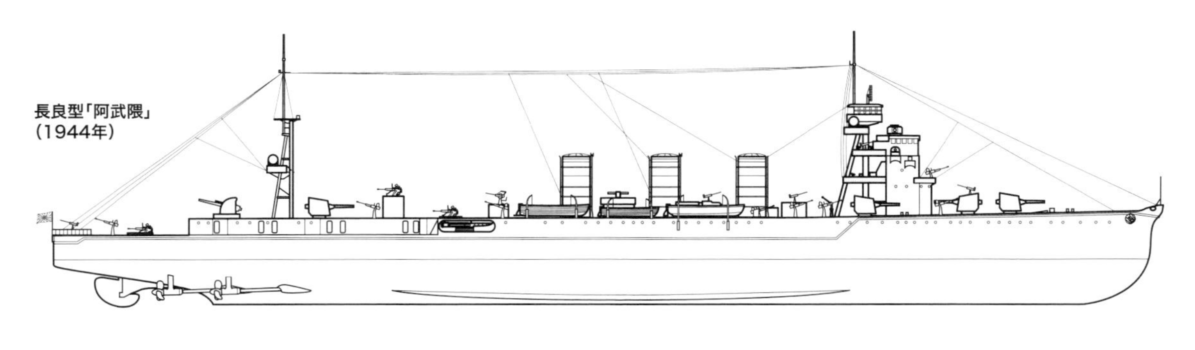
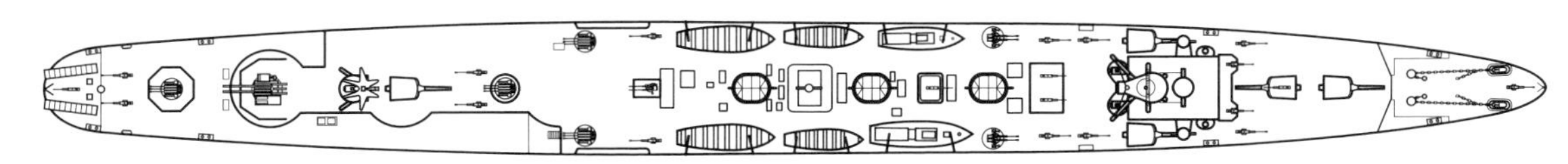
長良型「阿武隈」(1944年)

れたウェルデッキは球磨型では完全に前部船首楼と中部甲板室を分断していたが、長良型では左右両舷の発射管の中央部に甲板室が設置されるなどしたため、船体の外見・形状等に球磨型から変化が生じた。ただし、後の改修で球磨型でも艦首ウェルデッキ部中央への甲板室設置を含めて、同様の形態へと改正されたので、これは大きな差異では無くなった。艦橋の形状も航空機用の格納庫や当初より滑走台が設けられているなどの変更が生じている。

砲兵装は主砲、高角砲共に前型と同一だが、雷装は61cm連装魚雷発射管4基に変わっており、これの搭載で弾頭が大型でかつ長射程の八年式魚雷が運用可能となったことで、魚雷戦能力は大きく向上を見た。甲板室の拡大により、後部の発射管は球磨型で艦上に露天配置だったものが艦内格納とされ、その装備位置の舷側部に開口部を設ける形に変わり、後に球磨型も同様の形状に改正された。なお、八年式魚雷は、六年式同様に配備後様々な運用上の問題を引き起こしてもいるが、太平洋戦争時でも長良型は本魚雷を主兵装としていた艦が多い。魚雷の搭載数自体は16本で変わらず、機雷兵装も球磨型と同一だった。航空兵装は「木曽」同様に陸上機の運用を前提とした滑走台が設けられ、これは早期に運用を取りやめられたが、艦橋部の航空艤装は一部の艦では水偵搭載用で使用された例がある。装甲も球磨型と同一である。これらの改正もあって排水量は球磨型の常備5,580トン（実測：竣工時）に対して、常備約5,700トンと若干の拡大を見ているが、前型と同一の機関を使用した本型の速力、航続力に変化は生じていない。

川内型

大正9年（1920年）8月に公布された八八艦隊完成計画では、更に「中巡」8隻の整備が計画される。本計画で整備された「中巡」が川内(せんだい)型となった艦で、基本的には本型は長良型を元にするが、八八艦隊計画完成時点で大幅に石油燃料の使用量増大が予測されたため、それを抑制する見地から汽缶はロ号艦本式の混焼缶（小型）の搭載数を以前の艦の2基から4基へと増大。その代わりに重油専焼缶の数を大型8基とする改正が行われている。本型のうち「神通(じんつう)」のみは、汽缶をそれまでの飽和蒸気式から、より効率の高い過熱蒸気式に変更している。なお、この混焼缶数の増大に伴い、汽缶室の配置変更が行われたほか、排煙導接の必要から、煙突を以前の艦の3本から4本に増大させ、混焼缶の排煙を受け持つ1番煙突の高さ増大、また排煙を担当する汽缶数の差異から、2～4番煙突の太さを異なるものとする等の改正が図られてもいる。この他に艦橋形状の一部変更や、船首楼甲板の延長と短艇甲板の短縮、煙突配置の変更と、艦上スペースの減少等の理由もあって、前部発射管位置の変更、煙突後方の砲配置の変更等が行われたことで、艦容は以前の球磨/長良の両型から相応に変化しており、その影響もあって前2型と比べて「より大型に見えた」という回想も残っている。ただ実際に排水量は常備で約5,900トン（実測）と、長良型より200トン程度増大しており、この影響もあり最高速力は同型より若干低下を見ている。この他の面では、兵装含めてカタログ上長良型と変わる点は無い。

なお、本型のうち、関東大震災で建造中の船体が大きく損傷し、一旦これを破却して再建造が実施された「那珂(なか)」では、本型就役後に問題となった凌波性改善のために、艦首形状が他の艦のスプーン型から、以後の重巡に通じるダブルカーベチャー式に改められているという相違がある。また昭和2年（1927年）に美保関沖で駆逐艦「蕨(わらび)」と接触して艦首を損傷

川内型の「那珂」は建造の遅れもあって、新造段階からダブルカーベチャー式の艦首を備えていた。本型では前2型と異なり、煙突は4本で、1番煙突の背が高いのが特徴

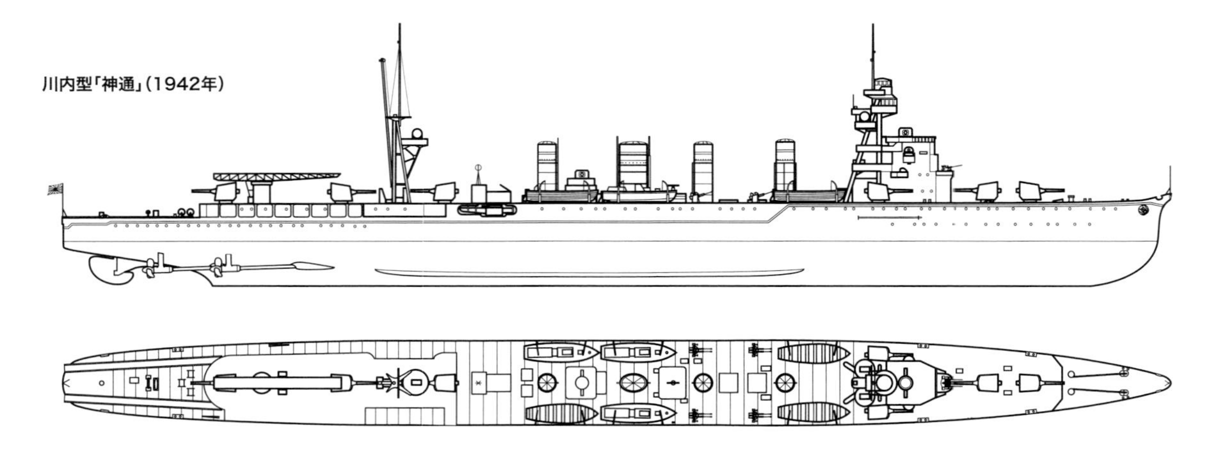
川内型「神通」（1942年）

した「神通」と、昭和5年（1930年）の訓練中に「北上」と接触して艦首を損傷した「阿武隈」の両艦も、その損傷復旧時に艦首形状を「那珂」同様のダブルカーベチャー式に改めている。

五五〇〇トン型の改装

五五〇〇トン型は球磨型が大正9年～10年（1920～21年）の間に、長良型は関東大震災の際に造船所が大被害を受けた影響で竣工が遅れた「阿武隈」のみは大正14年（1925年）に竣工するが、他の5隻は大正11年～大正12年（1922～1923年）に全艦が竣工している。川内型はワシントン条約締結に伴う海軍戦備の見直しにより、大正11年度（1922年度）予算で建造予定だった4隻が起工前に建造中止となり、大正10年度（1921年）予算で起工された4隻のうち、「加古」が起工直後に建造中止となったので、竣工したのは「川内」「神通」「那珂」の3隻のみだった。この3隻のうち、「川内」は大正13年（1924年）4月に竣工したが、関東大震災の発生後の海軍予算緊縮で、意図的に建造が遅らされた「神通」は大正14年（1925年）7月31日、再建造となった「那珂」は同年11月30日に竣工に至った。この結果「那珂」は五五〇〇トン型に連なる14隻の中で最終の竣工艦となってもいる。

艦隊就役後、この3級は日本海軍の巡洋艦兵力の中核というべき存在の艦として活動しており、重巡の就役後は偵察・索敵

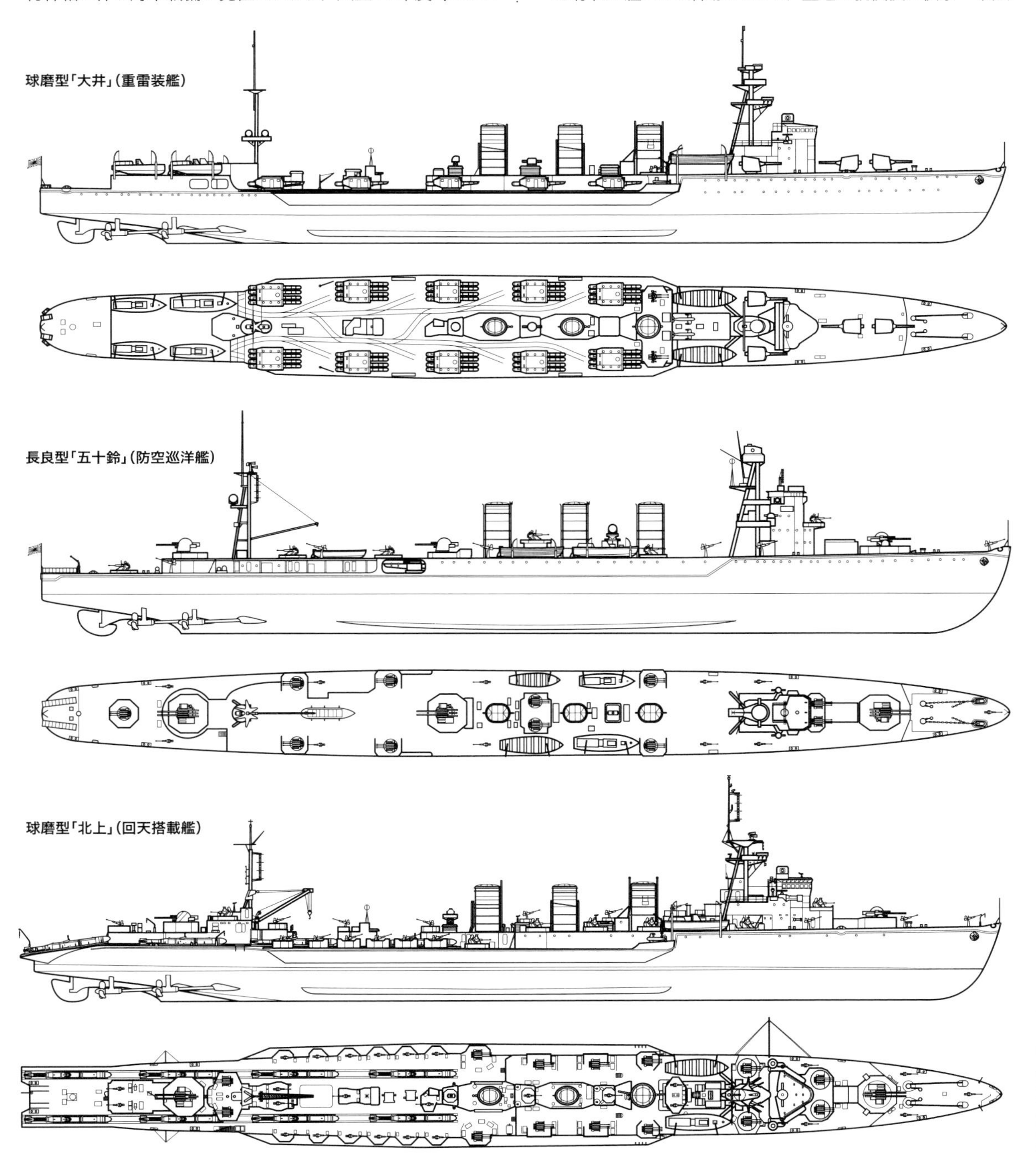

任務及び戦艦隊の護衛等の任務をこれに明け渡し、水雷戦隊や潜水戦隊旗艦として使用されたほか、外交任務を含む中国方面における警備等の各種任務に就いている。英のC級/D級同様に第一次大戦型軽巡の典型例とも言えるこれらの艦は、昭和一桁年代の中期以降に旧式化が目立つようになってくるが、ロンドン条約の規定と、大型軽巡(重巡)の整備が優先されたこともあって、当面代艦が望めない状況となったため、能力改善の改修を昭和初期から継続して実施される。

これに伴い各艦には、測距儀の追加や艦橋への固定天蓋装備、測的所の拡大等を始めとする艦橋及び前檣の改正、索敵能力向上のためのカタパルトの装備と後檣の三脚檣化、混焼缶の重油専焼缶への改修、高角砲の廃止とその代替となる13mm及び25mm機銃の装備など、多岐にわたる改正が実施されており、太平洋戦争開戦時期にはその艦容はかなりの変貌を見せた。また水雷戦隊の旗艦として使用される艦のうち、「阿武隈」「神通」「那珂」の3艦は、戦前に九三式酸素魚雷の運用能力付与と、魚雷発射管装備を九二式四連装発射管として旧両舷後部発射管位置に装備、撤去された旧前部発射管装備位置のウェルデッキを閉塞する改正が行われてもいる。

また昭和11年(1936年)時期には練習艦扱いだった「大井(おおい)」「北上」の両艦は、開戦時期に決戦時の先制雷撃用の艦として、九二式四連装魚雷発射管を片舷宛て5基搭載する「重雷装艦」に改装されてもいる。

ただこれらの改正の結果、五五〇〇トン型の排水量は竣工時より大きく増大してもおり、昭和13年(1938年)に水雷戦隊旗艦としての改装を終えて再役した「那珂」では、公試排水量7,549トン、満載8,227トンと大幅に排水量が増大、その結果速力は33ノット程度にまで低下していた。この様な状況であるため、昭和17年(1942年)時期には、水雷戦隊旗艦への改装艦でも能力的限界に達すると見做(みな)されていたように、既に艦齢が尽きつつあるとも考えられていた。

五五〇〇トン型の戦歴

実際に昭和15年(1940年)時期には、5隻が就役するのみだった五五〇〇トン型の各型は、開戦前の出師(すいし)工事の中で現役復帰が進められ、太平洋戦争では14隻全艦が作戦に投じられた。その中でこれらの艦は、スラバヤ沖海戦で「神通」「那珂」の2隻、第三次ソロモン海戦の第一夜戦及び第二夜戦で「長良」が大きな活躍を見せた事や、キスカ島撤収作戦で「阿武隈」と「木曽」の両艦が撤収艦隊の中核的存在となったことを含めて、太平洋の激烈な戦闘の中で、各海戦や輸送任務を始めとする各種作戦において、充分な働きを見せた。それだけに損害を受けることも少なくなく、南太平洋海戦時期で喪失した「由良(ゆら)」を嚆矢(こうし)とし、昭和20年4月7日に喪失した「五十鈴(いすず)」を最後として、戦争中に空襲や潜水艦の襲撃等の理由で、「北上」を除く各型合計13隻が失われた。なお、対戦した連合軍側では、旧式の巡洋艦ではあるが、水雷戦隊旗艦として活動する五五〇〇トン型は、駆逐艦を率いるだけの速力を持ち、英米の駆逐艦に対して砲力優位にあるだけで無く、「軍艦」としてそれなりの抗堪性を持つなど、駆逐艦にとっては実に手強い艦であると見做されてもいた。

戦争中は早期に喪失した「由良」を除き、電探の装備、12.7cm連装高角砲1基の追加装備や機銃の増載、これらの追加兵装の装備位置確保と、代償重量としての後部主砲2門と航空艤装の撤去など、各種の改正が行われている。この中で「長良」は、昭和19年4月に魚雷兵装を「阿武隈」と同様として、酸素魚雷の運用能力が付与された。また「五十鈴」では、昭和19年1月から実施された損傷復旧の際に、全主砲を撤去して12.7cm連装高角砲3基を搭載、機銃兵装も大幅に増強した防空巡洋艦への改装が行われてもいる。

開戦前に重雷装艦に改装された「大井」と「北上」は、昭和17年(1942年)8月に発射管の一部撤去を実施して高速輸送艦に転用された。爾後(じご)主機械の半数と主缶2基の撤去を含む、より本格的な高速輸送艦への改装が検討されるが、未実施のまま「大井」は昭和19年7月に喪失となった。一方、同年2月に潜水艦からの雷撃を受けて大破した「北上」は、高速輸送艦改装案を元にした回天搭載艦への改装を実施、艦容を改めて1945年1月に再役するが、以後出撃の機会を得ないまま、7月24日の米艦載機の呉地区空襲の際の損傷で航行不能となり、戦後そのまま解体された。

	球磨型	長良型	川内型
基準排水量	5,100トン	5,170トン	5,195トン
常備排水量	5,500トン	5,570トン	5,595トン
満載排水量	5,832トン	—	—
全長	162.15m(※1)		
全幅	14.17m		
吃水	4.80m		
主機/軸数	技本式ギヤード・タービン4基/4軸		パーソンズ式(※2)ギヤード・タービン4基/4軸
主缶	ロ号艦本式重油専焼缶10基、同混焼缶2基		ロ号艦本式重油専焼缶8基、同混焼缶4基
出力	90,000馬力		
速力	36ノット		35.25ノット
航続距離	14ノットで5,000浬		
兵装	50口径14cm単装砲×7、40口径7.6cm単装高角砲×2、6.5mm単装機銃×2、53.3cm連装魚雷発射管×4、一号機雷×48(※3)	50口径14cm単装砲×7、40口径7.6cm単装高角砲×2、6.5mm単装機銃×2、61cm連装魚雷発射管×4、九三式機雷×56、航空機×1、滑走台×1	
装甲厚	舷側63.5mm(25.4mm+38.1mm)、甲板29mm、司令塔51mm	舷側63.5mm(25.4mm+38.1mm)、甲板29mm	舷側63.5mm(25.4mm+38.1mm)、甲板29mm
乗員	450名		440名

	起工	進水	竣工	
球磨	1918.8.29	1919.7.14	1920.8.31	1944.1.11戦没
多摩	1918.8.10	1920.2.10	1921.1.29	1944.10.25戦没
北上	1919.9.1	1920.7.3	1921.4.15	1946解体
大井	1919.11.24	1920.7.15	1921.10.3	1944.7.19戦没
木曽	1919.6.10	1920.12.14	1921.5.4	1944.11.14大破着底
長良	1920.9.9	1921.4.25	1922.4.21	1944.8.7戦没
五十鈴	1920.8.10	1921.10.29	1923.8.15	1945.4.7戦没
名取	1920.12.14	1922.2.16	1922.9.15	1944.8.18戦没
由良	1921.5.21	1922.2.15	1923.3.20	1942.10.25戦没
鬼怒	1921.1.17	1922.5.29	1922.11.10	1944.10.26戦没
阿武隈	1921.12.8	1923.3.16	1925.5.26	1944.10.26戦没
川内	1922.2.16	1923.10.30	1924.4.29	1943.11.2戦没
神通	1922.8.4	1923.12.8	1925.7.31	1943.7.12戦没
那珂	1922.6.10	1925.3.24	1925.11.30	1944.2.17戦没

※1:「那珂」は162.46m
※2:「神通」はブラウン・カーチス式
※3:「球磨」「多摩」新造時の機雷搭載数は五号機雷×150、「木曽」は新造時に航空機1機と滑走台×1を装備

日本海軍

軽巡「夕張」

実験的性格の強い小型・重武装の巡洋艦

大正10年（1921年）に海相から求められた各艦型の建造費の圧縮要求に基づく計画検討の中で生まれた本艦は、それまでの軽巡とは異なり、駆逐艦式の設計を行うことで船殻艤装重量を大幅に抑えて、旧来の五五〇〇トン型と同様の兵装と性能を持つ軽巡洋艦という着想に基づいて、小型軽巡の試作型と言える存在の艦として設計が推進されたものだ。

小型化による凌波性、航洋性の低下を防ぐため、艦首部への強いシアやフレアの付与、駆逐艦式の船殻設計を採用すると共に、巡洋艦として必要となる装甲甲鈑を船殻材の一部に取り入れるなどの工夫を凝らしての船殻重量の徹底的な削減、14cm連装砲架の採用と全砲中心線装備による片舷指向門数の確保、天龍型同様の発射管の中心線配置により片舷射線数を五五〇〇トン型と同一とする多くの工夫に加え、機関も汽缶の重油専焼化による機関重量の削減、天龍型同様に駆逐艦の主機を3基使用した3軸艦として必要な出力を確保するなど、様々な特色を持つ艦として設計が纏められた。

大正10年10月に建造の承認を受けた本艦は、八四艦隊完成計画で認められた巡洋艦9の建造枠のうち、残されていた小巡の枠1を用いて、同計画で支出された大正6年度予算で建造する措置が採られた。

試作艦と言うことで建造は急がれたらしく、起工から竣工まで約1年2ヶ月弱と短期間に建造工事が進んだ本艦は、竣工後に技術的問題から排水量が予定より1割以上増大していることが発覚。その影響で速力・航続力の性能が要求未達となったこと、満載時の航洋性低下が著しいこと、艦が小型で居住性が劣悪であるなど、その小型化が徒（あだ）になったと言える実績を残してしまう。これは「夕張」の設計がある意味「理論倒れ」であった事を示すものだが、本艦の設計が古鷹（ふるたか）型以降の重巡洋艦の出発点となったことも確かであり、その意味では日本の軍艦史で重要な地位を占める艦とも言える。

竣工後、本艦は水雷戦隊旗艦や、他の軽巡同様に中国の警備任務や練習艦としても使用された。艦が小型で改装の余地がなかった本艦は、竣工後煙突高が高められたこと、2番連装砲架前部と3番連装砲架後部の爆風除けが拡大されたことを除けば、高角砲の撤去と対空機銃の装備、対空機銃の更新以外は特に改正は実施されていない。

開戦後、本艦は内南洋・外南洋方面で活動。第八艦隊配備直後の昭和17年（1942年）8月8～9日の第一次ソロモン海戦に参加し、敵巡洋艦及び駆逐艦の撃破に一役買った。この後も第四艦隊や第八艦隊の指揮下にて内南洋・外南洋で船団護衛等の各種任務に就いた本艦は、第三水雷戦隊に転属した直後の昭和18年12月から翌年3月までに、電探及び1番・4番主砲を撤去の上で12cm高角砲と25mm機銃の設置などの改正を実施した。しかし、それから間もない4月28日、船団護衛中に米潜水艦からの攻撃を受けて沈没した。

大正12年（1923年）7月31日の竣工当日に撮影されたという「夕張」。3,000トン余りの船体に5,500トン型と同等の戦闘力を詰め込んだ本艦は、世界の海軍関係者の注目を集めた

竣工から1年後の大正13年夏、艦橋への排煙の逆流を防ぐため、煙突頂部が約2m高められた。写真は同年11月の撮影で、上掲写真と見比べれば改修箇所は明確だろう

	夕張		
基準排水量	2,890トン（※1）	常備排水量	3,141トン（※1）
全長	138.99m	全幅	12.04m
吃水	3.58m		
主機/軸数	三菱パーソンズ式ギヤード・タービン3基/3軸		
主缶	ロ号艦本式重油専焼缶8基（大型6基、小型2基）		
出力	57,900馬力	速力	35.5ノット（※2）
航続距離	14ノットで5,000浬（※2）		
兵装	50口径14cm連装砲×2、同単装砲×2、40口径7.6cm単装高角砲×1、7.7mm単装機銃×2、61cm連装魚雷発射管×2、一号機雷×48		
装甲厚	舷側19mm+38mm、甲板25mm		
乗員	328名		

	起工	進水	竣工	
夕張	1922.6.5	1923.3.5	1923.7.31	1944.4.28戦没

※1:いずれも計画値。実際の竣工時は常備排水量3,560トン、満載排水量4,377トンとされる
※2:いずれも計画値。公試では最大速力が34.8ノット、航続力は14ノットで3,310浬

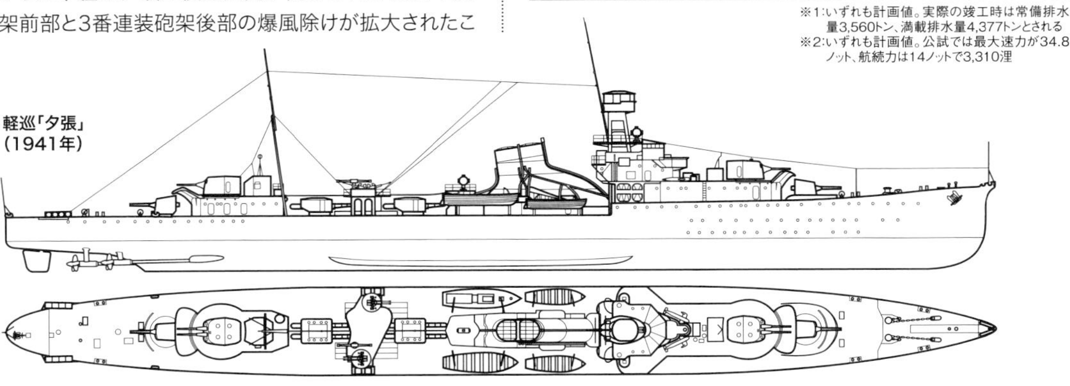
軽巡「夕張」（1941年）

日本海軍

阿賀野型軽巡洋艦

五五〇〇トン型の後継となる水雷戦隊旗艦用軽巡

昭和14年（1939年）に始まった㊃計画の策定時期、五五〇〇トン型軽巡の艦齢が尽きつつある、と考えられたことを受けて、巡洋艦乙型として4隻の水雷戦隊旗艦となる阿賀野(あがの)型軽巡洋艦の整備が行われた。

軍令部の要求を元にしつつ、艦政本部が現実的な数値に落とし込む形で設計が進められた乙型は、基準排水量6,500トンで速力35ノット、砲兵装として15cm連装砲塔3基、雷装として61cm4連装魚雷発射管を中心線装備とし、水偵搭載を含めて水雷戦隊旗艦として必要な装備を持つものとして纏められる。これは試案提出後に高角砲の火力不足等を含めて、対空火力が過小であることが問題視されたが、最終的にほぼ原案のままで承認を受けて、整備実施に至っている。

この試案は総じて、水雷戦隊旗艦としてみれば充分な砲装と雷装を持つもので、その目的について言えば、有用に使用出来る艦だった。ただし巡洋艦としてみると、同様の砲装を持つ英のアレスーサ級に比べても装甲防御が薄く、対空火力が弱い事を含めて、性能面で遜色が見られる艦でもあった本型は、先述の通り㊃計画において、決戦兵力となる4個水雷戦隊の旗艦として4隻が整備された。本型は昭和15年（1940年）6月に起工された1番艦の「阿賀野」が、昭和17年10月末に竣工したのを皮切りとして、昭和18年12月末に竣工した3番艦の「矢矧(やはぎ)」までが艦隊作戦での実戦参加の機会を得ている。なお、1番艦の「阿賀野」は電探を装備しない状態で竣工しているが、2番艦の「能代(のしろ)」は対空電探を搭載して完工に至り、3番艦「矢矧」では対水上電探と機銃を増備した状態で完成するなど、完成時期の状態が艦によって異なっていたが、各艦は機会を得て改修を実施、装備の平均化が図られてもいる。

昭和20年4月7日、戦艦「大和」の水上特攻に二水戦旗艦として参加、米軍機の激しい空襲にさらされる「矢矧」。前檣には対空用の一号三型電探アンテナを装備している

ただこれらの艦は、激烈な水上戦闘が繰り広げられた昭和18年夏時期までのソロモン戦に参加する機会を得られず、昭和18年11月2日のブーゲンビル沖海戦に「阿賀野」が参加したものの、戦場離脱時に効果の無い遠距離雷撃を実施したのみ、という記録だけが残っている。昭和19年2月17日に米機動部隊のトラック空襲で「阿賀野」が失われた後、マリアナ沖海戦以降は「能代」が二水戦旗艦、「矢矧」が第十戦隊旗艦と、艦隊の中核を為す水雷戦隊旗艦となって活動するようになり、レイテ沖海戦時のサマール沖海戦では両艦共に活躍を見せるが、「能代」はその翌日に米重爆の爆撃を受けて沈没した。同海戦後に二水戦旗艦となった「矢矧」は、沖縄戦での「大和(やまと)」の水上特攻の際に護衛として活動、4月7日に米艦上機の攻撃を受けて沈没した。

本型最終艦の「酒匂(さかわ)」は昭和19年11月末に竣工したが、既に水上艦隊壊滅後に戦列化が為されたため、出動の機会を得られず終戦を迎えた。本艦は終戦後米軍に引き渡され、1946年7月25日のビキニ環礁における最初の原爆実験で大損傷を受け、そのまま沈没して失われた。

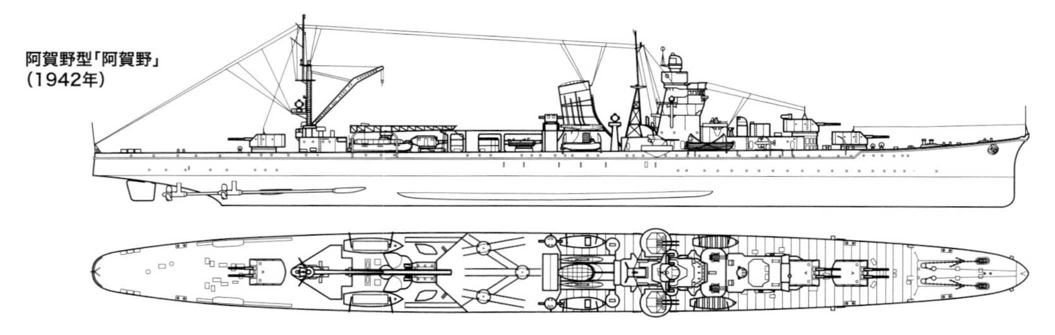

	阿賀野型		
基準排水量	6,652トン	満載排水量	8,338トン
全長	174.5m	全幅	15.2m
吃水	5.6m	主機/軸数	艦本式ギヤード・タービン4基/4軸
主缶	ロ号艦本式重油専焼缶6基		
出力	100,000馬力	速力	35ノット
航続距離	18ノットで6,000浬		
兵装	50口径15.2cm連装砲×3、65口径7.6cm連装高角砲×2、25mm3連装機銃×2（※）、61cm4連装魚雷発射管×2、水偵×2、射出機×1		
装甲厚	舷側60mm、甲板20mm	乗員	726名

	起工	進水	竣工	
阿賀野	1940.6.18	1941.10.22	1942.10.31	1944.2.17戦没
能代	1941.9.4	1942.7.19	1943.6.30	1944.10.26戦没
矢矧	1941.11.11	1942.10.25	1943.12.29	1945.4.7戦没
酒匂	1942.11.21	1944.4.9	1944.11.30	1946標的艦として沈没

※1:「矢矧」は同機銃を3連装×2、連装×4、「酒匂」は3連装×10、単装×18で竣工

日本海軍

大淀型軽巡洋艦

潜戦旗艦として計画された最後の連合艦隊旗艦

㊃計画では水雷戦隊旗艦と共に、五五〇〇トン型の代替となる潜水戦隊旗艦として。丙型と呼ばれた巡洋艦2隻も整備の対象となった。この艦は当初3個潜水戦隊と共に敵勢水域の内部に進出して、これの指揮統率を執ることが求められたため、12.7cm連装高角砲4基を搭載する防空巡洋艦式の艦や、続いて敵巡洋艦との交戦に不利にならない15.5cm3連装砲塔2基を搭載する艦として、水偵6機を搭載する航空巡洋艦型と、車輪式の戦闘機や長距離偵察機を運用可能な空母型の「航空巡洋艦」が検討されるが、最終的に要求が「敵勢水域に進出した3個潜戦旗艦として、その後方500浬で指揮統率に当たる」事に変更されたことを受けて、15.5cm3連装砲塔2機を搭載する水偵搭載型の航空巡洋艦案が採択された。

軽荷7,631トンと相応の大型艦として設計が纏められた本艦は、砲装は巡洋艦と交戦するのに最低限とされつつ、「防空巡洋艦」としての運用も期待されていた節があるように、有力な対空火器を持つ艦だった。更に艦隊旗艦に匹敵する指揮通信能力を持ち、他艦では運用できない大型の「紫雲」水偵を射出可能な大型カタパルトの装備、水偵収容用の大型格納庫を持つなど、航空巡洋艦としての大掛かりな航空艤装が艦尾部に集約して配されるなど、多くの特色を持つ。

本型は㊃計画で「大淀(おおよど)」「仁淀(によど)」の2隻の整備が計画され、このうち「大淀」は昭和16年2月に起工されて昭和18年2月末に竣工したが、「仁淀」は未起工のままミッドウェー海戦後の戦備計画変更により建造中止となった。竣工時、既に本型建造時に検討されていた戦前の潜水艦の運用構想は崩壊しており、本型はある意味使い道の無い艦となった。

その中で機動部隊に大きな航空索敵能力を付与する航空巡洋艦として使用されるようになるが、昭和19年初頭に前線に出す大和型戦艦に代わる連合艦隊旗艦の必要が生じると、指揮通信能力が高い本艦がその任務に好適と考えられ、昭和19年3月中に水偵格納庫を中心として、連合艦隊旗艦として必要な居住区や司令部設備の増設、それに伴う水偵運用能力の縮小、対空火器増設を含む改装が実施された。爾後暫く連合艦隊直轄艦／連合艦隊旗艦として活動した本艦は、昭和19年9月29日に連合艦隊司令部が陸上に上がると艦隊に再配備され、レイテ沖海戦では機動部隊の艦として活動、以降は南方に留まって「足柄(あしがら)」と共にミンドロ島砲撃作戦に従事。昭和20年2月の北号作戦で「伊勢(いせ)」「日向(ひゅうが)」と共に「完」部隊の中核を構成する艦として行動し、南方からの資源還送に成功するなど、短いながら劇的な戦歴を残している。本土帰還後の3月1日に練習戦隊に配された「大淀」は、同月19日の米艦上機の空襲で中破、以後防空砲台兼兵学校の実習艦として活動したが、7月24日と28日の米艦上機の空襲で大破、横倒しになって着底した後に放棄され、戦後浮揚解体されてその生涯を終えた。

昭和19年10月25日、エンガノ岬沖海戦で被弾した空母「瑞鶴」に接近する「大淀」。捷号作戦(レイテ沖海戦)にて本艦は小澤艦隊の所属で出撃し、旗艦「瑞鶴」の沈没後は司令部を移乗している

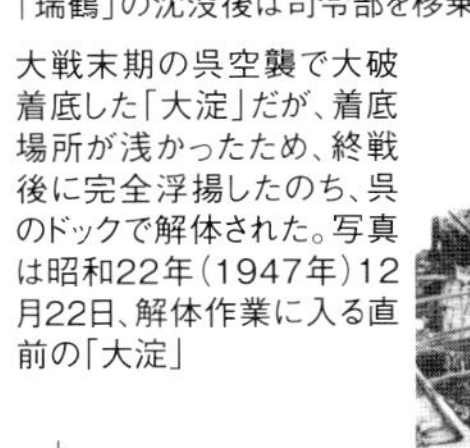

大戦末期の呉空襲で大破着底した「大淀」だが、着底場所が浅かったため、終戦後に完全浮揚したのち、呉のドックで解体された。写真は昭和22年(1947年)12月22日、解体作業に入る直前の「大淀」

	大淀		
基準排水量	8,168トン	満載排水量	11,433トン
全長	192m	全幅	16.6m
吃水	6.0m	主機/軸数	艦本式ギヤード・タービン4基/4軸
主缶	ロ号艦本式重油専焼缶6基		
出力	110,000馬力	速力	35ノット
航続距離	18ノットで8,700浬		
兵装	60口径15.5cm3連装砲×2、65口径10cm連装高角砲×4、25mm3連装機銃×6、水偵×6、射出機×1		
装甲厚	舷側60mm、甲板30mm	乗員	782名

	起工	進水	竣工	
大淀	1941.2.14	1942.4.2	1943.2.28	1945.7.28大破着底

軽巡「大淀」(1943年)

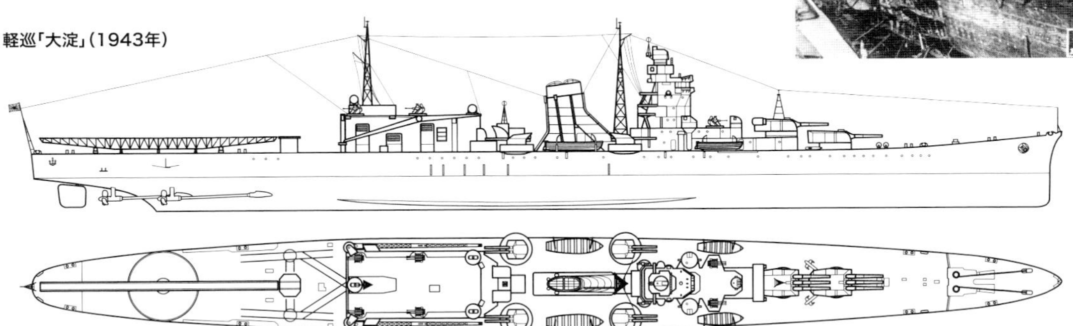

日本海軍

古鷹型重巡洋艦

偵察巡洋艦として建造された日本重巡の最古参

大正9年（1920年）8月に成立した八八艦隊完成案では、英米の大型軽巡への対抗策として「中巡」の整備推進と並行して、主砲として14cm連装砲塔5～6基（10～12門）ないし20cm砲8門を搭載、61cm連装魚雷発射管4基（8門）を搭載する8,000トン型の大型巡洋艦4隻の整備も予定されていた。だが「夕張」の設計検討と同様に、出来得れば艦型の縮小を図る、という海相の意向もあり、大正10年（1921年）8月に艦政本部第四部の平賀計画主任より提出された20cm砲6門を中心線に搭載して、8,000トン型と同等の片舷投射弾量を確保した7,500トン型（常備排水量：基準7,100トン）偵察巡洋艦2隻の建造が内定に至った。これが古鷹(ふるたか)型巡洋艦となった艦だ。

昭和2年（1927年）、横浜沖で行われた大演習観艦式の際に撮影されたと推測される「古鷹」（右）と「加古」。単装主砲をピラミッド式に搭載した新造時の姿である

開戦直前時期の「古鷹」（右奥は青葉型「衣笠」）。昭和11～14年の近代化改装後の艦容で、主砲が20cm単装砲から20.3cm連装砲となり、射出機上には2機の九四式水偵を搭載している

本型の船体は重量軽減の見地から、平甲板型の一種だが、独特の形態を持つ波形船型が採用された。これは艦首から艦尾に至る各甲板での乾舷の高さを厳密に計算して、これを連続した線で結ぶことで、船殻重量を平甲板型より軽減して浮いた重量を兵装に廻せるので、排水量に比べて重兵装が施せる利点がある。しかし、実際には構造が複雑で工数と建造費が増大する割りには、工作精度の問題等から期待したほどの重量軽減は出来ず、竣工後に排水量が計画を大きく超過する、という問題を生じたのに加え、同規模の平甲板型に比べて艦内容積が不足する、という欠点も露呈している。艦橋は射撃指揮機構等の装備の必要から、「夕張」から発達したことが窺(うかが)える形状のものが設置された。

要求される砲力達成のため、主砲には単装砲塔に収めた20cm50口径砲を、艦の前後に3基ずつピラミッド式に搭載して、当時の他国の軽巡を上回る砲撃力を得た格好としている。だが本型搭載の砲塔は、軽量化のために人力を介する部分が多く、即応弾薬を撃ちきったあとは、射撃速度が著しく低下するため有用ではない、と評価される。対空兵装は8cm高角砲4門と7.7mm機銃2門で、日本の軽巡では良好な部類で、雷装は五五〇〇トン型より強化され、61cm連装発射管を片舷宛て3基（計6基：12門）中甲板部に搭載してしていた。なお、魚雷の搭載数は次発装填分含めて24本であった。竣工時期に「ハインケル式飛行機滑走台」と呼ばれた大型の滑走台を4番砲塔上からその前部に掛けて設置し、水偵1機を運用可能な能力を得たが、1930年にはこれを撤去して、昭和6～8年（1931～33年）時期の改装でカタパルトを設置している。

装甲防御は機関部の水線部では76mm装甲が船体外鈑部に傾斜式装甲として設置され、水平装甲は中甲板部に32～38mmの装甲が施されるなど、当時の軽巡として相応の防御を持っていた。砲塔は上面が19mm、それ以外が25mmで、バーベット部も25mmで、船体内部の弾火薬庫部の側面部には51mm、上面部に35mmと、総じて砲塔及び弾火薬庫部の装甲は薄弱だった。

要求された速力性能の付与を考慮して、機関は主機4基の4軸合計で102,000馬力を発揮可能なものが搭載された。汽缶は過熱式の口号艦本缶の重油専焼缶10基と混焼缶2基の12基で、就役後に高温高圧缶の製造における技術不足から、水管系の腐食等の各種問題に悩まされたという。なお、本型の機関区画は、船体の軽量化と強度確保を両立させるため、最前部の第1汽缶室を除いて、全ての汽缶室と前後部の機械室を中央隔壁で仕切る格好としたが、これは浸水が片舷側に集中して、大傾斜を生じるという以後の日本重巡に共通する欠点を発生させることにもなった。

本型は「古鷹」と「加古(かこ)」の2隻が建造され、何れも大正11年（1922年）中に建造を開始し、前者は大正15年（1926年）3月に、後者は同年7月に竣工している。本型は就役後、砲塔や汽缶を含めて、各種の機構上の問題が発生。防御面でも水中防御を含めて、不足が指摘されるなど、艦隊からの評価は今ひとつだった。更に兵装搭載過重で艦内容積が不足気味となり、居住性が悪いことが乗員からも嫌われた。この問題は昭和6～8年時期に主砲の機構改正やカタパルトの搭載、高角砲の12cm単装砲への刷新及び機銃兵装の更新を含めて、相応の規模の改装を実施した後も、完全に解決することが出来なかった。

このため昭和11年（1936年）以降、主砲は従前の主砲兵装に代えて20.3cm連装砲塔3基の搭載と新型の九一式徹甲弾の運用能力付与の実施、水雷兵装は旧来の発射管を全数撤去して、九二式四連装魚雷発射管を片舷宛て1基（計2基）を上甲板に搭載、片舷宛ての射線数と魚雷搭載量（予備含めて16）は減少したが、新型の九三式酸素魚雷搭載を可能とする等の主砲の砲装及び雷装の完全刷新と、航空艤装の近代化や、高角砲の射撃指揮装置搭載による有効性の改善、対空機銃も新型化による対空火力の強化、また機関も汽缶の完全な重油専焼化と高能力化、それに伴う汽缶数の減少と若干の出力強化、浮力保持と水中防御改善のためにバルジの設置などを含む大規模な改装が実施される。なお、この大改装で排水量が公試状態で約1,000トン増大したため、最高速力は改装前より低下を見た一方で、燃料搭載量の増大や汽缶の改正により、航続力は以前より向上してもいた。

この改装後、重巡としてより強力な艦となった本型は、この状態で太平洋戦争開戦を迎えた。開戦時、第六戦隊に配された本型は、グアム島攻略を端緒として中部及び南東方面の作戦で活動、珊瑚海海戦では空母の護衛任務等に就いたほか、第一次ソロモン海戦では両艦共に連合軍の巡洋艦隊撃滅に大きな功があった。ただし「加古」は、同海戦から帰投中の昭和17年（1942年）8月10日に米潜水艦「S-44」からの雷撃を受けて沈没している。「古鷹」は以後もガ島方面での作戦行動を続けたが、10月12日のサボ島沖夜戦で米巡洋艦部隊と交戦した際に命中弾多数を受けて沈没して失われた。

同じく改装後の「加古」の空撮写真で、煙突両舷の12cm単装高角砲や九四式水偵を載せた射出機、4連装魚雷発射管とその艦首側の次発装填装置といった配置がわかる

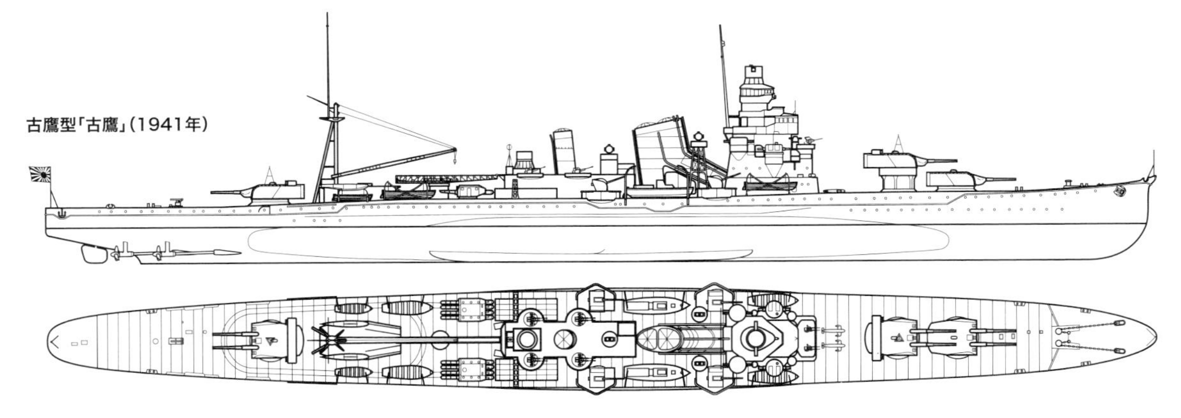

古鷹型「古鷹」（1941年）

	古鷹型
基準排水量	7,950トン
満載排水量	10,252トン
全長	185.17m
全幅	15.83m
吃水	5.56m
主機/軸数	パーソンズ式（※）ギヤード・タービン4基/4軸
主缶	ロ号艦本式重油専焼缶10基、同混焼缶2基
出力	102,000馬力
速力	34.5ノット
航続距離	14ノットで6,000浬
兵装	50口径20cm単装砲×6、40口径7.6cm単装高角砲×4、7.7mm単装機銃×2、61cm連装魚雷発射管×6、水偵×1、滑走台×1
装甲厚	舷側76mm、甲板32～35mm、主砲塔19～25mm
乗員	627名

※:「加古」はブラウン・カーチス式

	起工	進水	竣工	
古鷹	1922.12.5	1925.2.25	1926.3.31	1942.10.12戦没
加古	1922.11.17	1925.4.10	1926.7.20	1942.8.10戦没

日本海軍

青葉型重巡洋艦

当初から連装主砲塔を装備した古鷹型の改良型

ワシントン条約調印後、日本海軍は更に制限外艦艇整備の検討を続け、「八八艦隊計画」の放棄が決定した大正11年（1922年）7月3日には、それまでの「軍艦製造費」に代わって、新たな補助艦艇の建造を促進する「補助艦艇製造費」が承認される。その中で八八艦隊計画で整備予定だった旧「中巡」2隻の代替として、古鷹型と同一戦隊を組む7,500トン型大型軽巡2隻の追加建造が実施されることになった。この2隻は当初、古鷹型と同一型式とする予定だったが、同型の建造開始前より、大型で大重量の20cm砲弾（110kg）を人力で取り回す同型の単装砲塔の有効性に疑念が持たれたこともあり、妙高型重巡に搭載を予定していた連装砲塔の設計が進むと、これを7,500トン型にも搭載する事が決定事項とされ、それに伴う大規模な設計変更を実施の上で整備が行われることになった。

写真は大改装前の「青葉」。前掲の「古鷹」新造時と似たアングルだが、主砲が連装砲塔に収められたことで艦容は大きく異なっている

船体は基本的に古鷹型と同様だが、主砲兵装の変更もあり、艦内配置は相応に変更されている。艦橋の形状及び配置も古鷹型を元にしつつ、測的所の形状変更・大型化や、諸配置の変更が行われているため、その印象に変化が生じており、また両者の砲装の差異もあり、後部の上構配置と後檣の設置位置も変更が図られてもいる。

昭和4～5年頃の撮影と思われる「衣笠」で、後檣と3番主砲塔の間には昭和3年に設置された射出機が見える

主砲の砲装は正20cmの50口径砲搭載である事は古鷹型と同じだが、これを単装砲塔6基ではなく、C型と呼ばれた連装砲塔3基に収めて、うち2基を艦首に、1基を艦尾側に置く形に改められた。この主砲塔変更の改正は、砲塔配置の不均衡化による重量配分の変化や重量増など多くの問題を解決する必要が生じたが、機力化された砲塔に変更されたことで射撃速度の維持が容易となるなど、本型の砲戦能力向上に大きく寄与している。高角砲の装備も前型の8cm砲4門から12cm45口径単装砲4門に強化されるが、一方で機銃兵装は前型同様だった。また魚雷の強度問題から中甲板配置とされた発射管の装備も前型と変わらない。航空艤装は竣工時点では搭載されず、「衣笠（きぬがさ）」では昭和3年以降、「青葉（あおば）」は昭和4年以降にカタパルトが搭載されて、水偵1機の運用能力が付与された。装甲防御は前型と変わらず、機関も基本的に前型と同一だった。速力は前型と同様だが、排水量増大の影響で、航続性能は若干低下していたと言われる。

本型2隻のうち、起工は「衣笠」は大正13年（1924年）1月、「青葉」は大正13年2月と「衣笠」の方が早かったが、竣工は「青葉」が昭和2年（1927年）年9月20日、「衣笠」は同年同月30日と順番が前後したことから、竣工後は「青葉」が1番艦扱いとなった。本型は、艦隊就役後、相変わらず艦の居住性が悪いことは批判の対象ともなったが、主砲兵装の改善及び高角砲の刷新などの改正を実施した上で竣工したことから、艦隊側からは戦闘能力が向上したことは評価されている。このためもあって、竣工から大改装までの期間に実施された改修は、カタパルトの設置と機銃兵装の更新が実施されるだけに留まっている。

本型の大改装は、昭和11年（1936年）6月から昭和15年（1940年）10月までの期間に、段階的に大改装を実施する措置が取られた。この改装では主砲の20.3cm50口径砲への換装、九一式徹甲弾の運用能力付与と被弾時の抗堪性及び信頼性の向上のための砲塔揚弾機構の機構改正、雷装の変更を含めて古鷹型に準ずる内容の工事が実施されている。ただし機関については、汽缶は混焼缶を重油専焼缶に改めただけで、缶数等は竣工時と変わらず、また主機械も更新はなされなかったので、機関出力も向上していない。このためもあり、改装後の後部煙突の太さはこの両型で異なるものとなり、これが両型の艦容に差を生じさせる一因ともなった。また改装後には軽荷で約900トン、公試／満載状態共に排水量が約1,000トン増大したこともあり、最高速力は約1ノット強低下したが、航続距離は燃料搭載量が勝ることもあって古鷹型より若干秀でるものを持っていた。

太平洋戦争開戦時、「青葉」と「衣笠」は、「古鷹」「加古」と共に第六戦隊にあり、太平洋戦争緒戦から同様に各種の作戦で活動を行っており、第一次ソロモン海戦時には、「青葉」「衣笠」も連合軍巡洋艦隊の撃滅に大きく寄与する活躍を見せている。サボ島沖夜戦では「青葉」は米巡洋艦隊からの猛射を受けて大破、辛うじて離脱にすることに成功する事態となったが、「青葉」「古鷹」に米艦隊が気を取られている隙に体勢を立て直した「衣笠」が、米大型軽巡「ボイシ」を大破、米重巡「ソルト・レイク・シティ」を小破させて一矢を報いる事に成功する。だが「衣笠」はその約1ヶ月後、第三次ソロモン海戦時の昭和17年（1942年）11月14日に米機の空襲を受けて喪失となった。

「青葉」はこの後3番主砲塔を一旦撤去して同部に25mm3連装機銃を設置の上で、昭和18年（1943年）4月に戦列に復帰したが、その直後にB-17からの空襲を受けて大破、再度修理を実施する必要が生じる。この損傷復旧の際に、3番主砲塔を復したが、B-17の爆撃でで損傷した機関部の修理を実施せずに速力低下を甘受した「青葉」は、昭和18年11月時期に修理を終えて以後、後方での輸送任務に就いていた。その後「青葉」は捷号作戦時期の昭和19年10月23日に米潜水艦からの雷撃を受けて大破、本土に廻航されるが修理は実施せず、呉港内に係留状態とされていた昭和20年7月24日、米艦上機からの空襲を受けて被弾、着底沈没して戦闘能力を完全に喪失してしまい、戦後浮揚されて解体された。なお、「青葉」は昭和18年以降、継続して対空機銃の増備と電測兵装の増備が行われており、捷号作戦時期には25mm対空機銃は42門、電測兵装は対空用の二号一型電探1基と、水上索敵用の二号二型電探が2基装備されていた。

呉にて大破着底状態で終戦を迎えた「青葉」。無残な姿だが、大改装後の上部構造や電探アンテナなど、本艦の最終状態を捉えた貴重な資料となっている

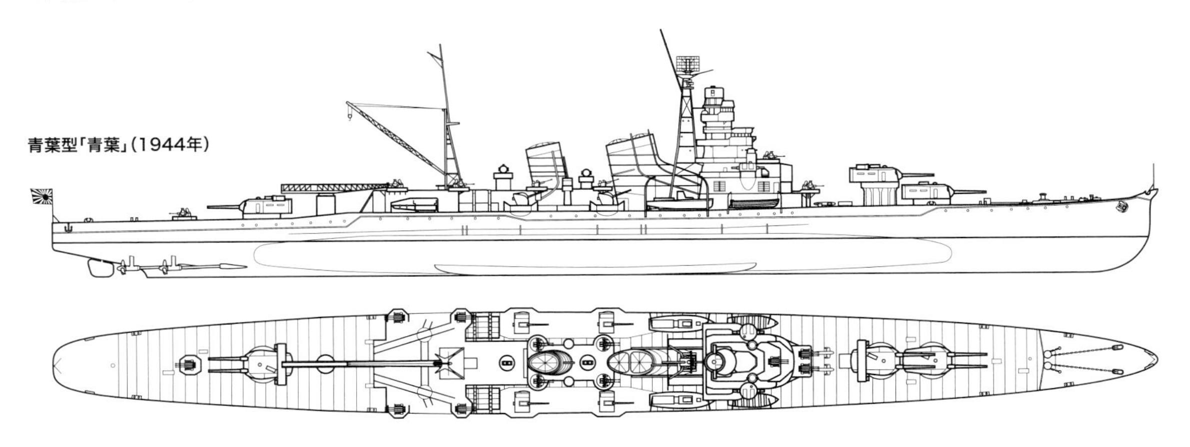

青葉型「青葉」(1944年)

	青葉型
基準排水量	8,300トン
満載排水量	10,583トン
全長	185.17m
全幅	15.83m
吃水	5.71m
主機/軸数	パーソンズ式(※)ギヤード・タービン4基/4軸
主缶	ロ号艦本式重油専焼缶10基、同混焼缶2基
出力	102,000馬力
速力	34.5ノット
航続距離	14ノットで7,000浬
兵装	50口径20cm連装砲×3、45口径12cm単装高角砲×4、7.7mm単装機銃×2、61cm連装魚雷発射管×6、水偵×1
装甲厚	舷側76mm、甲板32～35mm、主砲塔25mm
乗員	632名

※:「衣笠」はブラウン・カーチス式

	起工	進水	竣工	
青葉	1924.2.4	1926.9.25	1927.9.20	1945.7.28大破着底
衣笠	1924.1.23	1926.10.24	1927.9.30	1942.11.14戦没

日本海軍

妙高型重巡洋艦

重武装ながら課題も残した日本初の条約型重巡

「補助艦艇製造費」では7,500トン型2隻に加えて、後に妙高型となる、条約上限となる10,000トン型の大型軽巡洋艦4隻の整備も承認された。

この艦に対して、軍令部は当初20cm砲8門、61cm連装魚雷発射管6基（12門）、速力35.5ノットの発揮を中核とする要求を出したが、艦政本部第四部（艦本四部）での試案の検討の結果、計画主任の平賀大佐より砲力強化のために主砲を10門装備とし、水中防御を含む各部の防御力改善を行う一方で、排水量上限を考慮して雷装を片舷宛て61cm連装型発射管2基（4門）とし、航続力も当初要求より低下させた案が提示された。この案は「漸減作戦」で決戦前の水雷夜襲の主力となる巡洋艦の雷装を減少することは望ましくない、として簡単には受け入れられなかったが、最終的に大正12年（1923）8月25日に設計が承認されて、同時に製造訓令が出されている。

船型は波形船型、主砲の20cm連装砲を前部に3基、ピラミッド式配置とし、後部に2基を背負い式配置に置くなど、以前の古鷹型と同様の形態を持つ点が多い本型は、当時日本が設計可能だった10,000トン型重巡の理想型、と言える艦でもあった。防御も弾火薬庫部の側面が76mm、甲板部が29～32mmとやや薄めだが、傾斜式装甲の機関部水線部は102mm、甲板部は35mmと、他国重巡と比べて同等以上の装甲を持ち、英のケント級同様に、重巡では数少ない衝撃吸収層による本格的な水中防御を持つ艦であるなど、有力な防御性能を持つ艦でもあった。

当初から予算上でも「大型巡洋艦」扱いされた妙高型は、大正12年度と大正13年度で各2隻の建造が行われたが、関東大震災後の国家財政逼迫もあって建造は遅れ、昭和3年（1928年）の御大礼特別観艦式参列のために工事促進が図られた大正12年度艦の「那智」が昭和3年11月26日に竣工、以後の艦は昭和4年（1929年）4月～8月の間に竣工に至った。

本型は昭和4年11月に全艦が第二艦隊第四戦隊に配され、それ以前の巡洋戦艦に代わり、「漸減作戦」構想下での第二艦隊の旗艦をも務める同艦隊の中核艦として、大きな期待が掛けられた。だがしかし、竣工前に雷装や高角砲の強化を含む設計変更が二度実施された影響で、竣工後に実施された各艦の比較調査等において、主砲弾薬庫配置及び居住性の不良を含む、多岐にわたる問題を抱えていて、「軍艦としての出来が決して宜しくない」ことが、就役直後から判明してしまった。実際問題、本型の二度の改正の元要求となった大正14年度（1925年）の性能改善要求を、同一の船体に当初から盛り込む形で設計が実施された後述の高雄型に比べると、本型は攻防力を含めて、あらゆる面で同型に見劣りする艦となってしまっていた。

昭和5年にロンドン条約が締結され、当面重巡の追加整備が望めない状況となると、能力に問題を抱える本型に対して、高雄型に準ずる能力を付与する改装の実施は喫緊の問題として認識されるが、予算等の問題もあって、その工事は高雄型竣工後の昭和7年（1932年）以降、大改装前の事前工事から第一次の大改装、第四艦隊事件後の性能改善工事を含む大規模な改装・改修が昭和11年（1936年）時期まで継続して実施された。この中で本型は、主砲の新型の20.3cm砲への刷新及び砲塔機構の改正を含む主砲兵装の改善、対空兵装、水雷兵装の全面的な更新、浮力増大のためのバルジ拡大、航空艤装の刷新などが実施されて、面目を一新する。

この改装後、本型は予定通りに高雄型にほぼ準ずる能力を得たが、改装後に船体強度の不足が発覚、一部の性能に制限が生じてしまう。また、本型の第一次改装工事時期に竣工を開始した最上型に比べると、装備が旧く能力に劣る面があること、性能向上した駆逐艦に随伴して行動するには航続力が不足であるなど、改装直後から性能的にも不足がある事が指摘されてしまう事態ともなる。

このため第一次改装の追加工事が完了した翌年の昭和12年（1937年）には、本型に最上型に準ずる能力を付与する第二次改装の実施が既定事項となった。九三式酸素魚雷の運用能力付与と雷装の強化、近接対空火器の増強、巡航性能改善のための機関及び主機械の改善、第一次改装と同様の理由と、更なる水中防御性能改善のためのバルジの再拡大などを主眼とする第二次改装は、㊂計画以降の新造艦建造と他艦艇の改装工事で海軍工廠の能力が飽和状態となっていたことから、その実施は昭和14年（1939年）以降となり、その中で最後に改装されて開戦年の昭和16年4月に工事を完了した「妙高」と、それ以前の改装艦3隻では、若干の装備の相

昭和3年11月、全力公試運転中の「那智」。同年12月の御大礼特別観艦式に間に合わせるべく工事が急がれた本艦は同年11月26日、同型艦で最初に竣工した。そのため本型を「那智型」と呼ぶ場合もある

違も生じている。

太平洋戦争開戦後、本型は日本の重巡兵力の中核艦として行動、南方進攻作戦でのスラバヤ沖における第一次合戦で「那智」「羽黒(はぐろ)」が蘭軽巡「デロイテル」と「ジャワ」の両艦を撃沈、4艦全艦が参加した第二次合戦で英重巡「エクセター」、英駆逐艦「エンカウンター」、米駆逐艦「ポープ」を撃沈したことを始めとして、以後のガ島戦を含む南東方面作戦、アッツ沖海戦を含む北東方面作戦で、多くの活躍を見せることになった。また戦争末期でもレイテ沖海戦でのサマール沖の戦闘で「羽黒」が大きな活躍を見せたほか、日本海軍最後の勝利と言われる禮(れい)号作戦の際には「足柄(あしがら)」が軽巡「大淀」と共に艦砲射撃隊の一艦として活躍してもいる。だが昭和19年（1944年）11月5日にマニラ湾で米艦上機の攻撃を受けて沈没した「那智」を皮切りに、昭和20年中に日本海軍最後の水上戦闘となったペナン沖海戦で英駆逐艦の攻撃により「羽黒」、英潜水艦の雷撃で「足柄」を失い、終戦時に残存していたのは昭和19年12月に米潜の雷撃で大破、シンガポールで浮き砲台として活用されていて、終戦後に自沈処分とされた「妙高」のみだった。

写真は昭和12年(1937年)5月20日、英ポーツマス沖スピットヘッドで挙行された英国王ジョージ6世戴冠記念観艦式に参列した「足柄」。本艦の存在は欧米海軍関係者の関心を集めた

「妙高」は昭和19年に雷撃で艦尾を切断、航行不能状態で終戦を迎えた。写真は終戦後の昭和20年9月、シンガポールにおける「妙高」で、迷彩塗装が施されている。右舷側の潜水艦は日本海軍がドイツから接収した伊501(旧U-181)と伊502(同U-862)

妙高型「羽黒」(1944年)

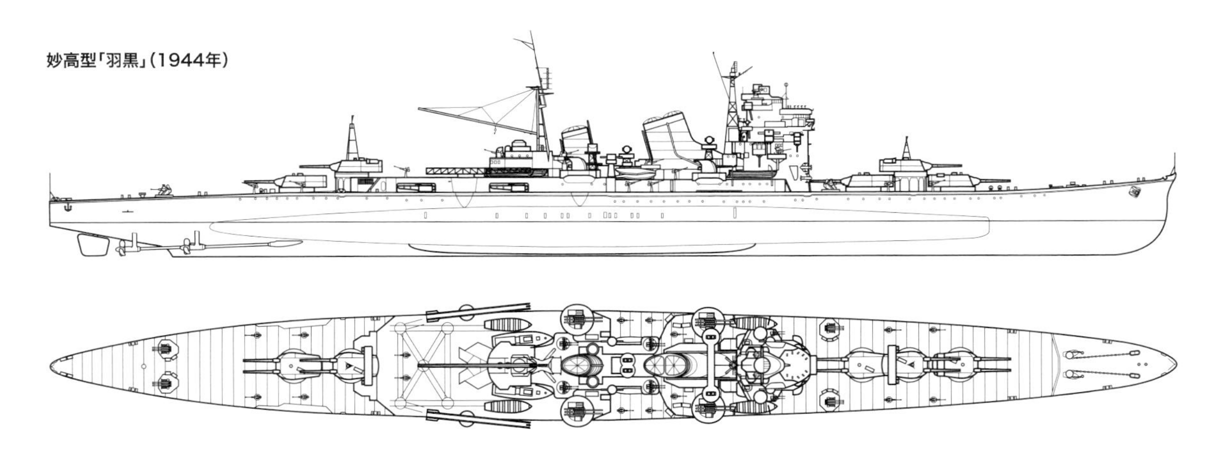

	妙高型
基準排水量	10,980トン
満載排水量	14,194トン
全長	203.76m
全幅	19m
吃水	6.23m
主機/軸数	艦本式ギヤード・タービン4基/4軸
主缶	ロ号艦本式重油専焼缶12基
出力	130,000馬力
速力	35.5ノット
航続距離	14ノットで7,000浬
兵装	50口径20cm連装砲×5、45口径12cm単装高角砲×6、7.7mm単装機銃×2、61cm3連装魚雷発射管×4、水偵×2、射出機×1
装甲厚	舷側102mm、甲板32～35mm、主砲塔25mm
乗員	704名

	起工	進水	竣工	
妙高	1924.10.25	1927.4.16	1929.7.31	1946自沈処分
那智	1924.11.26	1927.6.15	1928.11.26	1944.11.5戦没
足柄	1925.4.11	1928.4.22	1929.8.20	1945.6.8戦没
羽黒	1925.3.16	1928.3.24	1929.4.25	1945.5.16戦没

日本海軍

高雄型重巡洋艦

城郭の如き艦橋を備えた世界屈指の実力を誇る条約型重巡

妙高型の建造時期、続く重巡はこれの同型とすることが考慮されていたが、大正14年に英米の巡洋艦整備動向を考慮の上で、軍令部は主砲への対空射撃能力付与、雷装の改善、弾火薬庫部の耐弾防御性能の向上、航空艤装の改正等を行い、更に平時は艦隊旗艦として、戦時は戦隊旗艦として必要な旗艦設備を設けることを改めて要求する。これを受けて艦本四部は、妙高型の船体と機関を踏襲しつつ、要求を満たすべく各種の設計改正を行った新型大巡の設計を取りまとめる。

これが高雄型巡洋艦となった艦で、その出自もあって船体は妙高型と同一だが、艦内容積の確保のために艦上に大型の甲板室が当初から設置されたこと、艦橋が高さは低められたが、容積は3倍に達する城郭を思わせる形状のものに大型化されたことで、上構の印象は大きく変わっている。

写真は竣工時の「愛宕」。巨大な艦橋構造物が目を惹くが、これは防御区画短縮のため艦橋下部に煙路を通したことや、指揮・通信設備など艦隊側の要求を最大限取り入れた結果だ

大改装を完了した昭和14年7月の「高雄」。上掲の「愛宕」竣工時と見比べると、艦橋構造上部の小型化、前檣構造、後部煙突後方から4番主砲塔直前に移設された後檣などの改修箇所が見て取れる

主砲は新型の20.3cm50口径砲に代わり、これを高角射撃に対応した大仰角を取ることが可能で、機構を改善して被弾時の抗堪性も向上させた新型のE型連装砲塔に収めて5基を搭載した。これにより本型は、当初より新型で装甲貫徹力及び遠達性に優れる九一式徹甲弾の使用が可能となるなど、主砲の砲戦能力は竣工時の妙高型より相応に向上を見た。ただし、主砲の高角化は失敗と見做され、4番艦の「摩耶」では竣工時より対空用揚弾筒の廃止と、砲塔の最大仰角が下げられている。なお、高角砲は妙高型と同じものだが、主砲高角化もあって門数は4門に減少している。雷装は新型の九〇式魚雷の採用もあって、発射管位置を高めることが可能となり、艦橋両側部から格納庫に至る範囲に甲板室を設置し、艦橋側部と第2煙突の舷側部に開口部を設けて、61cm連装旋回式発射管を搭載する形に変わり（4基8門）、片舷射線数は減少したが、次発装填装置の搭載により、これを補う措置が採られた。航空兵装もカタパルトの搭載数を1から2へと増大、3機搭載を考慮しての各種配置変更が行われた。

装甲防御は砲塔や機関部は妙高型と同様だが、弾火薬庫部は最厚127mm、甲板部47mmとされ、バーベット部の弾薬庫に通じるリング部が38mm～127mmとなるなどの強化策が採られた。機関は汽缶、主機械共に基本的には妙高型と同一で、出力や配置には相違はない。公試時の速力や航続性能も、特にこの両型で差異は無かったという。

妙高型に続く10,000トン型巡洋艦の整備は、予算の逼迫もあって中々認められなかったが、昭和2年（1927年）3月に公布された「補助艦艇製造費」の追加でようやく推進が図られ、昭和2～3年に4隻が起工されて全艦が昭和7年（1932年）中に竣工した。

就役後、第二艦隊の中核艦として活動した本型の実績は全体的に優良で、艦隊側からは高く評価されている。また一人宛ての居住スペースが拡大され、艦内の空調設備改善を含めて、居住区の艤装も改善されたことで、乗員からも好評を得たと言われる。だが本型も最上型就役後、同型より能力が劣る点が生じたこともあり、近代化改装の必要が認められて、まず昭和13年（1938年）以降に「高雄」「愛宕」に対して、雷装の刷新や夜戦時の視認率低下のための艦橋の小型化、航空艤装の刷新、航続力改善のための汽缶及び主機械の改正、排水量増大への対処と水中防御改善を目的としたバルジ設置等を含む大改装が実施される。また第二艦隊旗艦として運用する艦として、指揮通信能力の改善を図る中で、遠距離通信能力向上のために前檣の形状変更と、後檣位置の変更が実施されたことで、艦容も改装前からかなり変化を見ている。一方で「鳥海」と「摩耶」は日米情勢の緊迫から改装の機会を失い、開戦前に九三式魚雷の運用能力付与と近接対空火器の改善、カタパルトの能力向上等の工事を実施したのみで太平洋戦争の開戦を迎えた。

本型は開戦後まず南方進攻作戦に参加、その中で「摩耶」が米駆逐艦を、「高雄」「愛宕」が協同して英駆逐艦を沈めたほか、「鳥海」がインド洋での通商破壊戦で商船を沈めるなど、多くの戦功を残した。第二段作戦以降は、「鳥海」が第一次ソロモン海戦で、「高雄」「愛宕」が第三次ソロモン海戦で活躍を見せたほか、「摩耶」が「妙高」と組んでガ島飛行場砲撃を実施するなど、やはり各艦が各種作戦で活躍を見せた。また、「摩耶」はアッツ沖海戦にも参加、「那智」と共に日本側の中核艦として活動してもいる。

本級4隻は以後マリアナ沖海戦に参加した後、日本海軍水上部隊の最後の決戦となったレイテ沖海戦にも参加するが、進撃途上で米潜の攻撃を受けて「愛宕」「摩耶」が沈没、「高雄」が大破して戦列を離れ、サマール沖海戦時に「鳥海」が米艦上機の攻撃を受けて大破、味方駆逐艦に処分されたことで、実働艦が0になってしまった。この後シンガポールに廻航後、修理不能と判定された「高雄」は同港の浮き砲台となり、昭和20年7月31日に英潜航艇の襲撃で再度損傷したが沈没せずに生き残り、戦後にマラッカ海峡で沈没処分となった。なお、「高雄」は戦後海軍の艦籍に最後まで残っていた重巡洋艦としても知られている。

戦時中本級は、妙高型と同様に近接対空機銃と電測兵装の増備が行われたが、昭和18年（1943年）11月5日のラバウル空襲の際に大破した「摩耶」は、この損傷復旧の際に3番主砲塔と旧来の高角砲を全数撤去の上で、12.7cm連装高角砲を片舷宛て3基（計6基：12門）搭載、また「高雄」「愛宕」と同様の雷装の変更、浮力保持と水中防御改善を目的としたバルジの設置を含む大規模な改装が行われて、艦容を一新している。「鳥海」も機を見て「摩耶」と同様の改装を実施する予定だったが、「あ」号作戦の発動によりその機会を逸し、結果として「鳥海」のみは、竣工から喪失まで、大規模改装の機会を得られずに終わった。

写真の「摩耶」は損傷修理と合わせた大規模改装後の姿で、従来の12cm単装高角砲を12.7cm連装高角砲に換装し、3番主砲塔も撤去して同高角砲を搭載した。昭和19年5月、タウイタウイ

高雄型「高雄」(1944年)

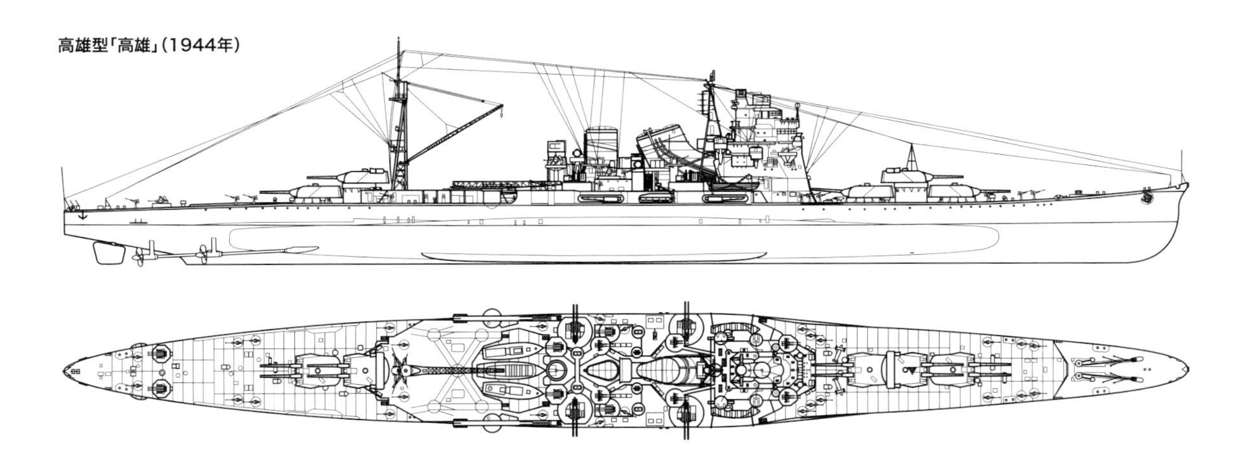

	高雄型
基準排水量	11,350トン
満載排水量	15,186トン
全長	203.76m
全幅	19m
吃水	6.53m
主機/軸数	艦本式ギヤード・タービン4基/4軸
主缶	ロ号艦本式重油専焼缶12基
出力	130,000馬力
速力	35.5ノット
航続距離	14ノットで7,000浬
兵装	50口径20.3cm連装砲×5、45口径12cm単装高角砲×4、40mm単装機銃×2、7.7mm単装機銃×2、水偵×3、射出機×2
装甲厚	舷側127mm、甲板47mm、主砲塔25mm
乗員	760名

	起工	進水	竣工	
高雄	1927.4.28	1930.5.12	1932.5.31	1946自沈処分
愛宕	1927.4.28	1930.6.16	1932.3.30	1944.10.23戦没
鳥海	1928.3.26	1931.4.5	1932.6.30	1944.10.25戦没
摩耶	1928.12.4	1930.11.8	1932.6.30	1944.10.23戦没

日本海軍

最上型重巡洋艦

主砲換装で重巡へ生まれ変わった大型軽巡

ロンドン条約が締結されて、日本海軍では重巡の建造が不可能となったことで、その代替となる重巡と同様の戦術価値を持つ大型軽巡の計画が持たれた。その第一陣として昭和6年(1931年)に㊀計画で4隻の整備が実施される。

後に最上型となるこの艦は、当初8,500トン型の巡洋艦として計画された。しかし、将来主砲を20.3cm連装砲塔に換装する事を念頭に置きつつ、ロンドン条約のカテゴリ「B」の上限となる15.5cm3連装砲塔を5基装備して重巡に対抗可能な戦闘能力を持つ艦、という軍令部の要求を満たすにはこの排水量では不足で、最終的に基準排水量9,500トンの艦として設計が纏められた。

本型の船体は波形船型で中央部に大型の甲板室を持つという点では高雄型と同様だが完全な新規設計艦であり、前甲板の主砲配置が変更されたこと、当初大型のものを予定していた艦橋を、友鶴事件の発生により復原性改善の目的から小型の艦橋に改める等の変化が生じたこともあり、その印象は高雄型とは大きく異なるものとなった。

兵装面も新型の61cm3連装魚雷発射管を片舷宛て2基(計4基：12門)搭載して必要とされた射線数を確保、更に高雄型より能力の高い主砲射撃機構を搭載するなど、「重巡」に対抗可能な「軽巡」として、必要とされた戦闘力が持たされている。また航空艤装の搭載と配置は以後の日本重巡の基本形を確立したものへと改正されており、装甲防御も防御力強化を考慮して、機関部の水線装甲は高雄型と同様だが傾斜角を増して耐弾性の向上が図られ、弾火薬庫部は同型より装甲を厚くするなどの措置が図られていた(ただし砲塔部・バーベット部は高雄型より抑制した感がある)。

機関は信頼性不足で妙高型以降で一旦飽和式に戻された汽缶を、再度過熱式の高容量のものに改めると共に、主機械を新型式のより高出力のものとすることで、37ノットの速力発揮と、航続力の要求を両立しようとした。なお、本型の後期建造艦となる「鈴谷」と「熊野」では、汽缶をより高容量のものとして、主缶数を前期建造艦の10から8に減少させたため、前2隻とは煙突の形状等に相違が生じている。

本型の全艦が建造途上にあった昭和9年(1934年)3月、友鶴事件の発生によって全海軍艦艇の復原性能の見直しが行われると、最上型も例外では無しとして、艦橋の小型化を含む前述のような第一次の性能改善のための大規模な設計変更が行われた。この際に船体工事途上だった後期建造艦2隻は、前2艦よりより徹底した改修を実施しており、結果として前2艦との差異が無視し得ぬものとなったこともあり、本型の後期建造艦は鈴谷型として別個に分ける場合がある。更に「最上」「三隈」の両艦における就役後の実績が、船体強度不足を始めとする各種問題の発生で不良としか言えないものとなったことを受けて、第四艦隊事件後に竣工済みの前期建造艦及び公試開始直後、乃至進水直前だった後期建造艦に対して、船体強度改善のための第二次性能改善工事を実施する必要が生じる事態ともなった。このため全艦が問題無く艦隊に就役可能となったのは、昭和13年2月以降のこととなり、この時期には本型の排水量は、基準で12,000トン～ 12,400トン、満載で約15,000トンと、計画状態より約3,000トン増大。この排水量増大により速力等の艦の性能の中で、要求未達のものが生じる事態ともなった。

この後、本型はその装備の優秀性と、居住性の改善から艦隊からも乗員からも好評を得たが、当初搭載した15.5cm主砲の威力が米の新型重巡及び大型軽巡との戦闘では不足、と見做されたこともあり、昭和14年(1939年)1月から昭和15年(1940年)3月の間に主砲の20.3cm連装砲への換装と、九三式酸素魚雷の運用能力付与を含む第三次の性能改善工事を受けたことで、日本海軍で最良の装備を持つ重巡へと変貌して艦隊に再役する。

これらの艦の他に、昭和16年の出師準備要領に含まれる(急)計画では、鈴谷型を元にして、雷装の強化や後橋位置の変更等の改正を図った改鈴谷型(伊吹型)2隻の建造が行われるが、1番艦の「伊吹」は進水後に空母への改装が決定するが未成に終わり、2番艦は起工直後に工事中止となって解体されたため、完成した艦は無い。

竣工時の「最上」で主砲に15.5cm3連装砲を搭載している。この主砲口径のため軍縮条約における分類は「軽巡洋艦」となり、日本海軍においても書類上は最後まで軽巡洋艦(二等巡洋艦)だった

この状態で太平洋戦争開戦を迎えた本型は、開戦時は妙高型や高雄型の各艦と同様に、南方進攻作戦に投ぜられており、バタビア沖海戦で「最上」「三隈」が米重巡「ヒューストン」及び豪軽巡「パース」を撃沈するなど、少なからぬ活躍を見せた。第二段作戦開始後、ミッドウェー海戦で「三隈」が沈没、「最上」が中破して戦列を離れるが、「鈴谷」「熊野」は、以後も「鈴谷」が第三次ソロモン海戦でのガ島飛行場砲撃等で活動するなど、重巡兵力の中核として活動を続けた。だが、昭和19年（1944年）10月25日のサマール沖海戦で米護衛空母群を追撃中、「鈴谷」が沈没、「熊野」が大破する。後者はマニラ到着後に本土廻航が企図されるが、11月6日に敵潜水艦の雷撃で再度大破、爾後辛うじて行動能力を回復するが、最終的に廻航途上の11月25日に米空母機の攻撃を受けて沈没して失われた。

なお、本型も他の重巡同様、戦時中に電探や機銃の増備が行われているが、ミッドウェー海戦で損傷した「最上」については、その損傷復旧を兼ねる形で水偵最大11機の搭載が可能という大規模な水偵運用能力を持つ航空巡洋艦へと改装が実施されてもおり、昭和18年（1944年）4月に再役した。爾後ソロモン方面及びマリアナ沖海戦等で活動した後、昭和19年10月25日のスリガオ海峡海戦で連合軍水上艦隊と交戦して大破、その後の空襲により沈没に至った。

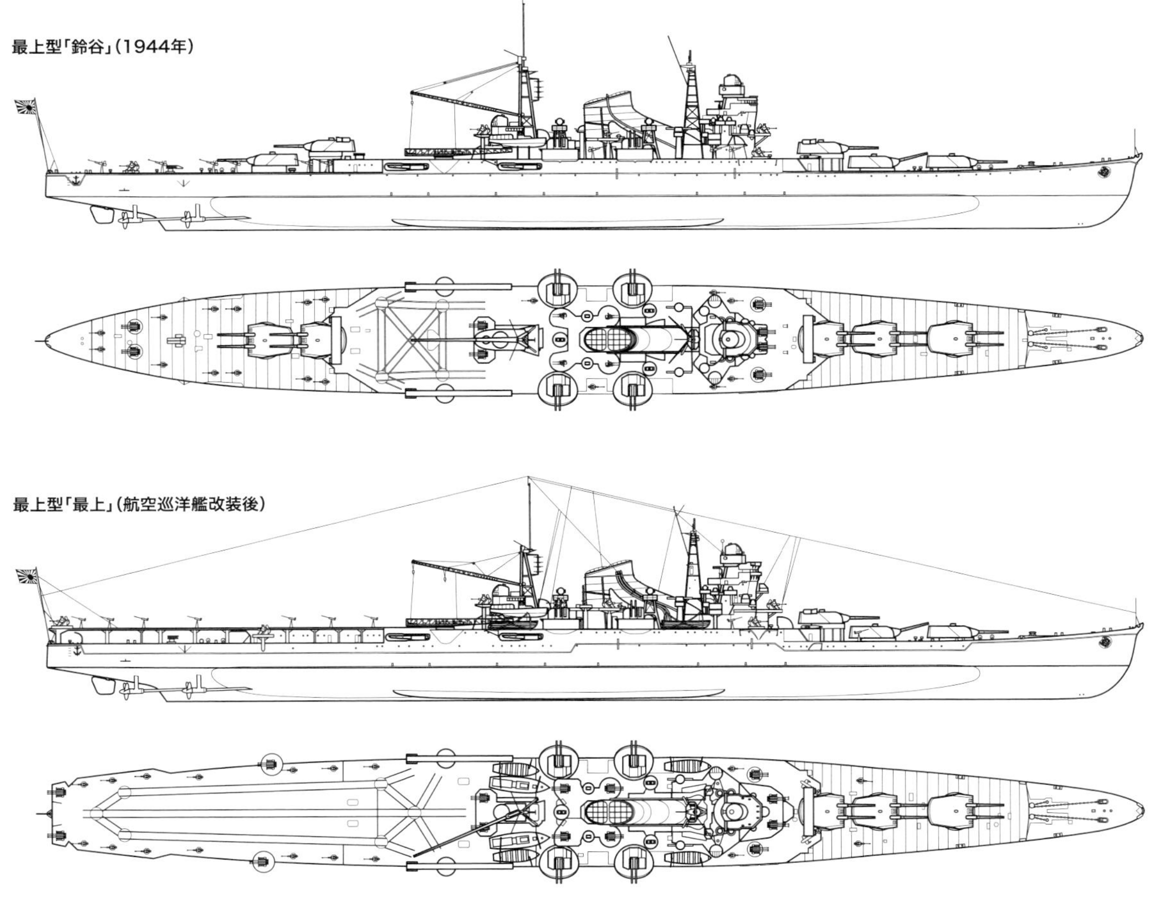

最上型「鈴谷」（1944年）

最上型「最上」（航空巡洋艦改装後）

	最上型
基準排水量	11,200トン
満載排水量	13,980トン
全長	200.6m
全幅	20.6m
吃水	6.15m
主機/軸数	艦本式ギヤード・タービン4基/4軸
主缶	ロ号艦本式重油専焼缶10基（※）
出力	152,000馬力
速力	36.5ノット
航続距離	14ノットで7,673浬
兵装	60口径15.5cm3連装砲×5、40口径12.7cm連装高角砲×4、25mm連装機銃×4、13.mm連装機銃×2、61cm3連装魚雷発射管×4、水偵×3、射出機×2
装甲厚	舷側100mm（弾火薬庫部140mm）、甲板35～60mm
乗員	951名

※：「鈴谷」「熊野」は同8基

	起工	進水	竣工	
最上	1931.10.27	1934.3.14	1935.7.28	1944.10.25戦没
三隈	1931.12.24	1934.5.31	1935.8.29	1942.6.7戦没
鈴谷	1933.12.11	1934.11.20	1937.10.31	1944.10.25戦没
熊野	1934.4.5	1936.10.15	1937.10.31	1944.11.25戦没

日本海軍

利根型重巡洋艦

主砲を艦首に集中配置した航空巡洋艦にして日本重巡の集大成

昭和9年から開始された㊁計画では、最上型に準じた8,450トン型軽巡洋艦2隻の整備が予定されていた。だが検討途上で、この2隻は大きな航空機運用能力を付与して、三座水偵による長距離索敵能力と、同時に二座水偵による観測及び短距離偵察、対潜哨戒等の航空作戦を実施する能力を持つ索敵巡洋艦（航空巡洋艦）とする事が決定、完全な新規設計艦とすることに計画が改められた。なお、本型が航空巡洋艦とされたのは、㊂計画で建造される高速空母と組んで活動、艦隊に充分な航空索敵能力を付与すること、もしくはこの時期計画されていた「重高速戦艦」同様に、爆撃任務に充当可能な二座水偵を搭載して空母の航空戦力を補うこと、大きな航空機運用能力を付与することが検討されていた「重高速戦艦」のテストベッドとすること等が理由に挙げられている。

この艦の船型は他の重巡同様に波形船型で、艦橋から飛行機作業甲板までの部分は最上型に近い配置が取られている。だが航空巡洋艦として必要な大規模な航空機運用能力付与のため、主砲塔4基を全基艦首に集め、飛行機作業甲板から後方の艦尾部までを全て航空機の搭載・運用に当てる艦として設計されたため、その艦容は以前の重巡に比べて大きく異なるものとなった。因みに本型の船体設計は、後述の主砲兵装変更と、第四艦隊事件後の艦の強度見直し等の理由により、建造開始後も少なからぬ設計変更が行われてもいる。

当初計画では最上型と同じ15.5cm3連装砲塔の搭載が予定されたが、建造途上で日本がワシントン/ロンドン両条約の体制下から離脱することが確定したため、砲装を20.3cm連装砲塔4基搭載に改めて、当初から「重巡」として竣工させる措置が取られた。雷装や高角砲の装備は基本的に最上型と同様だが、雷装は当初から九三式酸素魚雷の運用能力付与が行われており、近接対空機銃の装備も強化が図られている。

装甲防御は機関部は最上型同様だが、弾火薬庫部は主砲の前部集中により防御範囲が狭くなったこともあり、垂直側がより厚くされるなど、総じて日本重巡では最良といえる耐弾性能を持つ艦となった。一方で最上型とは異なる方式とされた水中防御は、同型より脆弱になったという指摘もなされる。

航空艤装は最大で二座水偵4機、三座水偵4機の計8機を搭載可能だが、この機数を搭載する場合は、三座水偵2機をカタパルト上に搭載しておく必要があったため、通常は三座水偵を2機減らした6機が上限とされてもいた。搭載場所は三座水偵2機はカタパルト後方の飛行機作業甲板、二座水偵4機が後甲板部で、後甲板から一層高い飛行機作業甲板への水偵の移送には、この両者を繋ぐ傾斜部にある運搬軌条で行われた。実際の艦載機数は、開戦時期は搭乗員の不足もあって三座水偵3機、二座水偵2機とされ、昭和18年以降は三座水偵5機に定数が改められた。対空火器の大幅増備が行われたレイテ沖海戦時期には更に搭載機は減少、昭和20年初頭には航空機搭載が諦められて、航空艤装の一部撤去も行われている。

艦前部に集中配置した4基の20.3cm連装砲を左舷に指向しつつ航行する「筑摩」。太平洋戦争開戦前、昭和16年7月頃の撮影とされる

汽缶は鈴谷型と基本的に同一だが、空母への随伴等を考慮して、航続力の延伸が要求されたことを受けて、巡航タービンの性能が強化されている。このため速力は第二次／第三次性能改善工事後の最上型と大差無いものの、本型の方が燃料搭載量が多いこともあり、速度域によっては鈴谷型より約25%程度長い航続力を発揮しうる能力があった。

本型のうち1番艦の「利根」は昭和13年（1938年）11月20日、「筑摩」は昭和14年（1939年）5月20日に竣工した。日本海軍では昭和14年から開始された㊃計画で、本型と戦隊を組む改利根型の整備を企図したが、予算及び他艦種の工事優先もあって果たせず、その後(急)計画で整備に至った伊吹型も未成で終わったため、「筑摩」が日本海軍で最後に重巡として竣工した艦となっている。

竣工直後に第六戦隊に配された後、昭和14年11月に第八戦隊へと編制替えとなった本型2隻は、当初第二艦隊の重巡兵力を構成する艦として活動していたが、太平洋戦争開戦前の昭和16年11月17日、大型空母6隻を中核とする第一機動部隊へと配されて、真珠湾攻撃を皮切りに、以後暫く「索敵巡洋艦」として期待されたように、大きな水偵運用能力を活かして活動する。その中で天下分け目のミッドウェー海戦での「利根」機と「筑摩」機の活動を含めて、この両艦の水偵の活動は、空母の作戦に協力する艦隊の眼として、多くの貢献を為すことにもなった。この時期、機動部隊と共に活動していた影響で、積極的に水上戦闘に投ぜられた他の重巡と異なり、本型は水上戦闘の機会は中々得られなかった。その中で昭和17年（1942年）3月1日にジャワ海から離脱せんとする米駆逐艦「エドソール」を機動部隊が発見した際には、同艦に対して「比叡」「霧島」の両戦艦と共に砲戦を実施する機会を得たが、航空機の援助を受けてようやく撃沈に至ったことは、戦訓検討で極めて不本意な砲戦実施である、と見做されたという逸話も残る。

この両艦は昭和19年1月1日に第七戦隊に転属、爾後同戦隊は以前の第八戦隊同様に空母部隊の第三艦隊にあったが、3月1日付けの第一機動艦隊編成に伴い空母部隊の前衛となる第二艦隊に配属、マリアナ沖海戦に参加した後、水上部隊を中核として決戦を挑んだレイテ沖海戦では、サマール沖の米護衛空母部隊追撃に相応の功を為したが、この際に「筑摩」は米艦上機の攻撃を受けて大破、後に沈没した。同海戦後日本に帰還した「利根」は、なお決戦兵力として扱われたが、昭和20年（1945年）2月以降に日本海軍が大規模な洋上作戦実施を諦めたこともあり、以後特に活動はせず、7月24日及び28日の米艦上機の呉地区空襲で大破、8月5日に放棄された。

昭和17年、戦艦「比叡」から捉えた「利根」。後部の飛行機作業甲板には三座の零式水偵、および複葉の二座水偵 九五式水偵を搭載している

昭和20年7月24日、江田島沖で米艦上機の空襲を受ける「利根」。主砲は対空射撃のため大きな迎角をとっているが、艦の周囲には着弾による多数の水柱が立つ

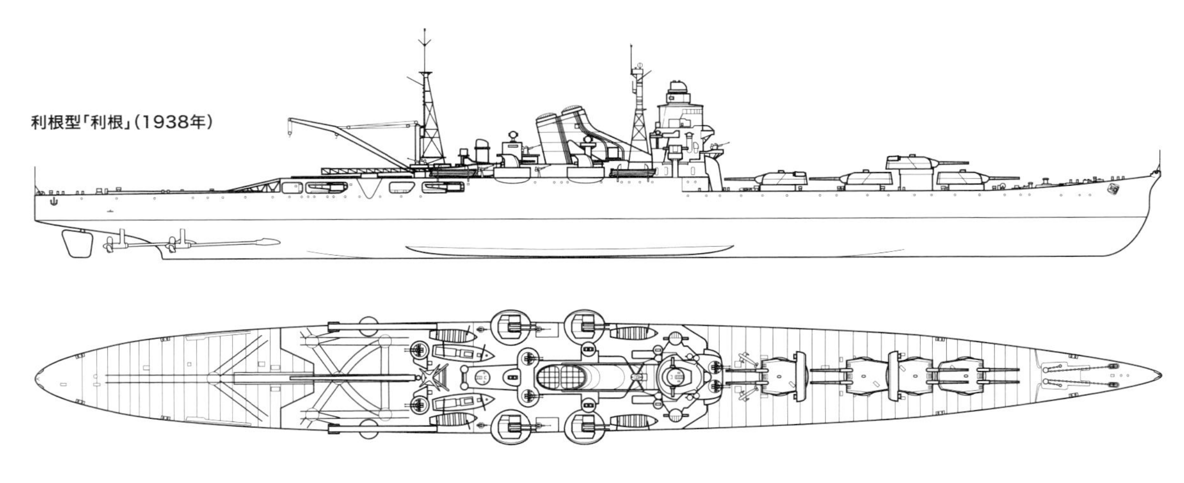
利根型「利根」(1938年)

	利根型
基準排水量	11,213トン
満載排水量	15,240トン
全長	201.6m
全幅	19.4m
吃水	6.23m
主機/軸数	艦本式ギヤード・タービン4基/4軸
主缶	ロ号艦本式重油専焼缶8基
出力	152,000馬力
速力	35.5ノット
航続距離	18ノットで9,240浬
兵装	50口径20.3cm連装砲×4、40口径12.7cm連装高角砲×4、25mm連装機銃×6、61cm3連装魚雷発射管×4、水偵×6、射出機×2
装甲厚	舷側100mm（弾薬庫部145mm）、甲板35～65mm、主砲塔25mm
乗員	874名

	起工	進水	竣工	
利根	1934.12.1	1937.11.21	1938.11.20	1945.7.28大破着底
筑摩	1935.10.1	1938.3.19	1939.5.20	1944.10.25戦没

日本海軍

香取型練習巡洋艦

大戦中は艦隊旗艦として運用された練習巡洋艦

日本海軍では遠洋航海任務に就く練習艦として、艦齢を超えて第一線任務を外れた日露戦争時の装甲巡洋艦を割り当てていたが、艦齢が嵩んで老朽化したことと、更に搭載装備が旧式で、新任士官候補生の訓練用として適当でないため、昭和13年度の㊂計画の追加予算で練習巡洋艦を新造する事が決定された。

切り詰めた予算の中で、諸外国を訪問する練習艦として必要な外観上の偉容と、海外要人を迎えるだけの相応の艦内艤装や調度を整えるだけでなく、更に長期にわたる練習航海に必要な諸施設や居住区画と共に、候補生の訓練に必要な兵装を搭載する必要もあって、かなりの難題と言える要求だった。だが必要な艦内容積確保を目的とした高い乾舷を持つ長船首楼型船型の採用、艦の偉容を考慮して設計された大型の艦橋構造物や傾斜式の煙突、大型の後檣の採用とその設置要領を含めて、その設計は要求を概ね満足させる優良なものと評価されている。なお、本型は建造費圧縮のために船体構造が商船式に近いものとされたため、詳細設計は貨客船の建造で著名で、本型の建造を担当した三菱横浜造船所が相当部分を実施したという。

本型のうち㊂計画の追加予算で建造された「香取」と「鹿島」は、前者が昭和15年(1940年)4月、後者が翌月に竣工、この後同年度の練習艦隊を構成したこの両艦は、内地巡航、朝鮮、中国方面で実施された日本海軍最後の遠洋航海に従事することにもなった。

艦隊旗艦として必要な指揮通信能力を持つ本型は、開戦前に「香取」は第六艦隊旗艦、「鹿島」は第四艦隊旗艦に充当され、更に㊃計画で整備されて竣工前に国際情勢の変化から艦隊旗艦として艤装を実施した「香椎」も、昭和16年(1941年)7月15日に完成した直後に南遣艦隊旗艦へ配されたため、全艦が艦隊旗艦として太平洋戦争開戦を迎えることになった。この後第六艦隊旗艦として継続して使用された「香取」は、昭和19年2月17日の米機動部隊のトラック空襲で損傷、その後米水上艦隊の攻撃を受けて沈没した。

昭和15年4月20日の竣工当日に撮影された「香取」。本型は訓練用に各種兵装を装備しており、機関にもタービンとディーゼルを併用していた

「鹿島」は昭和18年(1943年)11月に第四艦隊旗艦の任を解かれ、その後呉地区で昭和19年10月時期まで練習艦として使用された。昭和19年11月から魚雷発射管の撤去と高角砲と対空機銃の増載、電探や水測兵装の装備、投射機や爆雷投下軌条を含む大規模な対潜兵装の設置を含めた対潜掃討艦としての改装を受けた後、対潜部隊の旗艦等を務めて無事終戦を迎えた本艦は、戦後復員船として使用され、爾後解体されて姿を消した。

第一段作戦後に第一南遣艦隊に配されて同艦隊の旗艦を長く務めた後、昭和18年末に本土に帰還して兵学校練習艦として短期間使用された「香椎」は、昭和19年3～4月に対潜掃討艦としての改装を実施。爾後対潜部隊の旗艦を務めるが、昭和20年1月12日、船団護衛任務中に米艦上機の空襲を受けて沈没した。

	香取型		
基準排水量	5,890トン	公試排水量	6,300トン
全長	133.5m	全幅	16.6m
吃水	5.75m		
主機/軸数	艦本式ギヤード・タービン2基、艦本式22号10型ディーゼル2基/2軸		
主缶	ホ号艦本式重油専焼缶3基		
出力	8,000馬力	速力	18ノット
航続距離	12ノットで7,000浬		
兵装	50口径14cm連装砲×2、40口径12.7cm連装高角砲×1、25mm連装機銃×2(※1)、53.3cm連装魚雷発射管×2、水偵×1、射出機×1		
乗員	315名+候補生275名(※2)		

※1:「香椎」は25mm連装機銃×4　※2:候補生375名とする資料もある

	起工	進水	竣工	
香取	1938.8.24	1939.6.17	1940.4.20	1944.2.17戦没
鹿島	1938.10.6	1939.9.25	1940.5.31	1946解体
香椎	1939.10.4	1940.10.15	1941.7.15	1945.1.12戦没

香取型「鹿島」(1938年)

コラム③

第一次大戦までの巡洋艦の発達

■黎明期の巡洋艦

巡洋艦という艦種は蒸気推進の艦の誕生と共に生まれた艦種で、近代的巡洋艦に類する艦が成立するようになったのは、鋼製の船体と蒸気推進の組み合わせがなった時期の1870年代中期のことだった。この時期には既に巡洋艦の任務として、大型のものは戦闘艦隊の戦艦と共に伍して戦闘艦隊の中核艦として活動することが望まれる一方で、小型のものは戦闘艦隊の偵察艦として活動する事や、小型の巡洋艦で構成される快速部隊の中核として活動することが求められ、更に大型/小型問わずに通商路保護任務への充当、海外への「旗見せ」の活動など、第二次大戦時の巡洋艦に要求されていた事項の多くが、この時点で既に求められるような状況となっていた。

■巡洋艦の発展

小型の偵察用の巡洋艦については、1884年に竣工したチリ海軍の「エスメラルダ」を嚆矢として、機関室上面の甲板部を防護甲板として、機関部に耐弾能力を付与した防護巡洋艦が誕生する。防護巡洋艦の成立により、小型だが有力な砲力を持ち、一応の耐弾性能を持つ艦の整備が可能であることが示されたことで、これから発展した形となる防護巡洋艦は、以後暫く小型巡洋艦の整備の中核となる。

一方、大型の巡洋艦は、通商路保護に当たる小型の巡洋艦を排除できる砲撃力と防御力、遠洋での作戦行動が可能な大きな航続力を持つことに重点を置いて、整備が継続される。

当初は舷側装甲を持つ甲鉄艦・装甲巡洋艦の整備が主体と言えたが、英国が1888年に建造したブレーク級を代表として、装甲防御重量がより軽量で、主要区画の防御を同等以上と出来る、と考えられた大型防護巡洋艦の整備も各国で行われる。だがブレーク級の整備開始年には、建造技術と装甲の進化もあり、「通商路護衛任務に就く如何なる防護巡洋艦をも撃ち破れる砲力と、防護巡洋艦が搭載する中口径の速射砲に抗堪できるだけの装甲防御」を持ち、「より攻防力に勝る戦艦を引き離すことが可能な速力」を有する新世代の大型の装甲巡洋艦の整備も各国で推進されるようになった。

英海軍初の「巡洋艦」と言われる「シャノン」。1875年進水、1877年竣工で、常備排水量5,670トン、速力12.25ノット、兵装は前装式の25.4cm砲2門や22.9cm砲7門、水線部などに最大229mm厚の装甲を有した

1890年代に入ると、小型の防護巡洋艦は少数の大口径砲と、多くの中口径砲を装備し、20ノットを超える速力を持つ高速な艦の整備が主流となっていく。そして日清戦争の戦訓は、これらの艦が艦隊作戦で有用である事を示すと共に、また外洋行動を行う偵察艦として、充分な航洋性能を持つことを確認させた。

■防護巡洋艦と装甲巡洋艦

装甲巡洋艦もその攻防力と速力がより強化されていき、各国の海軍では、その性能を活かして、この時期本格的な外洋行動能力を得た新世代の戦艦で構成される戦艦隊の補助兵力として、活動する事が期待されるようにもなる。この艦隊決戦型の装甲巡洋艦は、1894年以降各国で整備が開始されており、特に日本海軍は、1896年以降、対露戦を念頭に置いて策定された艦隊整備計画の中で、「浅間」を始めとする6隻の装甲巡洋艦を整備しており、また日露戦争直前にアルゼンチン向けにイタリアで建

写真は世界初の防護巡洋艦とされる「エスメラルダ」を日本海軍が購入した「和泉」。常備2,950トン、18ノット、兵装は25cm砲2門と12cm砲6門などで、防護甲板に12～25mmの装甲をもつ

1892年に就役した英海軍の防護巡洋艦「ブレーク」。常備9,150トン、22ノット、23.4cm砲2門や15.2cm砲10門を有し、甲板装甲は最大152mm厚であった

世界初の装甲巡洋艦となった仏海軍の「デュピュイ・ド・ローム」。同艦の登場により、各国で装甲巡洋艦の整備が進められた。常備6,676トン、20ノット、19.4cm砲2門、16.4cm砲6門で、舷側に100mm厚の垂直装甲を施した

日本海海戦などで戦功を挙げた装甲巡洋艦「春日」。元はイタリアでアルゼンチン向けに建造された艦で、常備7,700トン、20ノット、25.4cm単装砲と20.3cm連装砲を各1基搭載、装甲厚は舷側152mm、甲板78mm

造されていた2隻の大型装甲巡洋艦を購入して、艦隊決戦兵力の中核を構成する措置を取っていた。

日露戦争は、当時の装甲巡洋艦と防護巡洋艦が、艦隊作戦用の艦として、どの程度の価値を持つか試す絶好の機会となった。その中で、日本の第二艦隊の中核を構成する大型の艦隊決戦型装甲巡洋艦は、通商路保護任務において通商破壊を企図して出動してきた大型装甲巡洋艦の撃破に有用に使用出来る艦である事を示すと共に、戦艦と伍して艦隊決戦兵力の一翼を成す艦として、有用に使用出来る能力を持つ艦である事を示して、日露戦争の勝利に大きく貢献してもいる(ロシアの装甲巡洋艦も、この種の艦が通商破壊戦で有用に使えることを実証する活躍を見せている)。他方、ロシアが使用した大型の防護巡洋艦は、戦闘の中で有用に使用出来ることは認められたが、装甲巡洋艦に対して防御力の不足が判明したこともあり、以後大型巡洋艦の整備の主流を装甲巡洋艦へと集約させることを加速した。一方、小型の防護巡洋艦は、与えられた任務を良くこなしたとも言えるが、その主務の一つであった偵察任務では、浅海面での水域での封鎖作戦の活動では喫水の制限もあってその活動は満足出来るものではない、という結論も導き出された。

■新世代の巡洋艦へ

日露戦争の戦訓も受けて、以後艦隊決戦兵力として有用と見做された大型の艦隊決戦型の装甲巡洋艦は整備が行われる。しかしこれは英海軍の戦艦と同じ砲を搭載した単一巨砲搭載型のインヴィンシブル級の就役に伴い、巡洋戦艦へと発展して以後の整備はこれに集約された。

一方、小型の偵察巡洋艦は、日露戦争の戦訓から英米日を含めて大型駆逐艦に偵察任務を付与する形として、小型巡洋艦の建造を抑制する海軍が多く、中には米海軍の様に偵察巡洋艦のチェスター級の竣工から、第一次大戦の戦訓を受けて整備されたオマハ級軽巡が竣工するまで、約15年にわたってこの種の艦を就役させなかった海軍もある。一方でドイツ海軍のように日露戦争時の高速通報艦に匹敵する速力と、駆逐艦の撃退に必要なだけの火力を持つ小型の巡洋艦の整備を継続した海軍もあり、ドイツの偵察巡洋艦は、1910年に起工されたマクデブルク級で軽巡洋艦へと進化を遂げた。

英海軍は、演習で大型駆逐艦は能力的に小型の巡洋艦を完全に代替する事が出来ないと確認されたことから、ドイツの小型巡洋艦への対抗を考慮して、1909年より偵察巡洋艦の整備を再開。1912年以降に起工されたアレスーサ級巡洋艦の整備の開始で、大型駆逐艦及び新型の巡洋戦艦に随伴できる速力を持つ軽巡の整備が開始された。そして第一次大戦の英独軽巡の活躍が、この種の艦が艦隊作戦に不可欠である事を知らしめる。そして以後軽巡の系譜に連なる艦はより強力な艦へと発展し、第二次大戦期に使用された巡洋艦への系譜を開くことになったのだった。

戦艦と同等の砲力をもち速力でこれを凌駕する、世界初の巡洋戦艦として誕生した「インヴィンシブル」。常備17,420トン、25.5ノット、30.5cm連装砲4基、舷側装甲152mm

写真の「マクデブルク」(1912年就役)は、実質的にドイツ初の軽巡洋艦となった。常備4,570トン、10.5cm砲12門(新造時)、魚雷発射管2門、最大60mm厚の舷側/甲板装甲を有し、27.6ノットを発揮した

近代的軽巡洋艦のスタイルを確立したとされる英アレスーサ級の「アレスーサ」。常備3,750トン、28.5ノット、武装は15.2cm砲2門と10.2cm砲6門、魚雷発射管4門、機関部に舷側76mm、甲板25mmの装甲をもつ

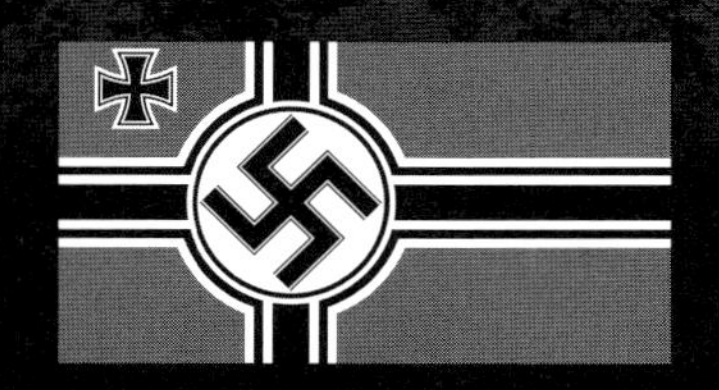

ドイツの巡洋艦

文／本吉 隆　図版／田村紀雄

1930年頃、軽巡「ケーニヒスベルク」の艦後部。右舷前方を指向した15cm3連装主砲塔、8.8cm単装高角砲、後部射撃指揮所などの様子がわかる

終戦直後、ヴィルヘルムスハーフェンでドック入りする重巡「プリンツ・オイゲン」。本艦はドイツ海軍大型艦で唯一、行動可能な状態で終戦を迎えた強運艦として知られる

軽巡洋艦「エムデン」
K級軽巡洋艦
軽巡洋艦「ライプチヒ」
軽巡洋艦「ニュルンベルク」
アドミラル・ヒッパー級重巡洋艦
コラム④仮装巡洋艦

ドイツ海軍

軽巡洋艦「エムデン」

第一次大戦後のドイツが初めて建造した軽巡洋艦

ヴェルサイユ条約で保有が許された旧式巡洋艦6隻の代艦として整備された軽巡の最初の艦となった「エムデン」は、第一次大戦中にドイツ海軍が建造した軽巡（小型巡洋艦）ケルン級を元としつつ、当初は15cm連装砲4基、50cm連装魚雷発射管4基（8門）を搭載する近代的な軽巡として検討が為された。だが連合軍監視委員会の干渉もあり、単装砲8門（4門を舷側配置としたので、片舷指向数は6門）、魚雷発射管数を半減させるなど、第一次大戦型巡洋艦としても、平凡な性能を持つ艦として整備を実施せざるを得なくなった。

1921年に起工された本艦は、建造時に要する資材の不足等が発生したことが影響して、進水は1925年1月7日のことになったが、その艤装は急速に進められて同年10月15日に竣工している。竣工後、本艦は前檣の大規模改正や汽缶の重油専焼化、後檣の短縮、1937 ～ 38年時期の艦首形状改正等の改修を実施しつつ、開戦前までは主として練習艦として使用された。なお、1934年9月から1936年6月に掛けての時期、後にUボート部隊司令官/海軍総司令官を経て、終戦時にドイツ政府の首班となるカール・デーニッツ大佐（下級）が、本艦の艦長の座に着いたことは、本艦の艦歴のハイライトの一つとなっている。なお、魚雷兵装は1934年に53.3cm魚雷へと強化されるが、これは「ニュルンベルク」以前の他の全軽巡でも同様である。

戦間期、練習艦として遠洋航海で中国を訪問した際の「エムデン」。本艦は就役後も随時改修が施されたが、この写真は1931年の撮影とされるので、比較的竣工時にちかい状態と思われる

第二次大戦勃発後、ノルウェーで行動中の「エムデン」。「バルチック・スキーム」と呼ばれる、直線的な迷彩塗装が施されている

第二次大戦開戦後、まず軽巡洋艦で構成される偵察艦隊の所属とされ、ノルウェー進攻作戦で英軍機に突入されて損傷。この後一時期予備役状態に置かれるが、1941年9月のドイツバルト海艦隊編成時に戦列に復帰し、バルト海沿岸作戦で艦砲射撃支援を行う等の活動を見せたものの、同年11月に艦隊練習戦隊に配されて練習艦任務に就いた。なお、本艦は大戦中期になると汽缶が疲弊していて、最高速力は26.7ノットまで低下していたという。

1944年9月以降、「エムデン」は機雷戦部隊旗艦としてノルウェー南部スカゲラク海峡方面で活動するが、12月10日に座礁事故を起こして作戦艦艇としての活動が困難となり、その修理中の翌年1月、ソ連軍の侵攻により東プロシアからのヒンデンブルグ元帥の棺（※）の輸送艦として5ノットしか出ない本艦が指名され、無事任務を完遂する事に成功している。この後キールで修理が行われたが、完工前の4月13日に英空軍の重爆による空襲を受けて大破、5月3日に自沈処分されてその生涯を閉じた。

本艦は開戦直後時期に対空火器の増備を実施した後、暫く対空火器の増備は実施されず、1944年に入って相応の火器増強が実施された。電測兵装は1942年以降装備されており、また戦時中には主砲をSK/L45型から、同口径の新型のC/36型に改める改修も実施された。

	エムデン		
基準排水量	5,300トン	満載排水量	6,990トン
全長	155.1m	全幅	14.2m
吃水	5.15m		
主機/軸数	ブラウン・ボベリー式ギヤード・タービン2基/2軸		
主缶	海軍式（シュルツ・ソーニクロフト式）重油専焼缶6基、同石炭専焼缶4基		
出力	45,900馬力	速力	29.4ノット
航続距離	18ノットで5,200浬		
兵装	45口径15cm単装砲×8、45口径8.8cm単装高角砲×2、50cm連装魚雷発射管×2		
装甲厚	舷側50mm、甲板20～40mm、主砲20mm、司令塔100mm		
乗員	483名		

	起工	進水	竣工	
エムデン	1921.12.8	1925.1.7	1925.10.15	1945自沈処分

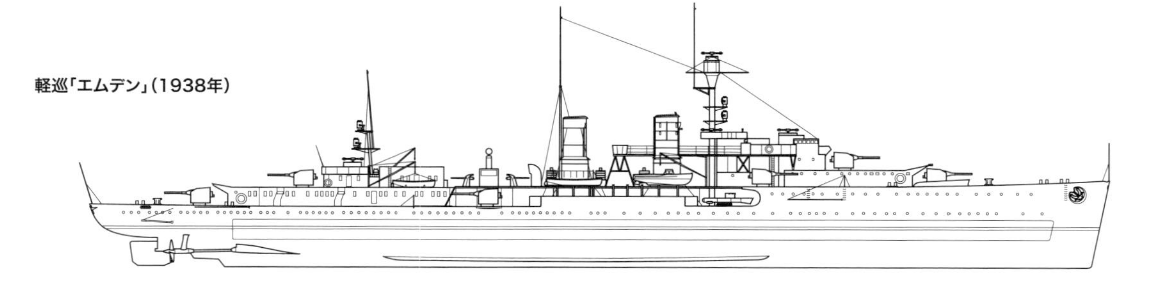
軽巡「エムデン」（1938年）

※：第一次大戦の英雄ヒンデンブルクは死後、東プロシアのタンネンベルクに葬られていたが、侵攻したソ連軍に墓を暴かれることを恐れたドイツ軍によって棺が移送された。

ドイツ海軍

K級軽巡洋艦
ケーニヒスベルク級

軍備制限枠内で最大限の戦闘力を追求した戦後ドイツ型軽巡

「エムデン」の建造後、同艦の排水量が制限を約1割下回る物だったことを受けて、ドイツ海軍ではこれに続いて整備される巡洋艦について、制限枠一杯の6,000トンの排水量を完全に使用して、より一層の兵装の強化を図った艦とすることを決意した。

「エムデン」より約20m延長された船体の形状は、同艦の流れを汲む船首楼型だが、船殻軽量化のために電気溶接を広範囲に取り入れたことを含めて、前型に比べて様々な軽量化対策が為されたという特色がある。この軽量化は一応の成果を上げたと評価されたものの、各種装備の増強もあり、排水量は基準状態で6,650トンとなるが、公称は6,000トンとして条約範囲に収めたこととされた。

1934年3月28日、サンディエゴに停泊する「カールスルーエ」。まだ大規模な改装が実施される前のためカタパルトは搭載しておらず、高角砲も竣工時の8.8cm単装砲のままである

全長を抑制しつつ、排水量制限内で最大限の砲力を得るため、主砲は新型の15cm60口径C/25型砲を3連装砲塔に収めて、これを3基搭載して片舷斉射門数を9へと増強している。水雷兵装も50cm3連装魚雷発射管4基と、一気に増強された。一方で高角砲は軍備制限の影響で旧式の8.8cm単装高角砲が竣工時には装備され、航空艤装も条約の制限で竣工時には見送られている。装甲防御は排水量制限の問題もあり、水線部50mm、甲板部が40mm(弾薬庫)〜20mm(その他)と「エムデン」と大差無く、砲塔防御もベーベット部含めて20〜30mmと薄く、その耐弾防御は当時の軽巡としても弱体な面があるのは否めなかった。

機関形式は6缶2機の蒸気タービン艦であるが、他に巡航用として4サイクル型のディーゼル2基も搭載されたという特色があった。ただし巡航用ディーゼルを使用する場合にはタービンを推進軸から切り離す必要があるため、急速な運転切換は出来なかった。なお、最高速力はタービン使用時で最大32ノット+、ディーゼル推進の場合で10.5ノットとされている。航続力は燃料搭載量が少ないこともあって、資料によっては13ノットで3,100浬、後述する「カールスルーエ」の改装後の実測値では18ノットで3,340浬と総じて短い。ディーゼル使用時でも10ノットで8,000浬と、他国の軽巡に近い性能を発揮するに留まっている。

本級は1926年に揃って「ケーニヒスベルク」「カールスルーエ」「ケルン」の3隻が起工され、前2艦は1929年4月及び11月に、最終艦は1930年1月に竣工している。なお、本級を「K」級軽巡と称する場合があるのは、各艦の艦名の頭文字が「K」で統一されていることによる。

就役後本級は、再軍備開始後の1935年に高角砲の新式化や航空艤装の搭載などを実施しつつ、主として練習艦任務で使用されるが、スペイン内戦時には他の軽巡と同様に哨戒任務にも就いている。ただその運用実績は、「カールスルーエ」が北太平洋上で台風により船体に亀裂を発生させるなどの問題も生じたことで、「航洋性能は悪くないが、復原性が良好ではなく船体強度も不足」とあまり芳(かんば)しいものでは無く(船体強度不足は、本級以後のドイツ軽巡に共通する問題と認識されてもいる)、1937年以降に根本的な船体強度改善工事の実施が計画されるが、これが実施されたのは1938年より工事を開始した「カールスルーエ」のみで、同艦は改装前に比べて船体幅が1.6m拡大されたことと、満載排水量が約650トン増大したこともあり、最高速力は30ノットに低下してしまってもいる。なお、「カールスルーエ」はこの改装時に高角砲を10.5cm高角砲の連装型2基と、同単装型1基に改めてもいる。

第二次大戦開戦時、本級で艦隊にあったのはバルト海で活動していた「ケルン」のみで、同艦は開戦直後に北海に転じて、機雷敷設作戦に従事した。続いて短期の改修工事を終えた「ケーニヒスベルク」が9月20日に復帰、この両艦は機雷敷設任務等で活動、「ケルン」は「ニュルンベルク」の損傷後、1940年5月まで偵察部隊の旗艦ともなった。一方「カールスルーエ」は11月に改装工事を終えるが、爾後(じご)暫くは訓練に従事していたため、1940年春まで作戦には就いていない。

「カールスルーエ」の復帰戦ともなったノルウェー進攻作戦は、本級3隻が揃って参加した唯一の戦いとなったが、この際に「カールスルーエ」は攻略開始日の4月9日に英潜水艦「トルーアント」からの雷撃を受けて沈没。「ケーニヒスベルク」も同日沿岸砲台との戦闘で損傷し、ベルゲン占領の翌日に同地で修理を実施中、英海軍のスクア艦爆による急降下爆撃を受けて大破、横転沈没してしまう。同作戦で唯一生き残った「ケルン」は、その後練習艦任務に充当されたこともあってその活動は低調で、1941年秋にバルト海艦隊に編入されているが、短期間行動したのみで北海へと移動した。1942年8月には北極洋艦隊強化のために作戦艦艇に戻ってアルテン・フィヨルドに移動するが、出撃の機会を得られずに1943年1月の総統からの大型艦廃棄命令を受けて本国に帰還、一時は予備艦扱いとなった。だが東部戦線の戦況悪化のため、海軍による支援強化が必要とされて1944年4月に現役に復帰するが、以後練習艦任務及び駆逐艦隊の旗艦として短期間使用されるに留まり、艦の状態不良に対処して1945年初頭から開始されたヴィルヘルムスハーフェンで修理中の3月30日、米陸軍航空軍のB-24の爆撃を受けて大きな損傷を受けてしまう。このため本艦は4月5日に放棄が決定されるが、5月の同地への英軍侵攻の際、唯一生きていたB砲塔(2番砲塔)で、5月3日まで英軍部隊に艦砲射撃を浴びせる戦績も残した。

なお、戦時中に電測兵装及び対空火器の増備を実施したのは本級では「ケルン」のみで、1942年に電探装備と小規模な近接対空火器増強を実施、1944年の現役復帰後に電探装備の更新及び増備、近接対空火器のかなりの規模の増強が行われたが、これは同時期に残存していた他の軽巡でも同様だった。

「ケルン」の後方上空より撮影された写真。2番砲塔が左舷より、3番砲塔が右舷よりにオフセットされた配置となっている。これにより、主砲全9門が射撃可能な範囲は、右舷側の方が広かった

キール運河を通過中の「ケーニヒスベルク」。前後煙突間のカタパルトや後部煙突の後檣が設置され、後部煙突左舷側のクレーンも改められた改装後の艦影

K級「カールスルーエ」(1938年)

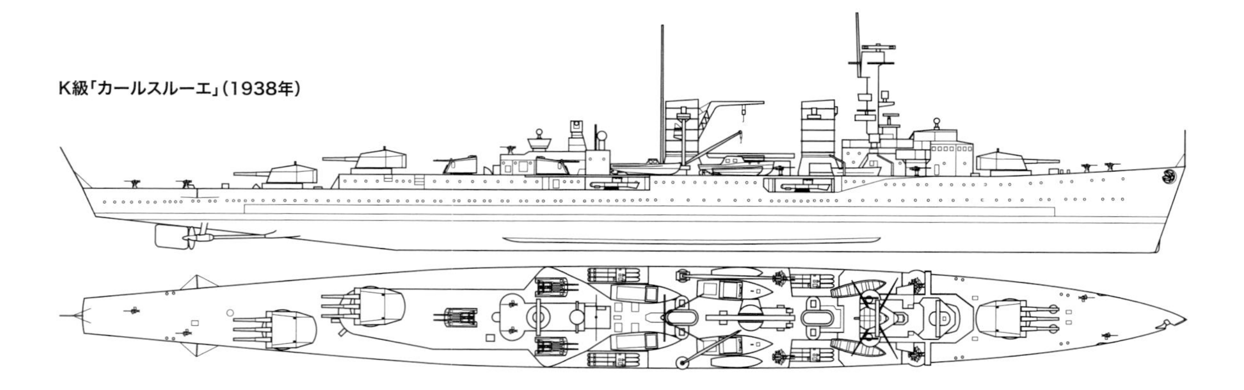

	ケーニヒスベルク級		
基準排水量	6,650トン	満載排水量	8,130トン
全長	174m	全幅	15.2m
吃水	5.56m		
主機/軸数	海軍式ギヤード・タービン2基、MAN式ディーゼル2基/2軸		
主缶	海軍式(シュルツ・ソーニクロフト式)重油専焼缶6基		
出力	68,000馬力	速力	32ノット
航続距離	19ノットで5,700浬		
兵装	60口径15cm3連装砲×3、45口径8.8cm単装高角砲×2、50cm3連装魚雷発射管×4、機雷×120		
装甲厚	舷側50mm、甲板20~40mm、主砲塔30mm(前楯)、司令塔100mm		
乗員	514名		

	起工	進水	竣工	
ケーニヒスベルク	1926.4.12	1927.3.26	1929.4.17	1940.4.10戦没
カールスルーエ	1926.7.27	1927.8.20	1929.11.6	1940.4.9戦没
ケルン	1926.8.7	1928.5.23	1930.1.15	1945.3.30大破着底

ドイツ海軍

軽巡洋艦「ライプチヒ」

機関や航続性能に問題を抱えたK級の発展型

本艦はK級軽巡を元にした改正型で、外見的には煙突が同級の2本から単煙突になった以外は大きな差異はない。だが後部の主砲配置は、恐らくはK級の1番艦「ケーニヒスベルク」の竣工後の実績もあり、より実用性が高いと再認識された中心線配備へと戻された。装甲配置はK級から大きく変わり、水線装甲帯の厚みは最厚50mmに減少させる一方で、その後方に垂直防御を補う傾斜式の水平甲板（25mm）が置かれており、装甲材質の進化もあって、機関部分の水線防御は強化された格好となった。甲板装甲は20mm（傾斜部25mm）と前級と大差は無い。新型高角砲や航空艤装が後日装備となったのもK級と同様だった。

機関型式は蒸気タービン2軸、ディーゼル機関1軸からなるCODAS（※）式の3軸艦へと変更された。配置は両外舷軸が蒸気タービン、中央軸はディーゼル主機4基が結合となっており、巡航時はディーゼルを使用する前提のためか、本型のタービン主機には巡航タービンが装備されていない。ただし本艦が搭載した大型の2サイクル複動式ディーゼル主機は、就役後絶えざるトラブルが発生して悩みの種となっており、開戦時点でも完全な解決はならなかったと伝えられている。燃料搭載量が少ないこともあり、航続力はかなり短く（日本の白露型駆逐艦より短い）、大洋作戦に使用出来る能力は無いとも言える艦であった。

1934年に撮影された「ライプチヒ」。前級と異なり、後部の主砲塔2基が中心線上に配置されている

「ライプチヒ」は1936年後半、艦橋と煙突の間にカタパルトを搭載するなどの改装が施された。魚雷発射管や高角砲、クレーンの更新といった変更点は前級までと同様だった

本級は就役後、1936年夏から数度スペイン内戦での哨戒任務に就き、潜水艦からの雷撃等も受けたが損傷せずに済んでいる。1938年以降、艦隊任務及び練習艦任務で活動していた本艦は、開戦直前時期にまずポーランドの封鎖艦隊に配された後、開戦後は英国沿岸部への機雷敷設任務に就いたが、12月13日に英潜水艦「シーライオン」からの雷撃を受けて大破してしまう。

この雷撃での損傷が甚大だったため、本艦は以後練習艦として使用することが決定、損傷復旧も損傷した一部の汽缶の修理を実施せずに完了させている。修理完了後、最高速力が23ノットまで低下した本艦は、電測兵装や小規模な機銃の増備、航空兵装の撤去などを行いつつ、バルト海で練習艦として使用され続けたが、1944年10月15日に重巡「プリンツ・オイゲン」に衝突された後に洋上行動を諦め、士官候補生訓練用のハルクとして扱われるようになった。

だがこの後、東部戦線の戦況悪化から、ゴーテンハーフェン地区で浮き砲台として活動、相応の戦果を上げる。15cm砲弾が枯渇した後の3月27日に同地を発する船団の護衛艦として速力6ノット以上が出せない本艦も帯同し、途上ソ連機の空襲を受けてもいるがこれを切り抜け、3月29日にデンマークに到着してそのまま非稼動艦となった。戦後ドイツ本土に帰還した本艦は、掃海艇隊の居住用ハルクとして使用された後、1946年7月9日にスカゲラク海峡で自沈処分となった。

	ライプチヒ		
基準排水量	6,310トン	満載排水量	8,100トン
全長	177m	全幅	16.3m
吃水	4.88m		
主機/軸数	海軍式ギヤード・タービン2基、MAN式ディーゼル4基/3軸		
主缶	海軍式（シュルツ・ソーニクロフト式）重油専焼缶6基		
出力	72,400馬力（タービン60,000馬力+ディーゼル12,400馬力）		
速力	32ノット		
航続距離	10ノットで3,900浬（ディーゼル巡航）		
兵装	60口径15cm3連装砲×3、45口径8.8cm単装高角砲×2、50cm3連装魚雷発射管×4、機雷×120		
装甲厚	舷側50mm、甲板20～25mm、主砲塔30mm、司令塔100mm		
乗員	534名		

	起工	進水	竣工	
ライプチヒ	1928.4.28	1929.10.18	1931.10.8	1946自沈処分

軽巡「ライプチヒ」（1939年）

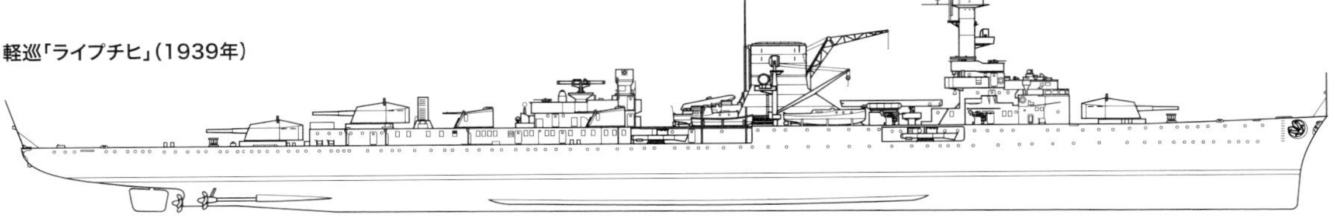

※:Combined Diesel And Steam turbine:ディーゼル・蒸気タービン複合推進

ドイツ海軍

軽巡洋艦「ニュルンベルク」

戦後はソ連の手に渡ったドイツ海軍最後の軽巡洋艦

条約型巡洋艦に対抗可能な能力を持つ大型巡洋艦の設計と検討に設計陣の手が割かれた影響で、「ライプチヒ」より5年半遅れで計画された本艦は、基本的に「ライプチヒ」の小改正型と言える艦だ。カタパルトの位置が前艦の煙突前から、煙突後方に変わったことで艦容に変化は生じているが、その他の面では機関区画の配置の小規模な見直しと、高角砲配置の変更が行われた程度であった。機関の構成も「ライプチヒ」と同様とされ、ディーゼル主機は出力は同様だがより新しい改良型が搭載されてもいるが、やはり就役後に不具合が頻発しており、更に航続力は何故か「ライプチヒ」より燃料搭載量を減じた影響もあり、ディーゼル及びタービン主機使用時共に同艦に劣るものとなってしまっている。

ナチス政権樹立後、最初に発注された大型艦で、なおかつヴェルサイユ条約下からの脱退を前提にして計画された艦であるため、当初からカタパルトを含む全ての兵装を予定通りに搭載した艦ともなった本艦は、竣工後まず偵察部隊の旗艦に任ぜられた。この後スペイン内戦での哨戒活動等の作戦任務や、艦隊演習に参加しているが、戦前のドイツ軽巡では唯一、練習艦任務での遠洋航海に従事したことがない艦ともなった。

1938年、キール運河を通行中の「ニュルンベルク」。他のドイツ軽巡と異なり、本艦は航空艤装や新型の水雷・対空兵装を装備した状態で竣工した

前艦から配置が変更された「ニュルンベルク」のカタパルト周辺。艦載機はハインケルHe60で、その右下に連装高角砲、さらに下部には3連装魚雷発射管も見える

第二次大戦開戦時、偵察部隊旗艦だった本艦は、「ライプチヒ」と同様にポーランド戦での封鎖作戦従事後、英国沿岸水域を含む機雷敷設作戦に従事するが、12月13日に潜水艦「シーライオン」の雷撃で魚雷1発を受け、中破した。本艦の修理は1940年4月に完了、6月以降ノルウェー方面水域で活動するが、特に戦績無く終わる。この後1941年2月に「実働する軽巡4隻を全て練習艦とする」という命令もあり、バルト海艦隊編成時には本艦もこれに参加したのを除けば、1942年晩秋まで暫く練習艦としての活動が主務となった。1942年晩秋に北極洋艦隊の強化の必要が出ると、本艦をこれに充当することが決定され、1942年12月にナルヴィクに進出するが、特に活動を行うことなく終わり、総統から出された大型艦廃棄命令を受けて、1943年5月には練習艦へと再転向された。

1945年1月にノルウェー南岸及びスカゲラク海峡方面での機雷敷設任務で一旦作戦艦艇として復帰するが、1月27日にコペンハーゲンに廻航された後、燃料不足から行動を諦めて同地で待機状態となり、終戦まで同地にあった。戦後本艦はソ連に賠償艦として引き渡されて「アドミラル・マカロフ」に改名、爾後練習艦として使用されたが、1960年に退役した後に解体された。

戦時中本艦に対しては、他艦同様に電測兵装と対空火器の増備、魚雷発射管の半数と航空兵装の撤去等が行われているが、電測兵装や対空火器の増備は「ライプチヒ」よりすすんだ装備が搭載されてもいる。

	ニュルンベルク		
基準排水量	7,150トン	満載排水量	9,040トン
全長	181.3m	全幅	16.3m
吃水	4.9m		
主機/軸数	海軍式ギヤード・タービン2基、MAN式ディーゼル4基/3軸		
主缶	海軍式(シュルツ・ソーニクロフト式)重油専焼缶6基		
出力	72,400馬力(タービン60,000馬力+ディーゼル12,400馬力)		
速力	32.3ノット	航続距離	10ノットで3,900浬
兵装	60口径15cm3連装砲×3、76口径8.8cm連装区画砲×4、37mm連装機銃×4、20mm単装機銃×8、53.3cm3連装魚雷発射管×4、水偵×2、射出機×1、機雷×120		
装甲厚	舷側50mm、甲板20～25mm、主砲塔30mm、司令塔100mm		
乗員	673名		

	起工	進水	竣工	
ニュルンベルク	1933.11.4	1934.12.8	1935.11.2	1946ソ連に引き渡し

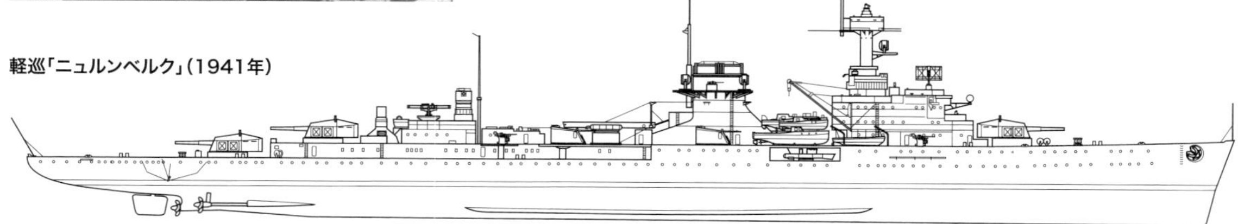

軽巡「ニュルンベルク」(1941年)

ドイツ海軍

アドミラル・ヒッパー級重巡洋艦 第1群／第2群

条約制限を超えたドイツ海軍唯一の大型重巡洋艦

ヴェルサイユ条約下におけるドイツ海軍の戦備で問題となった「条約型重巡」の不備に対処して整備された艦で、当初は条約の個艦排水量制限に準じた排水量を持つ艦として設計が推進されるが、海軍総司令官のレーダー提督の攻防力強化の意向もあって大型化が図られ、最終的に満載で18,000トン超の大型重巡として設計が纏められたものだ。

船体の型式は当時のドイツ戦艦同様の平甲板式で、総じて外見及び上構配置も戦艦に似通った配置とされている。艦首形状は当初垂直型とされていたが、第2群1番艦の「プリンツ・オイゲン」までは進水後にクリッパー型へと改めており、第2群2番艦以降は進水前に同様の型式に改めている。

竣工から間もない1939年の「アドミラル・ヒッパー」。艦首が垂直に近い形状となっているが、後に凌波性向上のため第2群と同様のクリッパー型に改められた

兵装のうち主砲は本級用に新開発された20.3cm60口径砲が採用されており、これを連装砲塔に収めて艦の前後部に各2基（計4基：8門）を搭載した。これは近側での貫徹力が大きく、散布界が小さいなど、ドイツ海軍が想定した近距離・中距離戦用の巡洋艦主砲としては有力な特性があり、重巡として有力な砲力を持つと言える艦だった。竣工時の対空兵装は高角砲が10.5cm65口径砲の連装型6基（12門）、近接対空火器は37mm速射砲の連装型6基（12門）、20mm単装機銃8門と、第二次大戦開戦時期の重巡としては有力なものがあるが、37mm砲は単発式の速射砲であるため、実戦での射撃速度が低く、対空機銃としては有用とは言えない面もあった。

雷装は53.3cm3連装魚雷発射管を片舷宛て2基（計4基）と、他のドイツ軽巡と同数搭載している。航空兵装は第1群の艦では煙突後方に水偵を3機収容可能な格納庫と、その後方の後檣直前部にカタパルト1基を搭載する形とされたが、第2群の艦では格納庫とカタパルトの配置は逆となり、これは本級第1群と第2群の艦の外見上の大きな差異ともなっている。

装甲は1番砲塔弾薬庫～4番砲塔弾薬庫部まで設けられた主水線装甲帯は80mmと薄めだが、その後方の水平装甲の傾斜部（50mm）がこれを補っており、それなりに有力な耐弾性能を持っている。また第一次大戦時の独巡洋艦同様に、主水線装甲帯の前側となる艦首側には20～40mm、艦尾側に70mmの装甲を有するのも特色となっている。その一方で水平甲板の装甲厚は20～30mmと薄く、対15.2cm砲でも水平側の安全圏に問題があるとも認識されており、水中防御も一応の対処がなされてはいたが、実戦では決して有効で無いことを示したように、問題を抱える艦だった。

機関型式はドイツの大型艦に良く見られる主機3基の3軸艦で、汽缶は第2群の1番艦までは3つの缶室に各4缶（計12缶）を収めたが、未成の第2群の2番・3番艦は3つの缶室に各3缶（計9缶）へと変わっている。汽缶はこの時期のドイツの蒸気タービン艦と同様に高温高圧のもので、これが機関の信頼性を損ねたことも同様だった。ドイツ海軍では第一次大戦後の技術断絶もあって、軍艦用タービンの製造技術も後れを取り、その影響で航続力が燃料搭載量の割りに短い、という欠点もあった（「ヒッパー」の場合、実測値での航続力は19ノットで6,800浬、17ノットで6,500浬とされる）。

1936年に2隻の建造命令が出た本級の第1群のうち、唯一開戦前に竣工した1番艦の「ヒッパー」は、公試中の訓練中にポーランド戦に参加したのを始めとして、1940年4月以降のノルウェー方面での作戦に従事、続いて1940年秋から翌年春時期に2度の通商破壊戦に参加して商船8隻を撃沈するなど、相応に活躍を見せた。だが1942年12月31日のバレンツ海海戦で、本艦を主力とするドイツ艦隊が、英巡洋艦との交戦で損傷、船団攻撃に失敗したことは、ヒトラー総統に大型艦廃棄命令を出させることにもなった。同海戦後本艦は同海戦での損傷修理を完全に実施しないままで予備役編入され、1944年3月に練習艦として復帰、爾後対ソ戦の戦況悪化により10月以降艦砲射撃任務にも従事するが、キールで機関修理中の4月9日、英空軍の空襲で大破放棄となり、戦後解体された。ノルウェー進攻作戦が初陣となった2番艦の「ブリュッヒャー」は、オスロ進攻作戦部隊の旗艦として行動中、カーホルム要塞からの砲撃と雷撃を受けて沈没している。

1935年度に1隻、1936年度にソ連のキーロフ級整備に対抗して2隻が起工された第2群のうち、1番艦の「プリンツ・オイゲン」のみが完工に至っている。1941年5月下旬に第二次大戦時にドイツ海軍が艦隊決戦を企図した唯一の作戦となったライン演習作戦が初陣となった本艦は、24日のデンマーク海峡海戦での勝利に貢献したが、「ビスマルク」と離別後にタービン損傷事故を起こして速度低下が生じたため作戦継続を断念、6月1日にブレストに帰還した。その後同港で約8ヶ月蟄居（ちっきょ）した後、1942年2月11日の英仏海峡突破作戦により本国に帰還、同月末にはノルウェーに展開するが、その際に英潜水艦の雷撃で大破したため本国に戻って修理を実施する。損傷復旧後バルト海で練習艦任務に就いた本艦は、1944年秋以降バルト海方面での陸軍作戦支援のための艦砲射撃任務に従事。その時期の同年10月に「ライプチヒ」と衝突事故を起こすなどもしたが、終戦時にも一応可動状態にあった本艦は、コペンハーゲンで英軍に降伏した。

「ヒッパー」と「プリンツ・オイゲン」は、戦時中近接対空火器と電測兵装の強化を主とする改正を行っており、終戦時期の「プリンツ・オイゲン」は3.7cm連装速射砲4基、40mm機関砲18門、20mm機銃32門を搭載していたという。電探は対水上索敵・対水上射撃用として一応の性能のものが装備されていたが、その性能は大戦中期以降英米のものに劣っており、対空索敵の能力は日本の電探に比べても不十分であるなど、状況に応じては有用に使用出来ない面もあった。

1940年8月、竣工時期とされる「プリンツ・オイゲン」。艦首は竣工時からクリッパー型、航空艤装の配置を変更するなどした本級第2群で完成したのは本艦だけだった

戦後アメリカに引き渡された「プリンツ・オイゲン」は、1946年の原爆実験に使用された後に沈没した。写真は米海軍の艦籍に入った後のため、艦首にはアメリカの国籍旗を掲げている

重巡「プリンツ・オイゲン」（1941年）

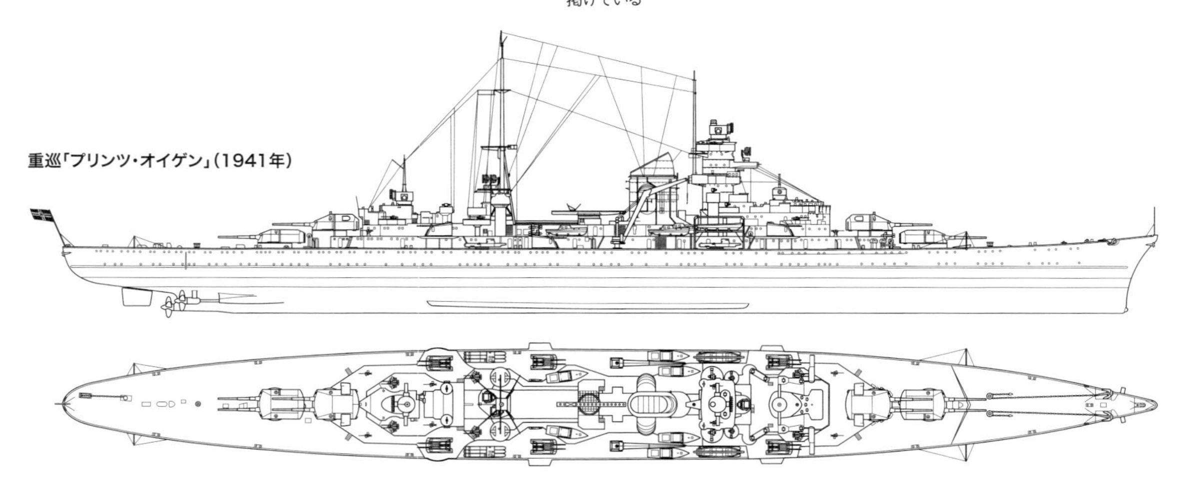

	アドミラル・ヒッパー級第1群（括弧内はブリュッヒャー）	プリンツ・オイゲン（括弧内はザイドリッツとリュッツォウ計画値）
基準排水量	14,050トン	14,680トン（14,240トン）
満載排水量	18,200トン	18,750トン（19,800トン）
全長	202.8m（203.2m）	207.7m（210m）
全幅	21.3m（22m）	21.7m（21.8m）
吃水	5.8m（5.7m）	5.9m
主機/軸数	ブローム・ウント・フォス式ギヤード・タービン3基/3軸	海軍式（デシマーク式）ギヤード・タービン3基/3軸
主缶	ラ・モント式重油専焼缶12基	ラ・モント式重油専焼缶12基（ワグナー式重油専焼缶9基）
出力	133,631馬力（131,821馬力）	137,500馬力（132,000馬力）
速力	32.6ノット（32.8ノット）	32.2ノット（32ノット）
航続距離	20ノットで6,800浬	
兵装	60口径20.3cm連装砲×4、65口径10.5cm連装高角砲×6、37mm連装機銃×6、20mm単装機銃×8、53.3cm3連装魚雷発射管×4、水偵×3、射出機×1、機雷×96	
装甲厚	舷側80mm、甲板30～50mm、主砲塔前楯160mm、司令塔150mm	
乗員	1,382～1,599名	

	起工	進水	竣工	
アドミラル・ヒッパー	1935.7.6	1937.2.6	1939.4.29	1945.5.3大破着底
ブリュッヒャー	1936.8.15	1937.6.8	1939.9.20	1940.4.9戦没
プリンツ・オイゲン	1936.4.23	1938.8.22	1940.8.1	1946標的艦として座礁転覆
ザイドリッツ	1936.12.29	1939.1.19		1945.4.10自沈
リュッツォウ	1937.2.8	1939.7.1		1940ソ連に売却

コラム④

仮装巡洋艦

■第二次大戦における仮装巡洋艦

第一次大戦時期、高速の商船に有力な兵装を施して即席の軍艦として使用する仮装巡洋艦は、既に新型の軽巡等に比べて速力が低く、また防御性能も劣る面があるとは見做されていたが、兵装面では見劣りしないものを持つことが可能であり、通商破壊戦及びそれに充当される同種艦から通商路を保護する任務に充当する艦として、なお充分な価値を有する艦と評価されていた。

実際にワシントン条約で、人力で有効な装填作業が可能で仮装巡洋艦に搭載可能な最大口径の砲と見做された15.2cm砲を上回る、20.3cmが巡洋艦の備砲制限の上限とされたのは、第一次大戦時期に通商破壊任務に就いたドイツの仮装巡洋艦の実績を受けて、「通商路保護任務にも投ぜられる巡洋艦には、仮装巡洋艦を上回る火力の保持は絶対に必要」という各国の思惑に基づくものだったように、仮装巡洋艦という艦種の有用性は、第一次大戦の戦績に裏付けられた形で、認められ続けていた。

■英連邦の仮装巡洋艦

第一次大戦で有用性が認められた仮装巡洋艦は、第二次大戦の初期から第一次大戦期と同様の任務で作戦に投ぜられている。その中で最も多数の艦を運用したのは英海軍及び英連邦海軍で、オーストラリア海軍の2隻とニュージーランド海軍の1隻、カナダ海軍の3隻を合わせて、計56隻が改装の上で軍艦籍に入っている。このうちカナダ海軍の艦を除けば、全艦が1939年〜1940年時期に改装が実施されたことは、通商路保護の面から、仮装巡洋艦兵力の強化が喫緊に必要と見做されたためである。

英海軍の仮装巡洋艦は、5隻を除けば総トン数1万トン以上の艦で、兵装は15.2cm砲4〜8門、速力は15〜21.5ノット、艦によっては水偵運用用のカタパルトを持つなど、通商路保護用の艦としては必要な性能を持つと見做せる艦だった。しかしドイツが通商破壊戦に投じた大型軍艦にはもとより抗せる艦では無く、搭載砲の砲架が旧式なため砲の射程がドイツの仮装巡洋艦の搭載する15cm砲より短く、これとの交戦時にも不利が生じるなどの問題もあって、水上艦艇による通商破壊戦への対処能力は不十分なものと見做されるようになっていく。また第二次大戦で大洋での通商破壊戦の主役となった潜水艦に対しては、基本的に対処出来ない上に、元が商船だけに魚雷攻撃にも脆弱であるなど、有用な対処が出来ない艦でもあったことから、使い道が限られる艦である事を早期に露呈する形ともなってしまう。このため英海軍では1941年以降これらの艦を他用途へ転用させるようになり、1944年には仮装巡洋艦という艦種に在籍する艦は無くなった。なお、戦時中における英仮装巡洋艦の喪失数は14隻だった。

■ドイツの仮装巡洋艦

ドイツ海軍は通商破壊戦への充当のために1939年以降11隻の仮装巡洋艦の整備を実施しており、大西洋での通商破壊戦実施が諦められた後に改装が完了した1隻を除く10隻が作戦に投じられた。ドイツの通商破壊艦は、英国の同種艦より総トン数の小さい船が大半で、中には速力が劣る艦も存在したが、15cm砲6門、53.3cm魚雷発射管2〜6門等を装備するなど同等以上の兵装を持つだけでなく、カタパルトは持たないが水偵1〜3機を搭載するのに加え、艦によっては小型の魚雷艇1隻も搭載するなど、英の仮装巡洋艦を上回る装備と戦闘力を持つ艦だった。この装備の優秀性と、大戦初期は連合軍の哨戒域が大洋の中心部まで行き届かない等の要因もあり、通商破壊戦に従事したドイツの仮装巡洋艦は、22隻(計145,968総トン)を撃沈もしくは捕獲した「アトランティス」を始めとして、隻数で言えばこれを上回る戦果(26隻)を挙げた「ピングィン」、オーストラリア軽巡「シドニー」を道連れにした「コルモラン」等、各船が相応の戦果を挙げることに成功している。だがドイツの仮装巡洋艦も、大戦中期以降は連合軍の長距離哨戒機兵力の増備を始めとする監視態勢の強化もあって活動の場を失い、1943年10月17日に北太平洋で米潜水艦「ターポン」に撃沈された「ミヒェル」を最後に、その戦歴を閉じている。なお、ドイツの仮装巡洋艦のうち、1942年11月30日に補給艦「ウッカーマルク」からの補給途上、横浜港内で爆沈した「トール」を含めて、戦時中に7隻が喪失に至っている。

写真は英海軍の仮装巡洋艦「ジャーヴィス・ベイ」。総トン数約14,000トン、速力15ノットで、武装は15.2cm砲7門など。1940年11月に独装甲艦「アドミラル・シェーア」と交戦し沈没した

第二次大戦でカナダ海軍が運用した仮装巡洋艦3隻のうちの「プリンス・デイヴィッド」。排水量5,736トン、22ノット、15.2cm砲4門など。大戦後半は揚陸艦艇として活躍している

仮装巡洋艦「アトランティス」

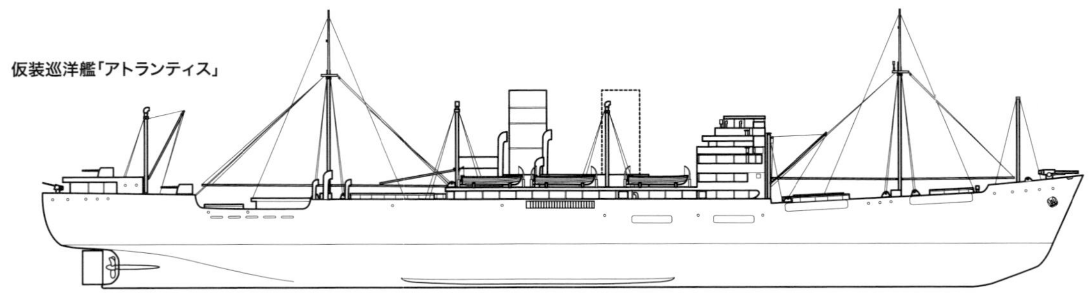

ドイツ海軍の仮装巡洋艦で第二次大戦中最大の戦果を挙げた「アトランティス」。その航程は1940年3月末の出撃から約600日間、無寄港で16万kmに及んだ。排水量17,600トン、全長155m、速力17.5ノット、武装は15cm砲6門や53.3cm魚雷発射管4門など

■日仏伊の仮装巡洋艦

第二次大戦時の仮装巡洋艦数では、ドイツ海軍より上回っていたのが、フランス海軍と日本海軍の両海軍で、共に計13隻を艦籍に編入している。1941年8月～1942年春時期に就役した日本海軍の仮装巡洋艦は、「愛国丸」「報国丸」「護国丸」の3隻は14cm砲8門、53.3cm魚雷発射管4門、航空機2機を搭載し、速力21ノットを発揮可能という有力な艦だったが、その他の艦は砲装を含めた兵装面で英独の同種艦に劣る艦でしか無かった。一部の艦はインド洋での通商破壊戦等にも投ぜられたが、基本的に太平洋の苛烈な戦場ではこれらの艦の使い道はごく限られていたことと、戦時の喪失による輸送船の逼迫（ひっぱく）もあって、殆ど活躍せずに早期に輸送船に戻されてしまった。

フランスの仮装巡洋艦は1939年に12隻、1941年に1隻を就役させているが、第二次大戦でのフランス降伏・休戦に伴ってうち11隻がその任を解かれたこともあって、特に目立つ戦績は残していない。戦時中仮装巡洋艦籍の艦で喪失したのは1隻で、終戦時にはなお1隻がこの艦種で残っていた。この他に戦時中に4隻を仮装巡洋艦に改装したイタリア海軍では、うち2隻は通商破壊任務に投じたが特に戦功は無く、1941年12月に日本に傭船されて貨物船となった1隻を除いて全艦が早期に失われてしまった。この他にルーマニアが特設敷設艦「ドーシア」を、1942年以降一時期特設巡洋艦としたとも言われるが、同艦には特に巡洋艦としての活動記録は無く、1944年に母艦任務に転じている。

第二次大戦時の日本海軍では仮装巡洋艦を「特設巡洋艦」と呼称していた。写真は「愛国丸」で総トン数約10,000トン、当初の主砲は15cm砲8門だったが後に14cm砲8門に換装された

「愛国丸」の姉妹船「報国丸」。大戦後半に特設運送船となった「愛国丸」と異なり、本船は昭和17年（1942年）11月、通商破壊任務中に敵艦船の攻撃を受けて沈没した

第二次大戦中、フランス海軍で仮装巡洋艦として運用された「キャップ・デ・パルム」。満載排水量4,150トン、18ノット、武装は15.2cm砲2門、7.6cm砲1門など（1943年の武装変更後）

バナナ輸送船を改装したイタリア海軍の仮装巡洋艦「ラムII世」。イタリア休戦に伴い日本で自沈したが、後に日本海軍が浮揚して使用した。排水量3,685トン、18ノット、12cm砲4門

イタリアの巡洋艦

文／本吉 隆　図版／田村紀雄（特記以外）

（右）第二次大戦におけるイタリア海軍の主戦場は地中海だった。写真は1940年7月19日、クレタ島沖で生起したスパダ岬沖海戦で英艦隊と交戦、大破したジュッサーノ級軽巡「バルトロメオ・コレオーニ」。同艦はこの後、英駆逐艦の雷撃で撃沈されている
（左）写真は1938年、ナポリ沖で挙行された観艦式での撮影とみられるザラ級重巡洋艦の隊列。ザラ級は1941年3月28日のマタパン岬沖海戦にて、「ザラ」「フューメ」「ポーラ」の3隻を一挙に喪失する憂き目に遭った

ジュッサーノ／バルビアーノ級軽巡洋艦（コンドッチェリ級第1群）
ルイジ・カドルナ級軽巡洋艦（コンドッチェリ級第2群）
ライモンド・モンテクッコリ級軽巡洋艦（コンドッチェリ級第3群）
エマヌエレ・フィリベルト・デュカ・ダオスタ級軽巡洋艦
（コンドッチェリ級第4群）
ルイジ・ディ・サヴォイア・デュカ・デグリ・アブルッチ級軽巡洋艦
（コンドッチェリ級第5群）
カピタニ・ロマーニ級軽巡洋艦
トレント級重巡洋艦
ザラ級重巡洋艦
重巡洋艦「ボルツァーノ」
巡洋艦「タラント」／「バリ」

コラム⑤　大型巡洋艦

イタリア海軍

ジュッサーノ/バルビアーノ級軽巡洋艦

コンドッチェリ級第1群

イタリア海軍初の軽巡洋艦は軽防御の快速艦

1923年度と1926年度に、フランスが大型駆逐艦の整備を実施した事を受けて、これに対抗するのに必要な防御力及び速力を持つ偵察巡洋艦（軽巡洋艦）の整備が認められ、その第一段として整備されたのが本級である。

本級の艦の規模は船体長や船体幅共に日本の五五〇〇トン型に近く、排水量も近いものがある。船首楼型船型の船体は復原性確保のためのタンブルホーム（※）の付与、高速発揮を考慮してかなりの軽構造で電気溶接も広範囲に使用されるなど、特色がある設計及び工法が採られている。ただ公試時に復原性の不良が発覚したため、後檣の小型化や後部指揮所の射撃指揮関連艤装の装備簡易化など、各種の対策を実施する羽目になってもいる。艦橋はトップに射撃指揮所を持つ四脚檣の前方に大型の艦橋構造物を持つ、この時期のイタリア巡洋艦に良く見られる形態で、前檣の高さはこの時期のイタリア軽巡では一番高いという特色があった。

兵装のうち主砲は15.2cm53口径砲を連装砲塔4基に搭載して計8門を搭載した。これは各国の15cm級の主砲の中では平均的な重量の砲弾を950m/秒～ 1,000m/秒の高初速で発射する、と言うカタログ上の性能は優良な砲であり、片舷指向門数8は、このサイズの軽巡としては最大級のものだった。だがしかし、この砲塔は軽量化もあって砲架を共通としたため、左右の砲の間隔が狭いこともあって猛烈な砲弾の相互干渉を発生させることになり、その結果として本級の主砲砲戦能力は有力とは言い難いものとなってしまった。

高角砲は10cm47口径連装高角砲3基が搭載されたが、これも砲の射撃速度や旋回俯仰速度が低いため、有用に使用出来ない面があった。一方、近接対空火器の37mm連装機関砲と13.2mm連装機銃4基は、当時の対空機銃としては相応の性能を持つと言えるもので、この面では優良な火力を持つと言える艦でもあった。

魚雷発射管は53.3cm連装発射管2基で、軽巡としては少ない部類であった。機雷敷設能力は当初「アルベルト・ディ・ジュッサーノ」以外の艦に付与されたが、後に同艦にも付与されてようで、第二次大戦時には攻勢機雷作戦へ充当された例がある。カタパルトは艦首中心線上に薬発式のものが1基装備されており、前部艦橋下部に2機の収容が可能な水偵格納庫があった。

防御は大型駆逐艦の主砲に抗堪する程度を考慮した軽度のもので、舷側水線装甲が24mm（ただし内側に18mmの弾片防御装甲がある）、甲板部20mm、砲塔は23mmと、軽度のものが施されているに過ぎない。

機関は当時のイタリアでは既に高温高圧化・主機の大出力化が進んでいたことから、6基の主缶と主機2基の2軸で95,000馬力を賄うという、当時他国では例のない一軸宛ての出力が大きい機関が採用されている。この機関により本級は計画36.5 ～ 37ノット、公試時には「アルベリコ・ダ・バルビアーノ」が過負荷で123,479馬力を発揮して、約42＋ノット（約40.1ノット説もある）を達成するなど、計画を上回る記録も残る。しかし就役後、荒天時及び高速航行時の船体強度不足という問題が生じたこともあり、実戦状態における洋上行動時の常用最大速力は30ノット＋程度に抑えられている。航続力の要求は地中海を主戦場とする本級では大きくなかったが、同時期のドイツの軽巡と同等程度の燃料搭載量で、それより若干良好な程度の航続性能を持つ艦でもあった（18ノットで3,800浬）。

艦尾方向から見た「バルトロメオ・コレオーニ」。船体舷側が内側に傾斜した、タンブルホームの船体形状がわかる

本級は就役後、1936年以降スペイン内戦等に参加したが、特に損害等は受けずに終わり、爾後（じご）第二次大戦に参加することになった。なお、本級は1938年から1939年に掛けて、37mm機関砲に代えて20mm連装機銃4基を装備した以外、第二次大戦開戦時まで特に改修等は受けていない。本級のうち、「アルベルト・ディ・ジュッサーノ」は、1940年6月10月のイタリア参戦直後から機雷敷設作戦に従事、続いて北アフリカに兵員及び物資を運ぶ輸送船団の護衛艦として活動を継続するが、1941年12月13日夜間に兵員及び物資の高速輸送任務に従事中、ボン岬沖で英駆逐艦「シーク」「レジオン」「マオリ」と、オランダ駆逐艦「イサーク・スェールズ」の襲撃を受け、魚雷1本を受けて炎上、沈没した。「アルベリコ・ダ・バルビアーノ」は1940年7月にプント・スティロ岬沖海戦/カラブリア沖海戦に参加した後、同年9月に練

※:船体幅が水線部より上にいくにつれて狭くなっていく船体形状。

習艦となってその任務で暫(しばら)く使用され、1941年3月に現役復帰するが、本格的に作戦に戻るのは同年12月となった。そして「ジュッサーノ」と同様に高速輸送艦として活動中の同月13日、ボン岬沖海戦で魚雷3本を受けて沈没した。英仏の対独戦参戦時点で中国方面に展開していた「バルトロメオ・コレオーニ」は、1939年10月後半にイタリアに帰還して艦隊に戻り、イタリア参戦後は輸送船団任務に就いていたが、「ジョヴァンニ・デレ・バンデ・ネレ」と共にトリポリからエーゲ海のレロス島に向かう輸送船団護衛中の1940年7月19日、スパダ岬沖で豪軽巡「シドニー」と駆逐艦5隻からなる英艦隊と交戦。機関部に被弾して行動困難となった本艦は、最終的に英駆逐艦の魚雷で処分された。同海戦から無事離脱できた「バンデ・ネレ」は、爾後船団護衛と機雷敷設任務に従事、本艦と「ジュッサーノ」がトリポリ防衛用に敷設した機雷原で、英軽巡「ネプチューン」、英駆逐艦「カンダハル」が触雷沈没、巡洋艦「ピネラピ」「オーロラ」に損傷を与えたほか、イギリスのマルタ島向け船団攻撃任務に就いた1942年3月22日の戦闘で英軽巡「クレオパトラ」を砲撃で損傷を与える等の戦果も挙げたが、1942年4月1日に英潜水艦「アージ」からの雷撃を受けて沈没した。なお、この間に本級で大規模な戦時改修等を実施した艦は無い。

1930年代に撮影された「アルベリコ・ダ・バルビアーノ」。艦首にカント25水上機を搭載している。格納庫は艦橋下部にあり、1番砲塔艦首側に起倒式クレーンも備えていた

本級は竣工後、三脚檣だった後檣を単檣とするなど、復原性の改善が図られた。写真は改修実施後の「ジョヴァンニ・デレ・バンデ・ネレ」

ジュッサーノ級「バルトロメオ・コレオーニ」

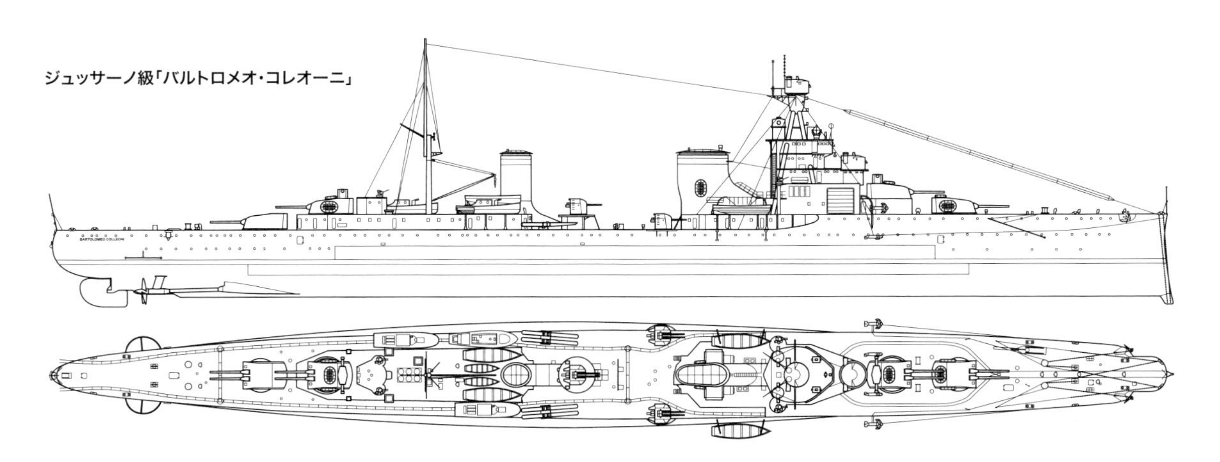

	アルベルト・ディ・ジュッサーノ級
基準排水量	5,191トン
満載排水量	6,953トン
全長	169.3m
全幅	15.5m
吃水	5.3m
主機/軸数	ベルッツォ式ギヤード・タービン2基/2軸
主缶	ヤーロー・アンサルド式重油専焼缶6基
出力	95,000馬力
速力	36.5ノット
航続距離	18ノットで3,800浬
兵装	53口径15.2cm連装砲×4、47口径10cm連装高角砲×3、37mm連装機関砲×4、13.2mm連装機銃×4、53.3cm連装魚雷発射管×2、水偵×2、射出機×1
装甲厚	舷側24mm、甲板20mm、砲塔23mm
乗員	507名

	起工	進水	竣工	
アルベルト・ディ・ジュッサーノ	1928.3.29	1930.4.27	1931.2.5	1941.12.13戦没
アルベリコ・ダ・バルビアーノ	1928.4.16	1930.8.23	1931.6.9	1941.12.13戦没
バルトロメオ・コレオーニ	1928.6.21	1930.12.21	1932.2.10	1940.7.19戦没
ジョヴァンニ・デレ・バンデ・ネレ	1928.10.31	1930.4.27	1931.4.27	1942.4.1戦没

ルイジ・カドルナ級軽巡洋艦

コンドッチェリ級第2群

ジュッサーノ級軽巡の復原性改善を図った小改正型

コンドッチェリ級の第2群の艦は、ジュッサーノ級の改正型として計画されたもので、ジュッサーノ級と同じ船体と機関を用いて、復原性不良等の問題改善を実施した艦である。このため船体サイズはジュッサーノ級と同様だが、上構は三脚檣上に射撃観測所を持ち、その前方に艦橋構造物を置く、という配置は同様でも艦橋の高さは航空艤装配置の変更により格納庫が不要になったこともあって低められている。後檣位置も後述する航空艤装配置の変更に伴って2番煙突前方に移されて、さらに大型の三脚檣が設置されたことで、艦容は相応に変化している。

カタログ上は主砲の装備に変化は無いが、砲塔は運用面改善を考慮してより容積のある若干大型の新型のものに改められた。対空火器のうち、対空機関砲は前級装備のものより旧い英国の「ポンポン砲」と同じ40mm単装機関砲2門とされ、これは開戦前に20mm連装機銃に更新されたとされるので、あるいは前級も本級同様、当初は37mm機関砲ではなく、40mm機関砲装備だった可能性もある様に思える。13.2mm機銃の装備は前級同様で、雷装も前級と変わらない。一方、航空艤装はカタパルトの艦首装備が取りやめられ、2番煙突後方に飛行機作業甲板が設けられて、同部右舷側に前方30度方向に傾斜した形でカタパルト1基が装備された。格納庫はなくなったが、カタパルト上と飛行機作業甲板上に各1機の水偵の繋止が可能とされたため、運用可能な機数に変化は無かった。なお、本級の機雷搭載能力は84～138(型式によって変化)で、恐らくこれは前級も同様と見られる。

1935年ごろの「アルマンド・ディアズ」。ジュッサーノ級と比べると、前檣は低くなり、艦橋も小型化されるなど、復原性向上のための改設計が施されている

装甲は強化も検討されたが、本級では前級同様とされている。機関や計画速力は変わらず、実戦状態での速力も前級同様だった。なお、航続力は常用満載が若干減少したことも影響して、16ノットで2,930浬～3,088浬と短い。

本級は既述した対空機銃の増備を実施した以外、特に大きな改正を行わずに戦争に参加、両艦共に機雷敷設任務や船団護衛等の任務に就き、カラブリア沖海戦にも両艦揃って参加した。この後、汽缶に異常が発生した「カドルナ」は1941年2月に予備艦とされ、1941年秋時期にごく短期間現役に復帰した後に翌年1月には練習艦となり、1943年5月以降、再度現役復帰して輸送任務や機雷敷設任務等に従事している状況でイタリア休戦を迎えた。以後連合軍側で運用された本艦は、輸送及び復員任務で使用され、1947年2月の平和条約締結後にイタリア海軍の艦籍に復帰、練習艦となるが1951年に除籍された。なお、この間の1943年春時期にカタパルトの撤去と13.2mm機銃の20mm単装機銃への更新が行われ、1944年には魚雷兵装の撤去も実施されている。他方、カラブリア沖海戦以降輸送任務に就いていた「ディアズ」は、1941年2月25日に英潜水艦「アップライト」の雷撃を受け、沈没している。

	ルイジ・カドルナ級		
基準排水量	5,323トン	満載排水量	7,113トン
全長	169.3m	全幅	15.5m
吃水	5.2m		
主機/軸数	パーソンズ式ギヤード・タービン2基/2軸		
主缶	ヤーロー式重油専焼缶6基		
出力	95,000馬力	速力	36.5ノット
航続距離	16ノットで2,930浬(※)		
兵装	53口径15.2cm連装砲×4、47口径10cm連装高角砲×3、40mm単装機関砲×2、13.2mm連装機銃×4、53.3cm連装魚雷発射管×2、水偵×2、射出機×1		
装甲厚	舷側24mm、甲板20mm、砲塔23mm		
乗員	507名		

※:「ディアズ」は16ノットで3,088浬

	起工	進水	竣工	
ルイジ・カドルナ	1930.9.19	1931.9.30	1933.8.11	1951解体
アルマンド・ディアズ	1930.7.28	1932.7.10	1933.4.29	1941.2.25戦没

ルイジ・カドルナ級「ルイジ・カドルナ」

イタリア海軍

ライモンド・モンテクッコリ級軽巡洋艦
コンドッチェリ級第3群

艦容を一新した新時代のイタリア軽巡洋艦

ジュッサーノ級の起工後、より戦闘力の向上と防御力の改善、艦の実用性向上等が求められたため、ジュッサーノ級が竣工した1931年に起工される軽巡2隻については、これら各種の要求を盛り込んだ新規設計艦とする事が決定する。

船型は前級同様の船首楼型だが、全長は本級の方が約13m大きい事を含めて船体規模の拡大が図られており、排水量も前2級に比べて基準、満載共に約2,000トンもの増大を見ている。艦首形状が以前の艦のクリーヴァー型に対して、より凌波性に秀でるフレアの付いたクリッパー型へ、艦尾形状は船体上部より水線側が長く見えるクルーザー型から、艦尾水線部の方が短いクルーザー・スプーン型の一形式に変わるなど、随所に変更がなされたため、外形も大きく変化した。更に艦橋も頂部に射撃指揮所を持つ塔状の構造物を中核としたより簡素な形態のものに改められたことあり、その印象は前級とは大きく異なるものとなっている。

「ライモンド・モンテクッコリ」の2番主砲塔から前部煙突にかけての上部構造。本級から採用された塔型の艦橋構造物により、スマートな印象を受ける

一方で兵装は、砲装は対空機関砲が40mm単装機関砲から37mm連装機関砲に変わった他は前級と大きな差は無く、雷装も変化は生じていない。なお、ジュッサーノ級の就役後、主砲の散布界過大の問題が発覚すると、砲弾重量の増大と初速（850m/秒）と腔圧の減少により散布界の改善を図っているが、この改正後もなお実績は満足のいくものではなかった。

航空艤装は、汽缶・主機配置の変更により前後の煙突間が大きく開いたことで、この間の艦中心線上に旋回式の、右舷前方及び左舷前方に限定的な旋回角を持つ薬発式のカタパルトが装備された。水偵の搭載機数は2機で、カタパルト上と前部煙突後方にある狭い飛行機作業甲板上に各1機を繋止する形が取られている。

装甲防御は排水量に対する重量配分がカドルナ級の約8%から、本級では18.3%と大幅に増大されたこともあり、軽巡として相応の防御が施された格好となった。主水線装甲は60mm（+25mmの内部縦隔壁：弾薬庫部は30mm）となり、その上端部から上甲板部までは20mmの装甲が張られており、主水線装甲の上端に接している甲板装甲は25mm（機関部）/30mm（弾火薬庫部）の厚みがあった。砲塔は最大70mm、バーベット部分も30mm ～ 45mm、2番/3番砲塔の上甲板より上部は50mmの装甲が施されており、ほぼ他国の軽巡に近い装甲を持つようになっている。因みにイタリア海軍では、本級の水線装甲帯は、入射角25度の場合、20.3cm砲に対しては23km以遠で、15.2cm砲に対しては15km以遠で抗堪が可能と計算されていた。

艦が大型化する一方で、最高速力は計画値37ノットとされたことを受けて、機関型式は汽缶数6基、主機2基で変わらないが、総出力106,000馬力のより強力な新型のものが搭載された。なお、ジュッサーノ級以降の軽巡の機関配置は、前部にそれぞれ汽缶1基を置く汽缶室4室、後部の汽缶室2室を置き、前後部の汽缶室の間に前部機械室、後部汽缶室後方に後部機械室を置く完全なシフト配置が取られており、この配置もあって、本級の前後部の煙突の間隔はかなり広いものとなっている。計画速力は公式では基準排水量以下の状態で汽缶を過負荷を掛けて達成しているが、戦闘時の常用速力は以前の2級より若干向上した程度だった。燃料搭載量も以前の2級と同様だが、機関の新式化もあってか航続力は18ノットで4,122浬～ 4,411浬と向上している。

第二次大戦時のイタリア軽巡の第二陣とも言える本級は、「ライモンド・モンテクッコリ」と「ムチオ・アテンドロ」の2隻が計画され、両艦共に1931年に起工、1935年夏時期に竣工している（本級は「アテンドロ」の方が約半年起工が早いため、同艦をネームシップとして扱う場合もある）。この両艦は竣工後、「モンテクッコリ」は日中戦争開始後、イタリアの権益保護のために中国水域に派遣され、爾後、日本や豪州を含む各地を来訪するなどの記録を持つが、同艦が1938年12月に本国に帰還した後は大過なく過ごし、特に改装も受けないままにイタリアの第二次大戦参戦を迎えた。当初、機雷敷設部隊の護衛艦もしくは船団護衛艦として活動、カラブリア沖海戦にも船団護衛艦として参加している。この後「モンテクッコリ」は攻勢機雷戦や英のマルタ島向け補給船団の迎撃等、各種の任務で使用され、1942年6月の英のマルタ島に対する強行輸送作戦である「ハープーン」作戦の船団を迎撃、その中で駆逐艦「ベドウィン」を撃沈、「パートリッジ」を損傷させるのに寄与するなど、同作戦を失敗させるのに大きな功を挙げてもいる。1942年12月に米軍機の空襲で大破するが、この損傷復旧の際に13.2mm機銃を撤去して20mm機銃を増備するなどの改正を実施しつつ1943年夏に艦隊に復帰、1943年7月の連合軍によるシチリア島上陸に呼応しての作戦等を実施しつつ、イタリアの休戦を迎える。この後マルタ島に廻航されて連合軍側の指揮下で活動した「モンテクッコリ」は、魚雷発射管及びカタパルト、後檣の撤去などを実施しつつ、高速輸送艦として使用された。戦後の平和条約締結後にイタリア艦隊に復帰、戦後は練習艦として使用され、1950年代に電探の装備や2番砲塔の撤去を行うなどの改修を実施の上で、1963年までその任務に就いていた。

1938年、オーストラリア訪問時の「モンテクッコリ」で、機関配置の変更により大きく間隔の開いた前後の煙突間が航空艤装スペースに充てられており、カタパルト上にはIMAM Ro.43水上機を搭載している

「アテンドロ」はカラブリア沖海戦の後、1942年8月の英のマルタ島強行輸送作戦である「ペデスタル」作戦の船団攻撃に向かう途上、英潜水艦「アンブロークン」の雷撃を受けて艦首を吹き飛ばされるまで、敵艦隊攻撃や機雷敷設作戦、機雷敷設に就く部隊の援護や船団護衛等の各種艦隊任務に投ぜられ続けた。その損傷修理中の1942年12月4日に米の大型爆撃機の空襲を受けて沈没、戦後浮揚されて防空巡洋艦への改装計画も持たれたが、これは実現せずにそのまま解体された。

ライモンド・モンテクッコリ級「ムチオ・アテンドロ」

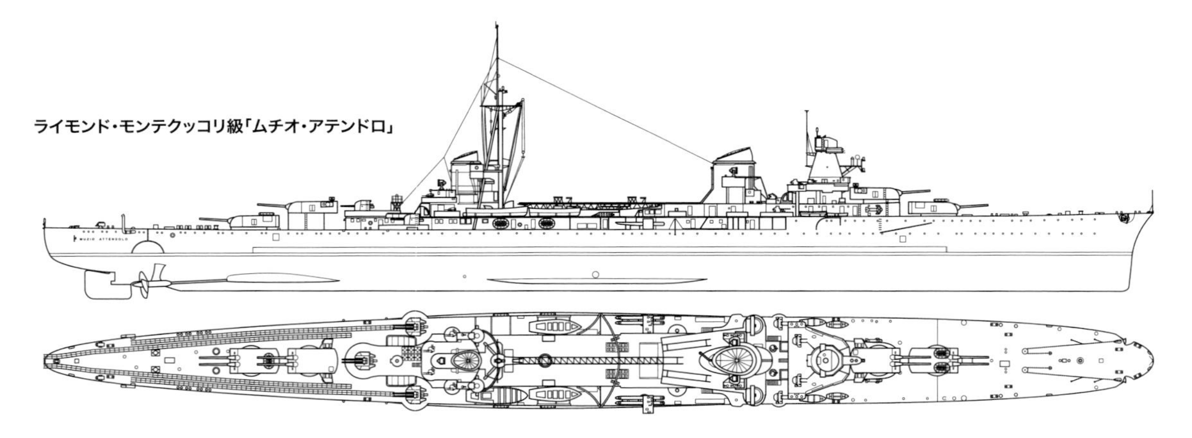

	ライモンド・モンテコックリ級
基準排水量	7,523トン
満載排水量	8,994トン
全長	182.2m
全幅	16.6m
吃水	5.6m
主機/軸数	ベルッツォ式ギヤード・タービン2基/2軸
主缶	ヤーロー式重油専焼缶6基
出力	106,000馬力
速力	37ノット
航続距離	18ノットで4,122浬(※)
兵装	53口径15.2cm連装砲×4、47口径10cm連装高角砲×3、37mm連装機関砲×4、13.2mm連装機銃×4、53.3cm連装魚雷発射管×2、水偵×2、射出機×1
装甲厚	舷側60mm、甲板20～30mm、砲塔70mm、司令塔100mm
乗員	578名

※:「アテンドロ」は18ノットで4,411浬

	起工	進水	竣工	
ライモンド・モンテクッコリ	1931.10.1	1934.8.2	1935.6.30	1964除籍
ムチオ・アテンドロ	1931.4.10	1934.9.9	1935.8.7	1942.12.4戦没

エマヌエレ・フィリベルト・デュカ・ダオスタ級軽巡洋艦

コンドッチェリ級第4群

モンテクッコリ級をさらに大型化・重装甲化

デュカ・ダオスタ級は、コンドッチェリ級の系譜に連なる艦だが、他国の軽巡洋艦への対抗を主軸に計画された艦であり、その設計はモンテクッコリ級を元にしつつ、復原性改善のための船体規模拡大、装甲防御の改善、機関配置の変更などが行われた拡大改良型とされた。

兵装は雷装が53.3cm3連装発射管2基（計6門）となった以外は特に変化は無いが、高速敷設艦としての能力強化が要求されたようで、機雷搭載量は前級の96から、最大180～185に増大している。装甲は水線部装甲が70mm（+35mmの内部縦隔壁）、主甲板部35mm（両端部は30mm）、前後のバルクヘッド厚も更に増厚され、砲塔も最厚部が90mm、バーベット部は50mm～70mmとなるなど、相応に強化がなされている。この船体規模の拡大と、装甲の増強の影響もあり、本級は満載で10,000トンを突破した初のイタリア軽巡ともなった。

この排水量増大に対処しつつ、要求の36.5ノットを達成するために機関出力は110,000馬力と若干増強された。機関の形態は前級同様6缶2機の2軸艦で、ただし汽缶配置は前部に缶室3室、後部に缶室3室とされ、機械室の配置は前級同様のシフト配置とされるという変更も生じた。航続力は艦型の拡大も影響してか、14ノットで3,900浬と、前級より若干低下した数値が伝えられる。

日米英で就役を開始していた大型軽巡洋艦に比べると、砲力と防御力に劣るが、同様の砲装を持つ英国のリアンダー級に対して、総じて同等以上の装甲防御を持ち、額面上の速力は勝る艦と言える本級は、1番艦は1935年7月、2番艦は1936年1月に竣工しており、イタリア艦隊に有用な戦力を加えた。戦前この両艦は揃ってスペイン内戦での哨戒任務に就き、その間にはイタリアを巡る世界情勢緊迫もあって日本を含めた世界一周航海を実施するなど、その活動は他の軽巡に比べて華々しいものがあった。イタリアの第二次大戦参戦後は、各種護衛任務や英のマルタ向け船団迎撃に就き、1942年6月の「ハープーン」「ヴィゴラス」作戦時には、英の水上艦隊と交戦して、駆逐艦「ベドウィン」の撃沈に功を見せるなどの活躍をした。イタリア休戦後、連合軍に接収された「サヴォイア」は特に活動せず、1944年には予備役状態となるが、「ダオスタ」は一時南大西洋での封鎖破り船迎撃の任務に就いた後、輸送艦として使用されて終戦を迎える。この間に両艦は、1943年時期に魚雷発射管及び航空艤装の撤去、13.2mm機銃の20mm機銃への更新等を実施したほか、「ダオスタ」は連合軍指揮下の大西洋での作戦実施時にレーダー装備も実施された。平和協定発効後、「ダオスタ」は賠償艦として1949年にソ連海軍に、「サヴォイア」は1951年にギリシア海軍に引き渡されており、前者は1950年代末期、後者は1964年に除籍された。

1938年頃、ナポリ沖を航行する「エウジェニオ・ディ・サヴォイア」。艦中央部には2機のIMAM Ro.43水上機が見える。左奥の艦は重巡「ボルツァーノ」

	エマヌエレ・フィリベルト・デュカ・ダオスタ級		
基準排水量	8,317トン	満載排水量	10,374トン
全長	186.9m	全幅	17.5m
吃水	6.1m		
主機/軸数	パーソンズ式（※）ギヤード・タービン2基/2軸		
主缶	ヤーロー式重油専焼缶6基		
出力	110,000馬力	速力	36.5ノット
航続距離	14ノットで3,900浬		
兵装	53口径15.2cm連装砲×4、47口径10cm連装高角砲×3、37mm連装機関砲×4、13.2mm連装機銃×6、53.3cm3連装魚雷発射管×2、水偵×2、射出機×1		
装甲厚	舷側70mm、甲板30～35mm、砲塔90mm、司令塔100mm		
乗員	578名		

※:「エウジェニオ・ディ・サヴォイア」はベルッツォ式

	起工	進水	竣工	
エマヌエレ・フィリベルト・デュカ・ダオスタ	1932.10.29	1934.4.22	1935.7.13	1949ソ連に引き渡し
エウジェニオ・ディ・サヴォイア	1933.7.6	1935.3.16	1936.1.16	1951ギリシアに引き渡し

エマヌエレ・フィリベルト・デュカ・ダオスタ級

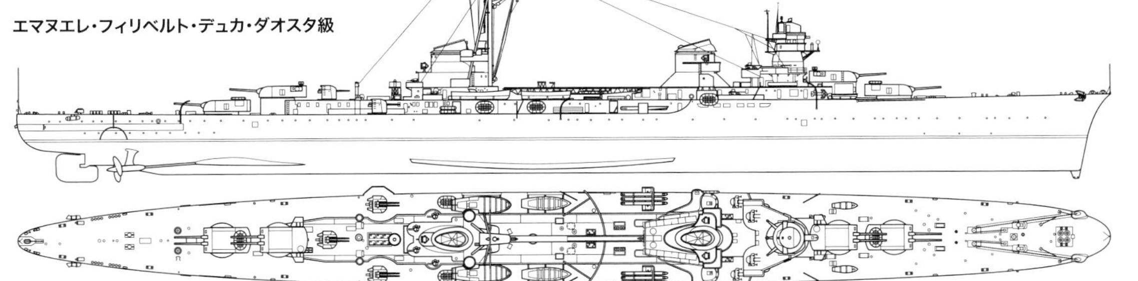

イタリア海軍

ルイジ・ディ・サヴォイア・デュカ・デグリ・アブルッチ級軽巡洋艦

コンドッチェリ級第5群

攻防性能を強化したコンドッチェリ級の最後期型

コンドッチェリ級の最終グループである本級では、より一層の復原性改善と、防御性能の向上が要求されたことで、多くの改正が再度為されている。船体の長さは前級と同様だがより拡幅されており、船首楼の長さも延長された。上構の配置も前級に連なると言えるが、艦橋形状の変化と、煙突配置の変更で下部に指揮所を持つ三脚檣の配置が艦尾側の3番砲塔直前に変わるなどしたため、艦の印象はかなり変わっている。

第二次大戦前に撮影された「ジュゼッペ・ガリバルディ」。新型の55口径15.2cm砲は艦の前後にそれぞれ、3連装砲とその一段上に連装砲を1基ずつ背負い式に搭載した

主砲はリットリオ級戦艦が副砲として搭載した新型の15.2cm55口径砲に代わり、これを新型の3連装砲塔と連装砲塔に収めて、これらを艦の前後に各1基搭載したので、片舷指向門数は10門に強化された。この砲は威力及び射程は他国の15cm級の砲に劣らない優秀な砲だったが、やや散布界が不良で、砲塔の機構が旧式で被弾時の抗堪性に問題があるなどの欠点が報じられてもいる。高角砲は他級同様に10cm連装高角砲が装備されたが、その装備数は4基（8門）に強化され、装備位置も旧来の艦の艦中央部～艦尾の中心線上に1基と、片舷宛て各1基（2基）から、両舷の艦橋横と艦中央部カタパルト側方に各1基の配置に変わっている。一方機銃の装備は前級と同様であり、雷装も前級から変化は無い。航空艤装は艦中央部にカタパルトを片舷宛て1基（計2基）を搭載、艦載水偵の機数も4機へと共に倍増が図られた。機雷の搭載量は80～108と前級より縮小されたが、他の級とは近い能力を持っていた。

装甲防御は配置を含めて変更が図られ、水線部は舷側側に30mm、艦内部の傾斜装甲に100mmの主装甲を配する形となり、甲板部は主装甲甲板が30mm(両端部)～40mm、その一層上の上甲板部にも弾片防御として15mmの装甲が施されている。また前後のバルクヘッド部分も、初期の艦の20mm、モンテクッコリ級の20～40mm、ダオスタ級の50～70mmに対して、一説に寄れば100mm+30mm+30mmとされるように、かなりの強化が図られた。砲塔部も最厚部が135mmに増厚、バーベット部は最厚100mmと強化される一方で、部位によっては90mm、50mm、30mmと低減するため、一部は前級より劣る面も生じているが、これらの改正により、総じて本級は条約型の大型軽巡の中でもトップクラスの装甲防御を持つといえる艦となっている。

この様な船型の拡大と装甲防御の充実により、本級の排水量は基準で9,440トン/9,050トン、満載で11,575トン/11,117トン（何れも1番艦/2番艦）と、英のサウサンプトン級に匹敵するまでに増大した。一方で計画要求速力が34ノットに抑えられたこともあり、機関出力は前2級より抑えられて100,000馬力とされた。機関は主機2基の2軸艦である事、その配置がシフト配置である事は変わらず、一方で缶室配置は、缶数が8基に変わったことを受けて、汽缶2基を置く缶室1室からなる前部汽缶室と、各室2基の汽缶を持つ缶室3室からなる後部汽缶室が置かれる形に変わった。なお、本級の戦時常用最高速力は31ノットであったと言われるが、短時間であれば「ガリバルディ」が排水量10,281トンで33.62ノットを発揮した記録が残る。航続力は燃料搭載量が増大する一方で、艦の大型化も影響したようで、12.7ノットで4,125浬に留まっている。

総じて英の大型軽巡に抗せる性能を持つに至ったと言える本級は2隻が計画されており、そのうち1番艦「アブルッチ」が1937年12月、2番艦「ガリバルディ」が同年10月に竣工しており、1番艦は戦前建造のイタリア巡洋艦で、戦前に竣工した最後の艦となった。両艦は戦前はスペイン内戦での哨戒や、「ガリバルディ」がアルバニアへの兵力輸送任務に就くなどしつつ、イタリアの第二次大戦参戦を迎えた。

この両艦は開戦後、イタリア軽巡兵力の主力として活動、英の輸送船団阻止や各種の護衛任務、英艦隊との交戦を含めた各種任務についており、ギリシア進攻時には兵力輸送や艦砲射撃任務を務めている。その中で1941年7月27日に「ガリバルディ」が英潜水艦「アップホルダー」の攻撃を受けて大破、「ガリバルディ」が同年11月22日に英雷撃機の攻撃で被雷損傷するなどの被害を受けつつも戦争を生き残り、イタリア休戦時に連合国側に接収された。その後この両艦は、南大西洋でのドイツの封鎖破り船捕捉のための哨戒任務に就いた後、1944年春以降「アブルッチ」は輸送及び練習任務に就き、「ガリバルディ」は予備艦扱いとなって、第二次大戦終戦を迎えた。なお、この間に両艦は、1943年時期に他艦同様に13.2mm機銃を撤去しての20mm機銃の増備を実施、また「アブルッチ」のみはドイツ式のレーダーを装備している。また1945年時期には、航空艤装の撤去も実施されている。

戦後の平和条約締結後、共にイタリア艦隊に残ったこの両艦は、新生艦隊の主力艦として長期にわたって行動する。その中で1949～53年時期に機関出力の低下（85,000馬力：30ノット）、電測兵装の全面的近代化・高角砲の減少と近接対空火器の増備（ボフォース式40mm機関砲24門）等の改装が行われ、「アブルッチ」はこの状態で1961年に退役する。一方、1957～61年に掛けて「テリア」SAMシステムの搭載、主砲の135mm両用砲への換装、煙突の単煙突化を含む大規模なミサイル巡洋艦への改装が実施された「ガリバルディ」は、以後も主砲の近代化等を図りつつ1971年2月まで現役にあった。なお、本艦はミサイル巡洋艦改装時に世界で唯一「ポラリス」SLBM（4発）の運用能力を付与された水上艦ともなり、戦略ミサイル艦としても活動可能な能力があったが、退役時まで「ポラリス」を実際に搭載したことはなかった。

こちらも戦前の「ルイジ・ディ・サヴォイア・デュカ・デグリ・アブルッチ」。コンドッチェリ級各型の中でも、前後の煙突の間隔が狭いのが本級の特徴となっている

戦後、ミサイル巡洋艦へ改装された「ジュゼッペ・ガリバルディ」。艦前部に13.5cm連装両用砲2基、旧3番砲位置に艦対空ミサイル「テリア」発射機、後部上構両舷に潜水艦発射弾道ミサイル「ポラリス」発射機を搭載し、上部構造も一新されている

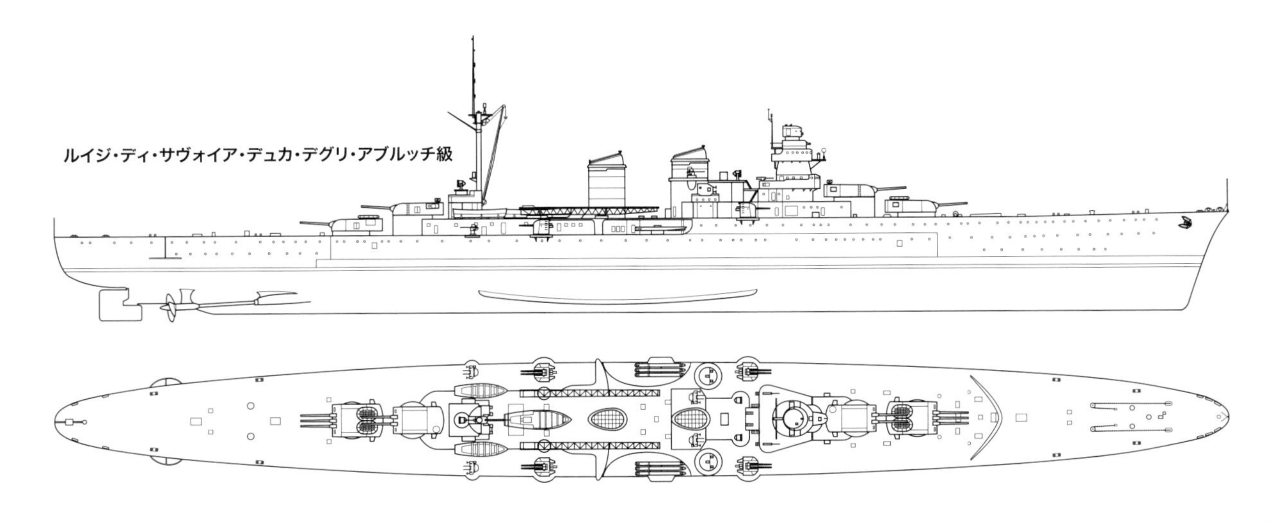

ルイジ・ディ・サヴォイア・デュカ・デグリ・アブルッチ級

	ルイジ・ディ・サヴォイア・デュカ・デグリ・アブルッチ級		
基準排水量	9,440トン（※）	満載排水量	11,575トン（※）
全長	187.0m	全幅	18.9m
吃水	6.1m		
主機/軸数	パーソンズ式ギヤード・タービン2基/2軸		
主缶	ヤーロー式重油専焼缶8基		
出力	100,000馬力	速力	34ノット
航続距離	12.7ノットで4,125浬		
兵装	55口径15.2cm3連装砲×2、同連装砲×2、47口径10cm連装高角砲×4、37mm連装機関砲×4、13.2mm連装機銃×4、53.3cm3連装魚雷発射管×2、水偵×4、射出機×2		
装甲厚	舷側100mm、甲板30～40mm、砲塔135mm、司令塔140mm		
乗員	640名		

※：「ジュゼッペ・ガリバルディ」は基準9,050トン、満載11,117トン

	起工	進水	竣工	
ルイジ・ディ・サヴォイア・デュカ・デグリ・アブルッチ	1933.12.28	1936.4.21	1937.12.1	1961除籍
ジュゼッペ・ガリバルディ	1933.12.28	1936.4.21	1937.12.20	1971除籍

イタリア海軍

カピタニ・ロマーニ級軽巡洋艦

仏大型駆逐艦に対抗すべく誕生した小型快速軽巡

1930年代に入った後も、フランス海軍は大型駆逐艦の整備を継続しており、イタリア海軍としても、これに対する対抗策を更に検討する必要が生じた。その中でイタリア海軍では、1937年に「洋上作戦用偵察艦」と称する、駆逐艦と軽巡の中間に位置する艦の整備検討を開始する。これは13.5cm砲8門、6.5cm高角砲6門、53.3cm魚雷発射管8門を搭載、装甲防御は弾片防御に留めて、最高速力41ノットを発揮可能な3,400トン型の艦とする、という要求の元に検討が開始されるが、排水量増大が避けられないために主砲及び雷装、40ノットの速力維持を優先した上で、高角砲の装備や航空機搭載を諦める等の妥協を行いつつ、設計が進められたものだ。

イタリア休戦直後、1943年10月の「スキピオネ・アフリカーノ」。前檣にGufoレーダーのアンテナを装備している

この小型巡洋艦の船型は艦橋部下方に甲板室を持つ平甲板型で、凌波性を確保する目的で強いシアを持つ艦首部にはフレアとナックルも付けられていた。頂部に射撃指揮所を持つ艦橋は比較的大型で、後部甲板室には小型の指揮所も設けられている。前檣は軽三脚檣で、後檣は小型の単檣が装備された。

砲装はアンドレア・ドリア級戦艦の副砲として用いられた13.5cm45口径砲が主砲として採用され、本級はこれを連装砲塔4基に収めて計8門を搭載することで、要求されたフランスの大型駆逐艦を凌駕する砲力を得ている。高角砲は持たず、主砲も基本的に平射砲であるため長距離対空戦闘能力は低いものの、近接対空火器は37mm連装型機関砲4基（8門）、20mm連装型機銃4基（8門）と、共に射撃速度に不満がある機銃ではあったが、計画時期での駆逐艦に近い艦としてみれば、相応の近接対空火力を付与されていたとも言える。

雷装は予定通り53.3cm4連装魚雷発射管が1番煙突後方に1基、後部指揮所と3番砲塔の間に1基の計2基が搭載された。因みに本級搭載の4連装発射管は、限られた艦上スペースに収めることを考慮して、通常の横置き型の多連装型発射管ではなく、上下に連装発射管を重ねた形態の特殊な4連装発射管が採用された点に特色があるが、これは実用性に難があり、本型の艦隊就役後に不評を買ってもいる。なお、本型は予備魚雷を4本持つほか、爆雷24発も搭載可能で、敷設艦として使用する場合には機雷114～130個の搭載も可能だった。

装甲防御は砲塔部のみに前面20mm、上面6mmの装甲が施されているが、他部分は駆逐艦と同様に非装甲とされていた。

機関は主機2基の2軸艦で、4基の汽缶は1缶ずつに分けて前後の汽缶室4個に分かれて配され、汽缶の配置は前部汽缶室と後部汽缶室の間に前部機械室、後部汽缶室の後方に後部機械室を置いたシフト配置が取られている。機関出力はダオスタ級と同様の110,000馬力で、艦が小型なだけに40ノットの発揮が可能とされたが、戦時の常用最大は36ノット程度だったという。燃料搭載量は1,400トンとダオスタ級並みにあり、汽缶技術の進歩もあってか、速力25ノットで3,000浬と、日本海軍が昭和19年に出した資料に基づいて計算した阿賀野型軽巡の同速力に近い性能を発揮可能であるなど、結構な航続性能を持つ艦でもあった。

本級は1939年に計12隻が起工されたが、戦局の変化もあって1941年に「ドルソ」「ティベリオ」「エミリオ」「アグリッパ」の4隻が工事中止、船台上で解体され、1940年～1942年に掛けて残る8隻は進水まで至るが、戦時下の物資調達等の問題もあって、戦時中に竣工したのは3隻のみである。

このうち本級で最初に1942年5月に竣工した「アッティリオ・レゴロ」は、以後まず水雷戦隊旗艦として活動するが、機雷敷設作戦中の1942年11月9日に英潜水艦「アンラッフルド」の雷撃を受けて艦首前部を失う損傷を受け、1943年中期に修理を終えて現役に復帰するが、終戦まで特に目立つ活動はしていない。戦後予備艦扱いとなった後、1948年に除籍された後に賠償艦としてフランスに引き渡されて「シャトールノー」に改名、1961年まで使用された。

1943年4月に竣工した「スキピオネ・アフリカーノ」は、艦隊就役直後の1943年7月15日に英魚雷艇と交戦して1隻を撃沈する戦果を挙げたが、その後機雷敷設任務等で使用された後に休戦を迎えた。休戦時期は各種の輸送任務に従事しつつ終戦を迎え、1948年に除籍された後にフランスに引き渡されて「ギシャン」と改名、1962年まで現役にあった。因みにこの両艦は、1943年時期に電探装備の改正を受けている。

1943年6月に竣工にこぎ着けた3番艦の「ポンペオ・マー

※：Combined Diesel And Gas turbineの略。ディーゼルとガス・タービンを組み合わせた推進方式。

ノ」は、就役が遅かっただけに特に戦時中には目立つ活動は出来ず、休戦後輸送及び練習任務等に使用された後の1948年に一旦除籍されている。

進水に至ったが休戦で工事を中止した他の4隻は、全艦が休戦後の戦中に自沈もしくは空襲、英の人間魚雷の攻撃で沈没に至った。だがそのうち「ゲルマニコ」だけは1947年にサルベージされ、1951年以降「マーノ」と共に米式の12.7cm連装砲3基、40mm機関砲20門、旧2番砲位置に対潜臼砲を装備、米式の電測及び水測兵装を搭載する徹底的な近代化改装を実施の上で、「ゲルマニコ」は「サン・マルコ」に改名の上で1956年に、「マーノ」は「サン・ジョルジョ」となって1957年に艦隊に再役する。再役後は嚮導駆逐艦として扱われたこの両艦のうち、「サン・マルコ」はこのままの状態で1971年に退役するが、「サン・ジョルジョ」は1963年～65年に機関形式のCODAG（※）への変更、各種兵装変更及び士官候補生130名を収容可能な設備を施す改装を実施の上で、以後練習艦として使用され、1980年まで艦籍にあった。

1945年1月に撮影された「アッティリオ・レゴロ」。後続する駆逐艦はソルダティ級の「ミトラリエーレ」「カラビニエーレ」「フチリエーレ」

「ポンペオ・マーノ」は戦後、大規模な改修を経てイタリア海軍に再就役した。写真は「サン・ジョルジョ」となった1961年の姿で、旧2番砲位置の対潜臼砲、一新されたマスト形状や電測兵装が目を惹く

カピタニ・ロマーニ級

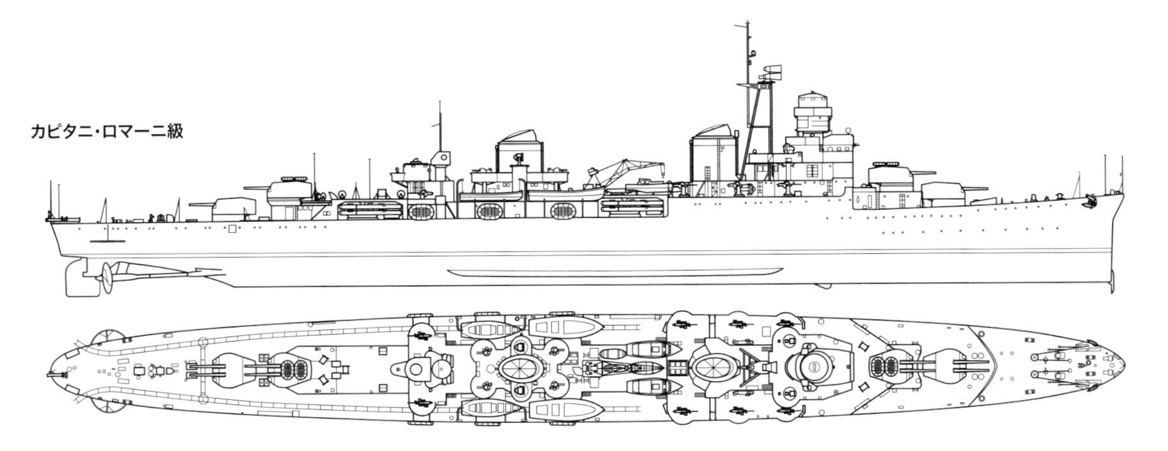

	カピタニ・ロマーニ級
基準排水量	3,750トン
満載排水量	5,420トン
全長	142.9m
全幅	14.4m
吃水	4.1m
主機/軸数	ベルッツォ式(※)ギヤード・タービン2基/2軸
主缶	ソーニクロフト式重油専焼缶4基
出力	110,000馬力
速力	40ノット
航続距離	25ノットで3,000浬
兵装	45口径13.5cm連装砲×4、37mm連装機関砲×4、20mm連装機銃×4、53.3cm4連装魚雷発射管×2
装甲厚	砲塔20mm
乗員	418名

※:「オッタヴィアーノ・アウグスト」「ポンペオ・マーノ」はパーソンズ式

	起工	進水	竣工	
アッティリオ・レゴロ	1939.9.28	1940.8.28	1942.5.15	1948フランスに引き渡し
カイオ・マリオ	1939.9.28	1941.8.17		1944未成のまま自沈
クラウディオ・ドルソ	1939.9.27			1940建造中止
クラウディオ・ティベリオ	1939.9.28			1940建造中止
コルネリオ・シラ	1939.10.12	1941.6.28		1944.7未成のまま沈没
ジュリオ・ゲルマニコ	1939.4.3	1941.7.26		1943.9.28未成のまま自沈(※1)
オッタヴィアーノ・アウグスト	1939.9.23	1941.5.31		1943.11.1未成のまま沈没
パオロ・エミリオ	1939.10.12			1940建造中止
ポンペオ・マーノ	1939.9.23	1941.8.24	1943.6.24	1950除籍(※2)
スキピオネ・アフリカーノ	1939.9.28	1941.1.12	1943.4.23	1948フランスに引き渡し
ウルピオ・トライアーノ	1939.9.28	1942.11.30		1943.1.3未成のまま沈没
ヴィプサニーオ・アグリッパ	1939.10			1940.6建造中止

※1:戦後、引き揚げの上で1956年に大型対潜艦「サン・マルコ」として竣工。1971年除籍。
※2:大型対潜艦に改装され「サン・ジョルジョ」に改名。1965年に練習艦となり、1980年除籍。

イタリア海軍

トレント級重巡洋艦

航洋性能に秀でたイタリア初の条約型重巡

イタリア海軍が条約型重巡の建造を企図したのはワシントン条約締結直後時期のことだが、これが具現化するのは1924年にフランスが同種の条約型重巡の建造推進を開始して以降のこととなる。イタリア海軍では、当初10,000トン型重巡は艦隊の偵察艦として使用することを前提としており、その中で20.3cm砲8門の搭載と速力35ノットの速力発揮を最重点事項とし、それを充たしつつ条約制限内である程度の防御を持たせる、と言う方針の下で、新巡洋艦の設計が進められ、1925年よりこれに基づくトレント級2隻の建造が行われる。

艦首のカタパルト上に水偵を搭載した「トレント」。航空艤装の艦首部への配置は、この時期のイタリア重巡に見られる特徴だった

船体は軽量化のために艦首から艦尾に緩やかに傾斜した平甲板型とされ、艦橋は当初三脚、竣工後に振動対策で五脚とされた頂部に射撃指揮所を置く上部艦橋と、その前部に航海艦橋と司令塔を置くこの時期以降のイタリア巡洋艦の標準形式となる艦橋配置が為された。後檣は後部煙突前に三脚式のものが設けられている。

本級が搭載した20.3cm砲は、新型巡洋艦用に新開発された1924年型の50口径砲で、これを連装砲塔4基（計8門：前後部に各2基）に収めて搭載している。この砲は射程等のカタログ値は優良だが、仰角によって射撃速度が戦艦主砲なみに落ちること、砲身間隔の狭い砲塔を採用したことで、高初速も相まって砲弾の相互干渉が酷く、散布界過大という問題も抱えるなど、実用性は良くなかった。

軽艦艇攻撃用の副砲も兼ねたという高角砲は10cm連装高角砲8基（16門）と、当時の巡洋艦としては最大級の数が搭載されている。ただこれも、砲の性能と射撃指揮装置の能力問題もあって、高角砲としての実効性は高くなかった。近接対空火器はビッカース式の40mm単装機関砲（英のポンポン砲と同様）4門と、12.7mm機銃4門装備と、当時としては相応のものが装備されていた。雷装は偵察艦だけに53.3cm連装発射管が片舷宛て2基（計4基：8門）と、相応のものが付与されている。

航空兵装は排水量制約から艦の全長抑制の目的で艦首側に置かれ、艦首にカタパルト1基と揚収用格納式クレーン、1番砲塔前部の艦内部に水偵3機収容可能な格納庫があり、格納庫からカタパルト後端部に通じる航空機用エレベーターを持つ、という特徴のある装備が為されている。ただしこの配置は艦の大型化を抑制しつつ、比較的大きな航空機運用能力を確保出来るが、艦首配置では波を被ることが多く航空機の運用に支障が出ること、艦首に触雷や被雷で浸水が生じた場合、艦内にある格納庫に大規模浸水が生じる恐れがあるため、抗堪性の面からも望ましくないとされて、1920年代にはイタリア巡洋艦で良く見られたこの配置は、1930年代に入ると採用されなくなった。

防御は水線装甲帯が70mm、その上端に接する水平装甲が50mmと、垂直側は重巡としてはやや薄めだが、上甲板は他国の艦と比べてもむしろ勝る程度の装甲厚があった。砲塔部は100mm、バーベット部は60～70mmと、これも相応のものがある。

機関型式は汽缶12基、主機4基の4軸艦とされた。汽缶は前部缶室に8基、後部缶室に4基が配されており、各機関室の後方に設けた中央隔壁で仕切られた前後部の機械室に主機を各2基ずつ配したシフト配置として、機関部の抗堪性を向上させている。最高出力は150,000馬力で、最高速力35ノットの要求をクリアしたが、航続力は地中海を主戦場にする艦だけに要求も大きくは無かったが、その燃料搭載量から見て、16ノットで4,160浬は短かいものとも言えた。

本級2隻のうち、1番艦「トレント」は1929年4月、2番艦「ト

1932年、上海における「トレント」。横付けしているのは伊海軍の駆逐艦「エスペロ」で、写真中央の奥には英ケント級重巡の姿も。米重巡「ヒューストン」からの撮影で、手前には同艦の測距儀が写りこんでいる

リエステ」はそれよりやや早い1928年12月に竣工した。当初軽巡扱いだったが、ロンドン条約締結後に艦種を重巡に変更されたこの両艦のうち、就役後巡洋艦隊旗艦となった前者は、就役後まもなくの南米巡航、1932年時期の中国方面展開等を経験しつつ、地中海での行動に従事していた。一方後者は就役後常に地中海で活動続けていたという相違はあったが、両艦共に戦前は平穏な活動を継続していた。なお、本級は就役後に艦隊からは、防御力が弱体なのは欠点とされたが、兵装と速力及び航洋性能は優良である事が評価されて、好評を博していたという。

その中で本級は1937年時期に射撃指揮所の測距儀撤去、10cm連装高角砲2基を撤去して、37mm連装機関砲へと換装、これに加えて同機関砲を2基を増備したほか、その後40mm機関砲と12.7mm機銃を全数撤去して、13.2mm連装機銃8基（16門）を増備する改装等を実施、この状態で第二次大戦参戦を迎えた。

参戦時第3戦隊旗艦だった「トレント」はカラブリア沖海戦を嚆矢として、マタパン岬沖海戦や第一次及び第二次シルテ湾海戦等の艦隊の戦闘に参加、また輸送任務を含む各種作戦に従事したが、1942年6月15日、マルタ島への強行輸送に向かう英の輸送船団迎撃に赴く最中、航空機の雷撃により損傷、行動不能状態となったところを英潜水艦「アンブラ」からの雷撃を受けて弾火薬庫が誘爆、爆沈して失われた。

マタパン岬沖海戦時には第3戦隊旗艦も務めた「トリエステ」は、開戦当初より同一戦隊の「トレント」と共に活動するが、1941年11月21日に英潜水艦「アトモースト」の雷撃を受けて損傷、1942年半ばまで第一線を離れてしまった。損傷復旧後は連合軍のマルタ島向け船団迎撃や、北アフリカ向け輸送船団の護衛等の任務をこなしていたが、1943年初頭時期には燃料不足の深刻化で外洋行動は低調となり、サルディニア島のラ・マッダレーナ港に停泊中の同年4月10日に米重爆の爆撃によって被爆沈没した。

戦時中には20mm機銃の増備が行われたのを除けば、特に目立つ改正は行われていない。その装備数は1942年時期には両艦共に4門、1943年時期の「トリエステ」は6門と言われる。

竣工間もない時期の撮影と思われる「トリエステ」。前檣周辺は後年と比べてシンプルなシルエットとなっている

トレント級「トレント」(1942年)

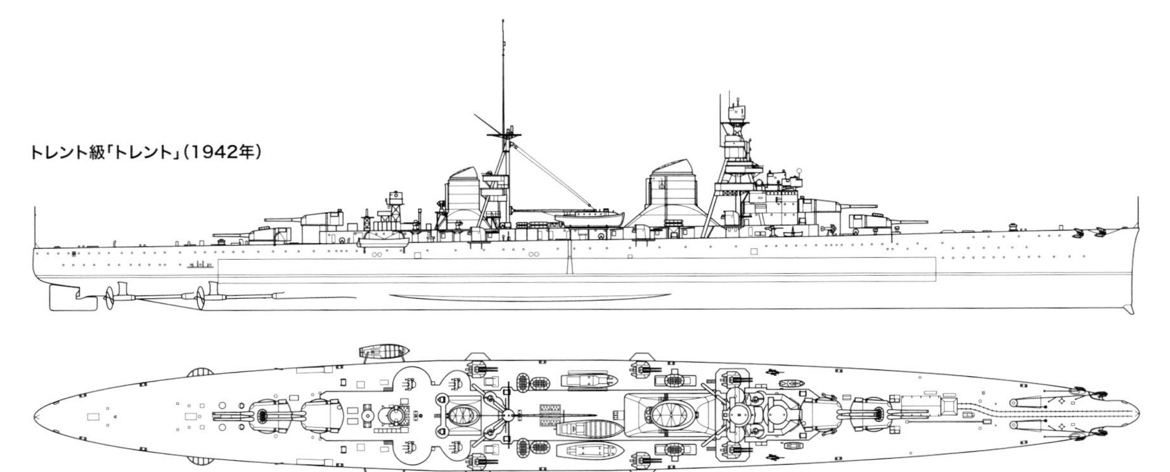

	トレント級
基準排水量	10,511トン ※
満載排水量	13,548トン
全長	196.9m
全幅	20.6m
吃水	6.8m
主機/軸数	パーソンズ式ギヤード・タービン4基/4軸
主缶	ヤーロー式重油専焼缶12基
出力	150,000馬力
速力	35ノット
航続距離	16ノットで4,160浬
兵装	50口径20.3cm連装砲×4、47口径10cm連装高角砲×8、40mm単装機関砲×4、12.7mm単装機銃×4、53.3cm連装魚雷発射管×4、水偵×3、射出機×1
装甲厚	舷側70mm、甲板20～50mm、主砲塔100mm、司令塔100mm
乗員	723名(戦時781名)

※:「トリエステ」は10,505トン

	起工	進水	竣工	
トレント	1925.2.8	1927.10.4	1929.4.3	1942.6.15戦没
トリエステ	1925.6.22	1926.10.24	1928.12.21	1943.4.10戦没

イタリア海軍

ザラ級重巡洋艦

条約型重巡の中でも屈指の重装甲を誇る

トレント級の整備開始後、イタリア海軍では艦隊の主力は旧来の戦艦ではなく、空母を中核とした艦隊航空兵力である、という方針が一旦確定する（もっともこれは空軍との争いの中で結局実現せず、1930年代には戦艦中心主義に回帰することになる）。その中で空母と行動を共にする事が可能な大型で高速の20.3cm砲搭載巡洋艦は艦隊の中核艦と見做されるようになるが、この目的で使用する艦としては、トレント級は軽防御に過ぎると見做されたため、速力を抑える代わりに防御力を向上させた艦の整備を行うこととされた。これがザラ級として整備された艦となる。

船殻重量軽減のために船体形式は平甲板型から長船首楼型に改められており、艦橋構造は前型の流れを汲むが、上部と下部の構造物の距離が近づいたことと、上部の構造物の構造がより強化されたことで、より重厚感を持つものへと変化した。また最終艦「ポーラ」では、下部艦橋を大型化して、前部煙突と下部艦橋を結合した形とされたことで、他の3艦との外見的相違が生じてもいる。

砲装は新型の1927年型の20.3cm53口径砲に変わり、威力を含めて、カタログ上の性能は更に向上した。ただし砲塔が前級同様の構造で射撃速度に問題を抱えていたこと、砲弾の相互干渉による散布界過大等の問題は解決していない。対空火器のうち、高角砲の装備は前級と同様で、対して近接対空火器の装備は40mm機関砲4 ～ 6門、12.7mm機銃8門と若干変わるが、「ザラ」と「フューメ」では竣工から1936年時期まで、対空機関砲が装備されていない時期がある。水雷兵装の搭載は排水量制限から見送られており、一方で航空艤装の配置はトレント級と同様とされているが、搭載機数が2機に減少した事を受けて、艦首の格納庫のサイズが縮小されてもいる。

防御力強化の要求を受けて、水線装甲は150mm、その上端に接する甲板装甲は70mm、その一層上の甲板に20mmの弾片防御装甲の付与が行われるなど、垂直・水平防御共に各国の重巡の中でも最大級の装甲が施された。砲塔の防御も前面150mm、バーベット部150mmと、やはり各国重巡の中でも重装備となる装甲がなされていた（装甲重量は、トレント級の888トンに対して、本級では約1,500トンに達してもいた）。ただ水中防御は、排水量制限もあって前級同様に本格的なものは実施出来なかった。

防御増大の代償として、機関出力を抑えることが前提とされたことから、主缶数は8基、機関は主機2基の2軸艦となり、出力は95,000馬力で、速力は32ノットに低下している。機関室の配置は浸水時の被害を局限するため、機関及び主機械は全て中央隔壁を隔てて1室に1基を配置、前部区画には汽缶5基と主機械1基（右舷側）、後部区画では汽缶3基と主機械1基（左舷側）に置くという徹底的なシフト配置が取られている。航続性能は前級同様重視されてはいないが、燃料搭載量が日本重巡並みの2,400トンにまで増大したことで、16ノットでの巡航性能は4,600 ～ 5,400浬と相応のものがあった。

ナポリにて4隻並んだザラ級重巡洋艦。手前から順に「フューメ」「ザラ」「ポーラ」「ゴリツィア」

本級は1929年から1931年に掛けて4隻が起工され、1931年10月20日に竣工した「ザラ」を皮切りとして、1932年12月21日に竣工した「ポーラ」を除いた3艦は1931年に中に竣工している。竣工時点での基準排水量は11,500 ～ 11,900トン、満載排水量14,300 ～ 14,500トンと、日本の妙高型や高雄型に匹敵するもので、条約の制限は大幅に超過していたが、日本同様に公称は基準10,000トンの艦と発表されている。その大きさも幸いして、艦隊での就役後の本級の評価は、艦の容積が若干狭いという評もあったが、その砲力と耐弾防御力、良好な航洋性能を持つことから、高いものだったという。

艦隊就役後の本級は、当時旧式化して有用に使用出来ないと判定されていた戦艦に変わり、名実ともに艦隊の中核兵力として扱われる艦となり、第1戦隊旗艦の本型が事実上艦隊旗艦を務めることにもなった。戦前に交代でスペイン内戦の哨戒任務にも就いた本級は1936年以降、トレント級と同様の近接対空火器の見直しが行われており、1939年には対空火器の装備数は10cm連装高角砲6基（12門）、37mm連装機関砲4基（8門）、13.2mm機銃8門と、大戦初期の巡洋艦としては、相応の装備を為した状態で、イタリア参戦を迎えた。

改装戦艦及び新型戦艦の就役後は、艦隊の中核兵力及び艦隊旗艦の座を戦艦に譲ってはいたが、なお巡洋艦部隊の中核的存在だった本級は、カラブリア沖海戦以降の各種艦隊作戦に投ぜられ、「ザラ」は1940年11月27日に英重巡「バーウィック」と交戦してこれを損傷させる等の戦果も挙げた。しかし1941年3月28日のマタパン岬沖海戦では、まず「ポーラ」が英雷撃機の攻撃を受けて航行不能となった後、これの救難作業に付いていた「ザラ」「フューメ」の両艦は、同日夜に英戦艦「ウォースパイト」「ヴァリアント」「バーラム」から3km程度の距離から38.1cm砲の猛撃を受けて沈没、「ポーラ」も続く夜戦の中で英駆逐艦の攻撃で波間に姿を没し、結果として3隻を一度に失ってしまう。

写真の「ポーラ」は艦橋構造物を後方に拡大し、前部煙突と接合した形式にしている点が、他の3隻と異なっていた

唯一生き残った「ゴリツィア」は、爾後第3戦隊に転じて「トレント」等と1942年末まで行動を共にするが、1943年になると燃料欠乏により活動が停滞してしまう。同年4月10日にラ・マッダレーナ港で「トレント」と共に米重爆の爆撃を受け、大破した「ゴリツィア」は、爾後ラ・スペチアに廻航されて修理を開始するが、工事未了のままイタリアの休戦を迎えて、9月9日にドイツ側が鹵獲した。この後同港の封鎖船として使用された「ゴリツィア」は、1944年6月26日に英伊協同の特殊潜航艇隊の攻撃で撃沈されて最期を遂げた。

ザラ級の前部主砲塔だが、写真からもわかるように連装砲の左右の間隔が狭いため、砲弾の相互干渉による散布界過大という問題を抱えていた

ザラ級「ザラ」(1941年)

	ザラ級
基準排水量	11,870トン ※1
満載排水量	14,560トン
全長	182.8m
全幅	20.6m
吃水	6.2m
主機/軸数	パーソンズ式ギヤード・タービン2基/2軸
主缶	ソーニクロフト式重油専焼缶8基 ※2
出力	95,000馬力
速力	32ノット
航続距離	16ノットで5,361浬 ※3
兵装	53口径20.3cm連装砲×4、47口径10cm連装高角砲×8、40mm単装機関砲×4～6、13.2mm連装機銃×4、水偵×2、射出機×1
装甲厚	舷側150mm、甲板70mm、主砲塔前楯150mm、司令塔150mm
乗員	841名

※1:「フューメ」は11,508トン、「ゴリツィア」は11,900トン、「ポーラ」は11,730トン
※2:「フューメ」はヤーロー式
※3:同速力で「フューメ」は4,480浬、「ゴリツィア」は5,434浬、「ポーラ」は5,230浬

	起工	進水	竣工	
ザラ	1929.7.4	1930.4.27	1931.10.20	1941.3.29戦没
フューメ	1929.4.29	1930.4.27	1931.11.23	1941.3.29戦没
ゴリツィア	1930.3.17	1931.12.28	1931.12.23	1944.6.26戦没
ポーラ	1931.3.17	1931.12.5	1932.12.21	1941.3.29戦没

イタリア海軍

重巡洋艦「ボルツァーノ」

快速軽装甲に立ち返った改トレント級

「ボルツァーノ」はザラ級の整備と並行して、偵察艦として運用する重巡として整備が企図されたものだ。

その設計はトレント級を元にしつつ、新型主砲の採用による砲力の強化、最高速力36ノット達成のための機関改正等で、このため船体や装甲防御は基本的に同級と変わらないものとされている。上構の配置も同級に倣っているが、艦橋が「ポーラ」に倣った前部煙突を包括する形状のものとなったことや、砲装の強化で砲塔が大型化したこと、航空艤装がトレント級とは異なって前後部の煙突間に配されたことから、艦容はかなりの変化を見ている。

砲装は主砲がザラ級装備のものと同様とされたのを除けば、基本的にはトレント級と大差は無い。その主砲塔の形状と砲塔の機構はザラ級と同様で、一方で砲塔とバーベット部の装甲防御はトレント級と同じとなっている。航空艤装は既述のように艦中央部にカタパルト1基を装備する形に代わり、これにより艦首側への触雷時及び被雷時の抗堪性が向上する事にもなった。艦載機数はトレント級と同じで、カタパルト上とその周囲を合わせて最大3機の水偵を搭載することが出来た。

機関の公称出力はトレント級と変わらず、主機も同一の4機4軸艦とされているが、大型の汽缶の採用で、汽缶数は10に減少している。機関配置もトレント級と同様のシフト配置で、缶数減少により前部缶室の缶数は6に減少しており、抗堪性向上のためにトレント級では1缶室あたり4基の汽缶を収めていたのに対し（缶室数は前部2、後部1）、本艦では抗堪性向上のために各缶室に2基づつ汽缶を収める形に変更が為されるなど（缶室数は前部3、後部2）、各所で相違が生じている。なお、本艦の常用状態での速力性能は、機関出力から見てトレント級と大差無かったはずである。一方で航続力は、燃料搭載量が若干向上したことで、16ノットで4,432浬と微増している。

1933年8月に竣工した「ボルツァーノ」は、1937年と1939年にトレント級と同様の近接対空兵装増強の工事を実施した状態で第二次大戦に参加する。開戦後はトレント級と同一戦隊を組んで行動、艦隊同士の戦闘や各種の護衛任務、対地支援などの様々な任務に就き、その中で1941年8月25日に英潜水艦「トライアンフ」の雷撃を受けて大破する。

3カ月の修理作業後、艦隊作戦に復帰するが、1942年8月に実施された英マルタ島への強行輸送作戦である「ペデスタル」作戦の船団阻止に出動した際、英潜水艦「アンブロークン」からの雷撃で大破してしまう。この後ラ・スペチアに廻航されて修理が行われるが、イタリア休戦時にもその修理は完工しておらず、その状態で「ゴリツィア」と共にドイツ軍に鹵獲された。以後そのまま放置された本艦は、1944年6月21日の英伊協同による特殊潜航艇隊の攻撃で撃沈され、戦後解体された。

新造時と思われる「ボルツァーノ」。イタリアが建造した最後の重巡洋艦となった本艦は、前2級の運用実績を踏まえ、設計面でも洗練されていた

	ボルツァーノ		
基準排水量	10,890トン	満載排水量	13,665トン
全長	196.9m	全幅	20.6m
吃水	6.8m		
主機/軸数	パーソンズ式ギヤード・タービン4基/4軸		
主缶	ヤーロー式重油専焼缶10基		
出力	150,000馬力	速力	35ノット
航続距離	16ノットで4,432浬		
兵装	53口径20.3cm連装砲×4、47口径10cm連装高角砲×8、40mm単装機銃×4、13.2mm連装機銃×4、53.3cm連装魚雷発射管×4、水偵×3、射出機×1		
装甲厚	舷側70mm、甲板50mm、主砲塔前楯100mm、司令塔100mm		
乗員	725名		

	起工	進水	竣工	
ボルツァーノ	1930.6.11	1932.8.31	1933.8.19	1944.6.21戦没

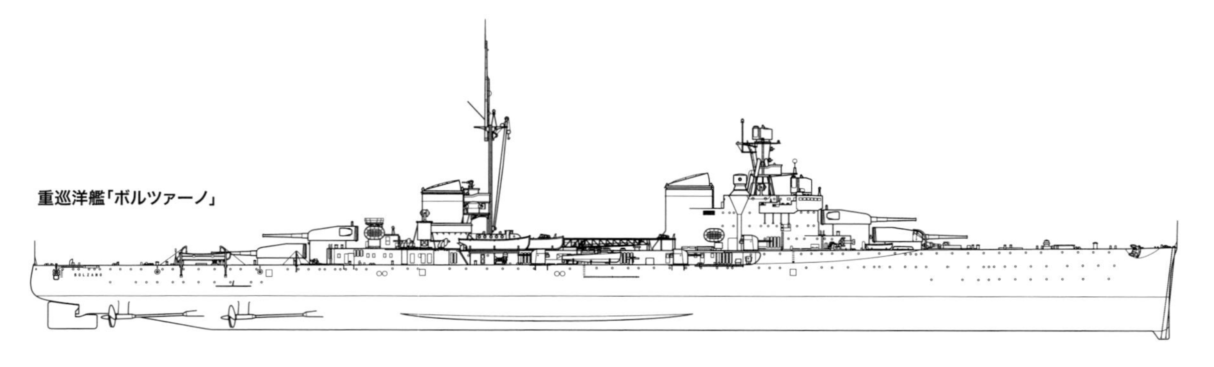
重巡洋艦「ボルツァーノ」

イタリア海軍

巡洋艦「タラント」／「バリ」

植民地警護艦として第二次大戦にも参加した旧独墺巡洋艦

第一次大戦後、イタリア海軍は戦時賠償として、旧オーストリア・ハンガリー海軍と旧ドイツ海軍から総計5隻の軽巡洋艦を受け取っていたが、そのうち旧ドイツ軽巡の「タラント」（旧艦名「シュトラスブルク」：マクデブルク級：1912年10月竣工）と「バリ」（旧艦名「ピラウ」：ピラウ級：1914年12月竣工）の2隻は、第二次大戦期でも活動を行っている。

このうち「タラント」は、1936年～1937年時期に植民地警護艦としての改装を実施しており、その中で兵装は雷装を撤去の上で、砲装は15cm砲7門、7.5cm高角砲2門（後に7.6cm高角砲に換装）、20mm機銃8門、13.2mm機銃10門を搭載する形に改められた。また機関も最前部の汽缶2基を撤去し、1番煙突を2番煙突に結合して3本煙突艦とする措置が取られ、機関出力が元来の約29,900馬力から13,000馬力と減少したことで、速力もは約28ノットから21ノットに低下していた。

この状態でイタリア参戦を迎えた本艦は、開戦後まず機雷敷設任務等で使用され、1941年5月のクレタ島進攻作戦では、兵員輸送の高速輸送艦としても任務に就いていた。休戦時期には旧式化が進んだこともあって予備役扱いで保管状態にあり、休戦後に乗員の手で自沈処分された。その直後に浮揚されたが1943年10月に空襲を受けて再度沈没、その後また浮揚されたが、3度目の沈没となった1944年9月23日の空襲後に放棄が決定され、戦後に解体された。

植民地警備艦へ改装後の「タラント」。3本煙突に見えるが、最も前よりの煙突は旧来の1番・2番煙突を結合させたため、基部が艦首尾方向に太くなっていた

イタリア海軍に引き渡されてから間もない時期の「バリ」（旧艦名「ピラウ」）。主砲の15cm単装砲8門は左右各4基の両舷配置となっている

第二次大戦中に撮影された「バリ」。当初は艦橋直後にあった煙突1本が1934～35年の改装で撤去され、2本煙突となった

「バリ」も1934年～1935年に植民地警護艦の改装を受けたが、その内容は旧来の汽缶を全撤去の上での新型の重油専焼缶を4基搭載する形として、それに伴って旧来の3本煙突に替わって2本の煙突が新設されるなど、「タラント」より近代的な内容となっている。因みにこの機関改正で出力は従前の30,000馬力から21,000馬力に低下、速力も3ノット低下した24.5ノットとなったが、重油専焼化とより効率の高い新型缶の搭載により、航続力は以前より向上してもいる。兵装は雷装が撤去されたのは「タラント」と同様だが、15cm砲8門と7.5cm高角砲3門（後に7.6cm高角砲に換装）を装備するなど、この面でも同艦より勝っていた。

「バリ」は第二次大戦参戦後、戦時改装で20mm機銃6門の増備、前檣の高さ減少等、小規模な改正を実施しつつ、1940年10月のコルフ島上陸作戦、1942年初期のモンテネグロ地区での対パルチザン戦等における艦砲射撃支援任務、1942年11月のコルシカ進攻作戦での兵員輸送任務への充当など、目立たないながら相応の活躍を続けていた。この時期になっても艦の状態が悪くなかった「バリ」は、1943年初頭より90mm高角砲もしくは65mm高角砲を搭載する防空巡洋艦改装が開始されたが、工事終了前の6月28日に米重爆の爆撃を受けて沈没してしまい、その残骸は戦後に解体された。

	タラント（1924年）	バリ（1924年）
常備排水量	4,570トン	4,390トン（基準）
満載排水量	-	5,252トン
全長	138.7m	135.3m
全幅	13.5m	13.6m
吃水	5.2m	5.3m
主機/軸数	パーソンズ式直結タービン2基/2軸	パーソンズ・シーヒャウ式直結タービン2基/2軸
主缶	シュルツ・ソーニクロフト式混焼缶16基	ヤーロー式石炭混焼缶6基、同重油専焼缶4基
出力	25,000馬力	28,000馬力
速力	27ノット	27.5ノット
航続距離	12ノットで5,820浬	12ノットで4,300浬
兵装	45口径15cm単装砲×7、7.6cm単装高角砲×2、50cm単装魚雷発射管×2（水上）、同×2（水中）、機雷×120	45口径15cm単装砲×8、40口径7.6cm単装高角砲×3、50cm単装魚雷発射管×2（水上）、機雷×120
装甲厚	舷側18～60mm、甲板20～60mm、主砲防盾50mm、司令塔100mm	甲板20～80mm、主砲防盾50mm、司令塔50～75mm
乗員	461名	442名

タラント	1912.10.9 独シュトラスブルクとして就役	1920 イタリアに引き渡し	1944.9.23戦没
バリ	1914.12.14 独ピラウとして就役	1920.7.20 イタリアに引き渡し	1943.6.28大破着底

コラム⑤

大型巡洋艦

ワシントン条約で生まれた「政治的な艦」でもあった条約型巡洋艦という艦は、色々な制限はあったが基本的に各国の海軍にとって強力な戦力をもたらす艦だった。各国で重巡洋艦を含む大型巡洋艦兵力が拡大すると、これに対して優位に戦闘を進めることができる攻防力と、戦術的に不利にならない速力を持つ大型巡洋艦の整備も検討されるようにもなる。この種の艦は強力な重巡及び軽巡兵力を持つ国を仮想敵としていて、それに対抗できるだけの巡洋艦戦力を確保出来ない国にとっては、より少数の艦で対抗可能な戦力の確保が出来る可能性が生じるなど、魅力的な存在でもあったことから、戦間期にこの種の艦の検討を行った国は少なくない。だがこの種の艦は、必要な攻防力を付与すると、中型以上の高速戦艦に類似するサイズの艦となってしまい、建造費用の問題もあって実現しないことが多かった。更に戦時中に大型艦の建造のリソース確保が難しく、その中で兵力量確保の面もあって、より整備が容易な重巡及び大型軽巡の整備が進められたこともあり、その整備が実現した例は限られた。

■ドイツの大型巡洋艦

この手の艦の嚆矢とも言える存在となったのは、ドイツのドイッチュラント級装甲艦だった。これは元来ヴェルサイユ条約で保有が認められた旧式戦艦の代替として、純戦艦型の艦とする予定だったものを、検討途上でドイツとフランスの巡洋艦隊が交戦した場合、条約型重巡を持つフランス側が優位とな

ドイッチュラント級の3番艦「アドミラル・グラーフ・シュペー」。1939年12月のラプラタ沖海戦で英艦隊と交戦し損傷、ウルグアイのモンテビデオ港外で自沈したことで知られる

ドイッチュラント級装甲艦のネームシップ「ドイッチュラント」(1940年に「リュッツォウ」に改名)。基準排水量10,600トン、全長186m、速力26ノット(計画)、武装は52口径28.3cm3連装砲2基、55口径14.9cm単装砲8基のほか53.3cm4連装魚雷発射管2基など、装甲厚は舷側50～80mm、甲板30～45mm

O級巡洋戦艦(計画値)

常備排水量:31,152トン/全長:248.2m/全幅:30m/主機/軸数:ブラウン・ボベリ式ギヤード・タービン1基、MAN式ディーゼル8基/3軸/主缶:ワグナー式重油専焼缶4基/出力:176,000馬力/速力:33.5ノット/航続力:19ノットで14,000浬/兵装:47口径38.1cm連装砲×3、50口径15cm連装砲×3、65口径10.5cm連装高角砲×4、37mm連装機関砲×4、水偵×4、射出機×1/装甲厚:舷側90～190mm、上甲板30mm、主甲板60mm、主砲塔前楯220mm、司令塔200mm/乗員:1,965名

O級巡洋戦艦

アラスカ級大型巡洋艦

基準排水量:29,799トン/全長:246.43m/全幅:27.76m/吃水:9.68m/主機/軸数:ジェネラル・エレクトリック式ギヤード・タービン4基/4軸/主缶:バブコック&ウィルコックス式重油専焼缶8基/出力:150,000馬力/速力:33ノット/航続力:15ノットで12,000浬/兵装:50口径30.5cm3連装砲×3、38口径12.7cm連装両用砲×6、40mm4連装機関砲×14、20mm単装機銃×34、水偵×3、射出機×2/装甲厚:舷側229mm、甲板101mm、主砲塔前楯325mm、司令塔269mm/乗員:1,517名(計画)

アラスカ級大型巡洋艦「アラスカ」(1944年)

るため、巡洋艦部隊の支援が可能な最低限の速力付与が求められたこともあり、結果として条約制限の10,000トンという排水量の中で、砲力と防御力を犠牲にして、必要な速力を付与した装甲巡洋艦的な艦とせざるを得なくなった、という事情がある。以後この種の艦の検討における指針的存在ともなった事で知られる本級は、艦隊側からは「戦艦に砲力で劣り、巡洋艦から逃げる速力はない」として、あまり評判は良くはなかったが、第二次大戦時には通商破壊任務で相応の働きを見せてもいる。なお、本級は戦艦扱いされることも多いが、1940年2月に装甲艦から重巡に類別変更されて、名実共に「巡洋艦」扱いとなってもいる。

ドイツ海軍では対英戦を考慮した「Z艦隊計画」で、巡洋艦を圧倒可能な砲力と防御力を備え、新型戦艦との交戦を避けることができる速力を持つ排水量約23,000トンのP級装甲艦(28.3cm砲×6、33.8ノット)も計画されるが、第二次

写真はアラスカ級2番艦の「グアム」。巡洋戦艦と呼ばれることもある本級だが、米海軍での分類は大型巡洋艦(Large Cruiser/略符号CB)である

B65型超甲型巡洋艦(計画値)

基準排水量:31,400トン/全長:244.6m/全幅:27.2m/吃水:8.8m/主機/軸数:艦本式ギヤード・タービン4基/4軸/主缶:ロ号艦本式重油専焼缶8基/出力:170,000馬力/速力:33ノット/航続力:18ノットで8,000浬/兵装:50口径31cm3連装砲×3、65口径10cm連装高角砲×8、25mm3連装機銃×4、水偵×3、射出機×1/装甲厚:舷側190mm、甲板125mm/乗員:1,300名

B65型超甲型巡洋艦(超甲巡)

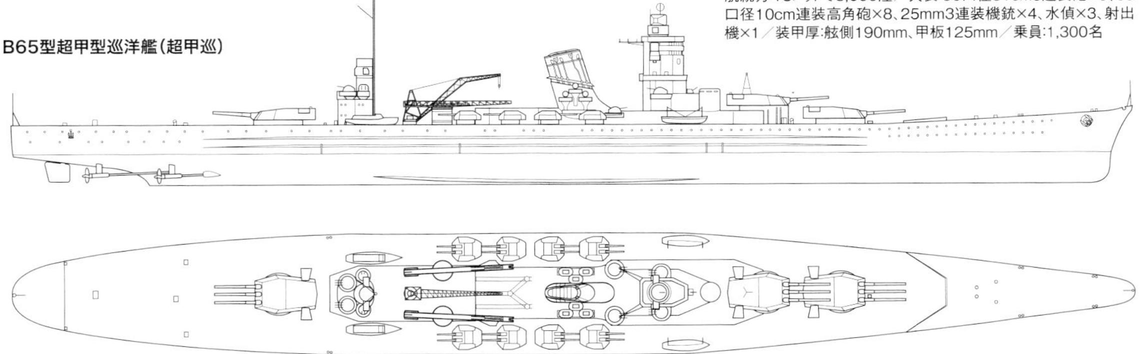

クロンシュタット級重巡洋艦(69号計画艦)
図版/吉原幹也

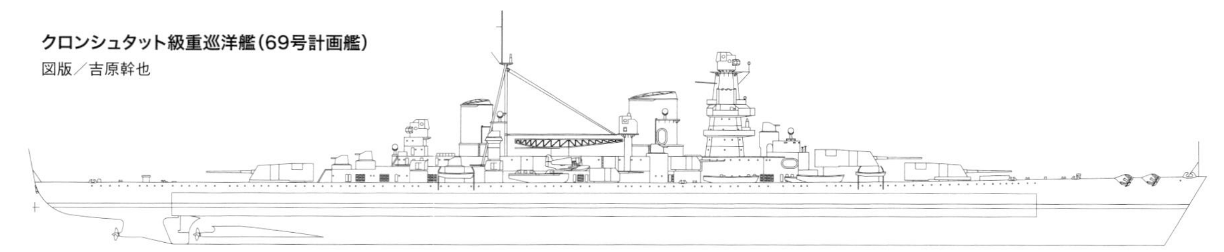

クロンシュタット級重巡洋艦(計画値:69号計画艦)
基準排水量:35,240トン/全長:250.5m/全幅:31.6m/吃水:8.88m/主機/軸数:ブラウン・ボベリ式ギヤード・タービン3基/3軸/主缶:重油専焼缶12基/出力:210,000馬力/速力:32ノット/航続力:14.5ノットで8,300浬/兵装:54口径30.5cm3連装砲×3、57口径15.2cm連装砲×4、56口径10cm連装高角砲×4、37mm4連装機関砲×7/装甲厚:舷側230mm、主装甲甲板90mm、主砲塔前楯305mm、司令塔330mm/乗員:1,037名

大戦勃発後に建造発令が凍結されたことで実現を見ていない。同時に計画された巡洋戦艦O級(1939年時の試案で排水量31,152トン、38cm砲×6、33.5ノット)も、P級から発達した同様の範疇の艦だが、これも実現せずに終わっている。

■日米の大型巡洋艦

1930年代中期以降、ドイツの装甲艦と日本が整備を推進していると誤解された大型巡洋艦の脅威に対抗して、米海軍が整備したのがアラスカ級大型巡洋艦だ。中型戦艦に類する有力な紙上性能を持つ大型巡洋艦だった本級は、1940年の二大洋艦隊整備計画で6隻の整備が計画されたが、戦時の鋼材の不足等の理由もあって意図的に建造の優先度が下げられたことから、戦時中に竣工した2隻を除いて、全艦が未成もしくは起工中止となってしまう。竣工した2隻も就役後の実績があまり芳しいものではなかったため、1947年に予備役編入されて、1960年に除籍されてしまった。

日本海軍では艦隊決戦前の大規模水雷夜襲時に、夜戦部隊の旗艦を務めると共に火力支援艦として使用される金剛型の代艦となる大型巡洋艦の整備を検討している。これはアラスカ級対抗の必要から、他国の中型戦艦に匹敵する攻防力を持たせると共に、巡洋艦と伍して活動できる33ノットを発揮可能な能力を付与する艦とされ、結果としてほぼ戦艦に伍する32,000トン級の艦として設計が纏められる。戦闘力・艦の規模を含めて旧来の一等巡洋艦を遙かに上回る艦であったこと、それと恐らく決戦兵力である「戦艦」とは違う艦種である、と言う意味合いも込めて「超甲巡」と呼ばれたこの艦は、1941年1月の計画では㊄/㊅の両計画で6隻の建造が企図されていたが、太平洋戦争開戦により計画が見直された結果、実現せずに終わった。

■その他の国の大型巡洋艦

ソ連海軍が第3次5カ年計画で整備を実施したクロンシュタット級は、当初排水量15,520トン、24cm砲10門を搭載して速力38ノットを発揮する「ワシントン条約型巡洋艦駆逐用巡洋艦」として計画された艦だった。後にドイツのシャルンホルスト級戦艦への対抗を考慮するなどの要因により、「69号計画艦」として建造発令時にはソ連海軍では重巡扱いだが、常備排水量37,743トン、30.5cm砲9門搭載で32ノットを発揮可能、と言う大型艦へと発展、2隻が起工されたが途上で主砲を38cm砲6門搭載に変更する等の改正もあって建造が一時中断状態となり、この後独ソ開戦もあってついに完成せずに終わった。1941年には再度20.3cm砲搭載巡洋艦を駆逐する艦として「82号計画艦」も計画され、これは戦後に基準36,500トン、30.5cm砲9門搭載で速力35ノットを発揮可能なスターリングラード級巡洋戦艦となり、1951年~1952年に3隻が起工されたが、スターリン没後の大型水上艦無用論により計画中止となったため、完成した艦は無い。

この他に有力な巡洋艦兵力を持つ日本海軍を仮想敵としていたオランダ海軍では、日本重巡の撃退を主務とする28.3cm砲9門を搭載して、対20.3cm砲弾防御を持ち速力33ノットを発揮可能、という要求を元にする巡洋戦艦案を1939年2月より検討していた。これは1940年4月時期には基準排水量約28,000トン程度、28.3cm砲9門装備で34ノットを発揮可能、と言う案として検討されていたが、ドイツのオランダ侵攻により計画中止となった。

オランダ海軍巡洋戦艦試案(計画値:試案1047)
基準排水量:27,950トン/全長:241.2m/全幅:30.85m/吃水:7.8m/主機/軸数:ギヤード・タービン4基/4軸/主缶:重油専焼缶8基/出力:180,000馬力/速力:34ノット/航続力:20ノットで4,500浬/兵装:54.5口径28.3cm3連装砲×3、45口径12cm連装両用砲×6、40mm連装機関砲×7、20mm単装機銃×8/装甲厚:舷側225mm、主装甲甲板100mm、主砲塔前楯250mm、司令塔300mm/乗員:1,020名

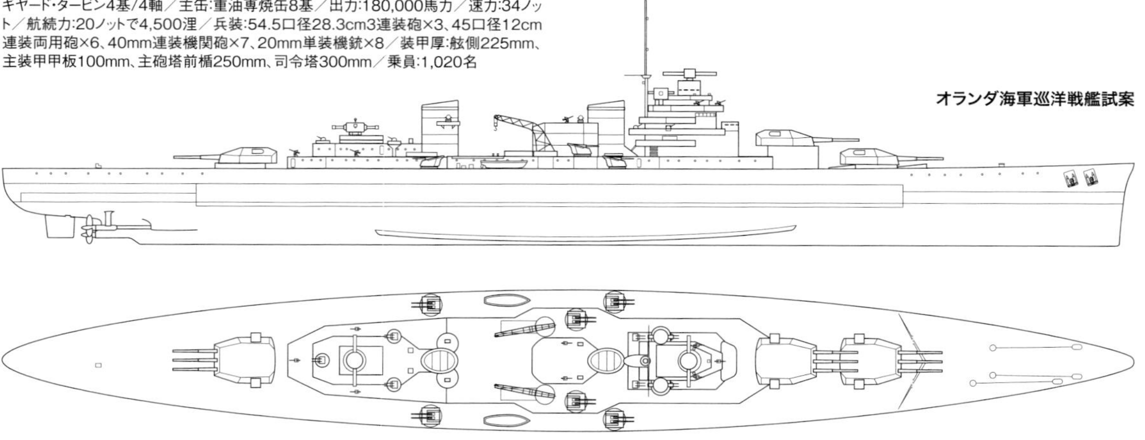
オランダ海軍巡洋戦艦試案

フランスの巡洋艦

文／本吉 隆　図版／田村紀雄、吉原幹也

ラ・ガリソニエール級軽巡「ジョルジュ・レイグ」と、それに後続する同型艦。本級は世界的に見ても、火力・防御力・航洋性のバランスのとれた優秀な軽巡だった

1942年11月27日、ドイツ軍が南仏ツーロンに侵攻すると、同地にあったヴィシー・フランス海軍の艦艇はドイツの手に落ちるのを防ぐため、一斉に自沈した。写真は11月28日のツーロン港を上空から撮影したもので、左から戦艦「ストラスブール」、重巡「コルベール」、重巡「アルジェリー」、軽巡「マルセイエーズ」

デュゲイ・トルーアン級軽巡洋艦
ラ・ガリソニエール級軽巡洋艦

デュケーヌ級重巡洋艦
シュフラン級重巡洋艦
重巡洋艦「アルジェリー」

練習巡洋艦「ジャンヌ・ダルク」
敷設巡洋艦「プルトン」
敷設巡洋艦「エミール・ベルタン」

コラム⑥　旧式巡洋艦

フランス海軍

デュゲイ・トルーアン級軽巡洋艦

軽防御ながら航洋性に優れたフランス近代巡洋艦の先駆け

第一次大戦時に国力の大部を陸上戦に振り向け、艦隊の整備が滞ったフランス海軍では、第一次大戦終結直後の1919年より、新型軽巡洋艦の検討を開始する。その中で1920年に入手した米のオマハ級の情報を大いに参考としつつ、防御力を犠牲にして水雷戦隊旗艦として行動可能な速力を持たせた8,000トン級の巡洋艦とした試案が纏められるに至った。これが1922年に建造承認を受けて整備が開始されたデュゲイ・トルーアン級として建造が行われた艦となる。

前檣の方位盤などが未装備のため、竣工時期とみられる「ラモット・ピケ」。開戦後も極東にあった本艦は戦時改修の機会もないまま、1945年に米海軍機の空襲により沈没している

本級の船体は船首楼型で、凌波性を考慮して艦首形状がかなりの傾斜を持つクリッパー型とされているのが特色の一つとなっている。上構は艦橋部が司令塔を包括する下部艦橋と射撃指揮所を頂部に持つ三脚檣で構成され、後部には大型の単檣が設置されている。

1942年11月のカサブランカ沖海戦で擱座した「プリモゲ」。写真左奥には同海戦で大破・航行不能となったフランス大型駆逐艦「アルバトロス」、さらに左には擱座した大型駆逐艦「ミラン」の艦首も見えている

主砲の砲装は新開発の15.5cm50口径砲が採用されており、これを連装砲塔に収めて艦の前後に2基を搭載した。因みに本砲の口径選定に当たっては、第一次大戦期に近代的な15cm級の砲を持っていなかったフランス海軍が、戦時の陸軍砲との弾薬共通化を考慮しつつ採用したものと言われるが、海軍砲用の専用砲弾の製造が行われたこともあって口径を共通化する利点が生ぜずに終わっている。高角砲は計画当時、フランス海軍では標準的だった75mm単装高角砲4門が搭載されている。これは有効射高こそ約7.5kmと相応のものがあったが、第二次大戦時の艦載高角砲としては、射撃速度が低いことと、口径が小さく炸裂時の危害半径が過小なため、有用に使用出来ない面があった。対空機銃は1920年代末期に7.7mm機銃が装備された。

雷装はフランス海軍独特の口径である55cm魚雷が採用され、3連装発射管を片舷宛て2基（計4基）搭載している。魚雷は巡洋艦用に開発された23D型の系列が搭載されており、これは日本の酸素魚雷を除けば大戦時トップクラスの性能を持っていた。なお、本級は水雷戦隊旗艦としての運用を考慮していたため、予備魚雷の搭載数も12本と多い。航空艤装はまず1927年4月に「プリモゲ」に圧縮空気型のカタパルト1基が搭載された後、同艦での運用が良好だったことを受けて、1929年に他の艦にも搭載された。

防御は最低限のものとされており、機関部側面の船体鋼鈑は20mm（船体上部）～14mm（水線部）、甲板部は上甲板部20mm、機関区画の天井部となる一層下の甲板部は12mmしか無い。一部は燃料タンクが側面を護る弾火薬庫も側面20mm、その外側の船体外鈑が22mmと薄く（甲板部は機関部と同様）。砲塔とバーベット部の装甲も30mmに留められている。このため本級は「ハンマーを持つが卵の殻で護られている」艦として、その防御に大きく不安が持たれてもいた。

機関形式は汽缶8基、主機4基の4軸艦で、機関配置は前方に各室汽缶2基を搭載する汽缶室4室と、前部の機械室に主機械2基、その後方の機械室2室にそれぞれ主機械1基を配する格好となっている。機関出力は100,000馬力で、排水量増大もあって速力は当初の要求には達しなかったが、33ノットを発揮可能だった。燃料搭載量は最大1,400トンだが常用は1,200トンとされ、この搭載量での実測で15ノットの場合約4,200浬～約5,500浬と、計画値を上回る性能を発揮した（計画は15ノットで3,000浬）。

本級は1番艦と同一工廠で1年後に起工された3番艦「プリモゲ」が1926年9月1日に最初に竣工、1番艦はその9日後に竣工している。唯一のロリアン工廠建造艦の「ラモット・ピケ」は、同年10月1日に竣工したと言われる。

戦前、本級は極東配備を含む海外展開を含めて相応の活動を見せており、開戦後は極東にあった「ラモット・ピケ」を除いて、まず大西洋での作戦に従事する。その中で1番艦がドイツの封鎖破り船の捕捉に成功、1940年初頭より南大西洋・極東方面での哨戒に当たった3番艦が1940年5月のオランダ降伏後、西インド方面のオランダ植民地の平定作戦に当たった後、フランスから米国への金塊輸送に当たるなどの活動を見せた。

フランス降伏後、1番艦は連合軍側について保管船扱いとなるが、他の2隻はヴィシー・フランス政権下で活動。その中で「プリモゲ」は英軍のダカール進攻に対する増援部隊となるなど、アフリカ西岸のフランス領防衛任務に就いていたが、1942年11月8日のカサブランカの戦いの際に米艦隊の攻撃を受けて大破、同日夜に放棄された。サイゴンに留まっていた「ラモット・ピケ」は、1940年11月以降、シャム（タイ）との国境紛争で活動。翌年1月17日にに発生したコ・チャン沖海戦ではタイ海軍の海防戦艦「トンブリ」を艦砲と雷撃で撃沈する等の戦果を上げる活躍を見せるが、1942年末に予備役編入されて同地で保管されることになり、1945年1月12日にサイゴンを空襲した米艦上機の攻撃で沈没した。

一方、1943年7月に自由フランス海軍に復帰した「デュゲイ・トルーアン」は、まず高速輸送艦として使用された後、南フランス上陸作戦支援等の地中海方面の各種作戦に終戦まで従事した。戦後は極東に派遣されて、1951年9月までヴェトミンに対する陸軍の作戦の支援等を実施、翌月にツーロンに帰還した後に予備役編入された。

戦前に本級は、1930年代初期に13.2mm連装機銃6基を装備、1935年に高角砲の機構改正などを実施した以外に目立つ改装は実施していない。戦時中の改修では、「プリモゲ」は25mm機銃2門と13.2mm機銃20門を増備した、とする説がある。「デュゲイ・トルーアン」は自由フランス海軍復帰後、航空艤装と魚雷発射管2基を撤去の上で、対空火器の増備を実施、40mm機関砲10門と20mm機銃20門を増備、電探等の装備も実施している。対して極東配備の「ラモット・ピケ」は、予備艦となるまで特に改正を受けていない。

1番艦「デュゲイ・トルーアン」。本艦は1940年のフランス降伏後、アレキサンドリアで英軍に抑留されていたが、大戦後半に連合軍側で任務に復帰した

デュゲイ・トルーアン級軽巡洋艦
「プリモゲ」(1939年)
図版／田村紀雄

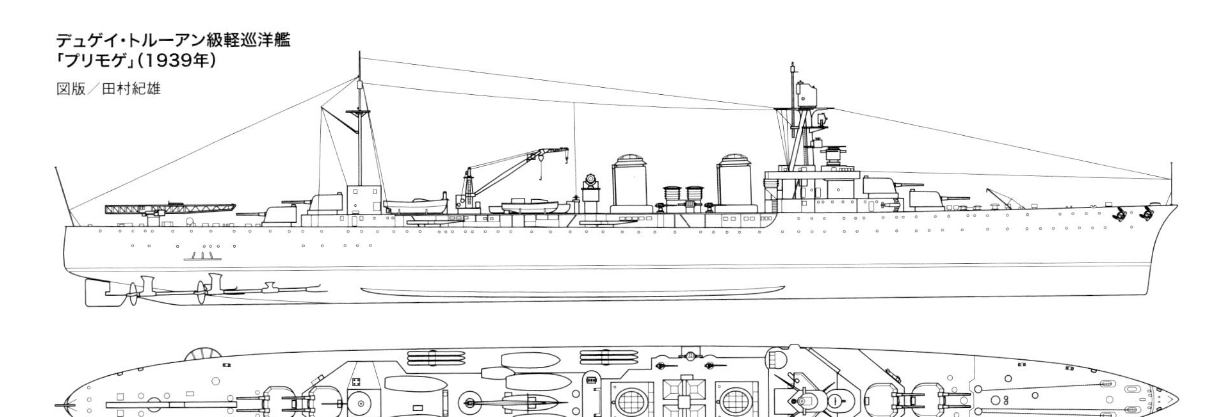

	デュゲイ・トルーアン級
基準排水量	7,249トン
満載排水量	9,350トン
全長	181.3m
全幅	17.5m
吃水	5.2m
主機/軸数	パーソンズ式ギヤード・タービン4基/4軸
主缶	ギョ・ドゥ・テンプル式重油専焼缶8基
出力	100,000馬力
速力	33ノット
航続距離	15ノットで4,500浬
兵装	55口径15.5cm連装砲×4、50口径7.5cm単装高角砲×4、55cm3連装魚雷発射管×4
装甲厚	甲板20mm、弾火薬庫側面20mm、砲塔30mm、司令塔30mm
乗員	578名

	起工	進水	竣工	
デュゲイ・トルーアン	1922.8.4	1923.8.14	1926.9.10	1952解体
ラモット・ピケ	1923.1.17	1924.3.21	1926.10.1	1945.1.12戦没
プリモゲ	1923.8.16	1924.5.21	1926.9.1	1942.11.8大破擱座

フランス海軍

ラ・ガリソニエール級軽巡洋艦

世界屈指の性能を誇った最良のフランス軽巡洋艦

ロンドン海軍軍縮会議の時期、フランス海軍では自国の巡洋艦が他国の軽巡に比べて見劣りすることが問題視される。このため当時計画中の新型戦艦と共同作戦を実施する艦として、他国の軽巡に対抗可能な能力を持つ艦隊型の軽巡洋艦の計画検討が進められることになった。これが計画時には基準排水量から非公式に「7,600トン型」と呼ばれ、後にラ・ガリソニエール級として整備された艦となった。

フランス巡洋艦として初めてトランサム・スターンを採用したという特色を持つ本級の船型は、以前の軽巡同様に船首楼型とされた。上構のうち艦橋配置は本級の試作艦と言える「エミール・ベルタン」に良く似ているが、後檣の復活と水偵用格納庫の設置、カタパルトの3番砲塔上への設置、多数の航空機運用を考慮してクレーン数を増大させるなどの措置が取られたため、同艦とも艦容は大きく異なる。

兵装は「エミール・ベルタン」を参考にしつつ、新たな要求にそって改正が図られた。主砲は15.2cm3連装砲塔3基で変化は無いが、高角砲の9cm50口径砲は、竣工時点で片舷宛てに連装型2基（計4基）装備に強化された。一方で対空機銃は37mm機関砲の装備が無くなり、13.2mm連装機銃4基とされ、雷装も55cm連装魚雷発射管2基となるなど、「エミール・ベルタン」より低下を見た。

航空艤装は水偵4機の搭載・運用を可能とすることが要求されたことで、その配置と装備に大きな変化が生じている。カタパルトは3番砲塔上に伸縮式のものが1基装備され、射出方向は基本的に右舷側側方の後方55度、前方35度の範囲とされた。水偵は後部煙突後方の格納庫に2機、カタパルト上に1機、格納庫天蓋部上に1機の計4機が搭載可能となり、格納庫から艦尾甲板にかけて、水偵移送用の軌条も設けられた。なお、本級で運用される艦載機は、各種水偵に加えて、水上戦闘機のロワール210型も予定されていたが、これは実用性不良で配備後まもなく運用停止となってしまった。航空機用のクレーンは格納庫上に、格納庫及び格納庫上に置かれた艦載機をカタパルトに移動させるためのものが2基、艦尾の左舷側に水偵揚収用の大型のものが1基搭載されている。本級の艦尾後端部水線上部に水上機揚収用のハインマットとその機材が置かれているのも特徴の一つで、これの装備により、本級は10～15ノットで航走しつつ、水偵の揚収を実施することが出来るという特色も持つ。

装甲防御も以前の艦からは大きく変更が図られた点の一つで、機関部の水線装甲帯と、水線下の弾火薬庫側面部は105mm厚の装甲を持ち、その上側もしくは上端に接する甲板装甲は38mm、煙路も弾片防御の26mm装甲を持っており、砲塔も前面100mm、天蓋部40～50mm、側面50mm、バーベット部70～95mmと、相応の耐弾性能を持つ艦となった。また水中防御は主要区画に一層の衝撃吸収層が設置され、艦内区画側に対魚雷バルクヘッドとして20mmの装甲が施された格好となるなど、この面では他国の軽巡より優良な面も生じている。

左舷後方から撮影された「ジョルジュ・レイグ」で、写真中央にはシャッターの付いた水偵用格納庫とその上に置かれたロワール140飛行艇、右側には3番主砲塔上のカタパルトなどの航空兵装が見える

機関形式は要求出力が低下したこともあり、主缶4基、主機2基の2軸艦となった。機関配置はシフト配置で、前部に汽缶2基を収めた前部汽缶室と主機1基を収めた前部機械室を置き、後部に同様の配置の後部の汽缶室と機械室が配されていた。機関出力は計画84,000馬力で速力31ノットを予定しており、公試では過負荷で36.9ノットを出した例があるほか、就役後、戦時常用状態で戦隊規模での艦隊運動を31ノットで実施出来るだけの性能があった。ただ本級の機関は、タービンの信頼性が英国のものに劣ることを戦時に実証したことを含めて、問題が無いものでもなかった。

本級は1936年4月に1番艦「ラ・ガリソニエール」が竣工したのを皮切りに、1937年11月に竣工した最終艦「モンカルム」まで、計6隻が整備された。この結果、戦前のフランス軽巡兵力の約半数が本級で構成される格好となったことは、開戦時期のフランス巡洋艦戦力を大きく底上げすることにもなっている。

本級は開戦後、大西洋方面でのドイツ艦艇及び封鎖破り船等の哨戒任務や、船団護衛任務に就いており、時にはノルウェー戦での兵力輸送作戦に従事した「モンカルム」を含めて、英艦隊と共同作戦する事もあった。

フランス休戦時点で、全艦がアルジェにいた本級は、爾後英のダカール攻略作戦に対処して同地に進出した「ジョルジュ・レイグ」「モンカルム」「グロワール」の3艦は、北アフリカ／アフリカ西岸方面で活動を続けた。一方残りの3艦は、1940年9月時期にツーロンへと帰還、以後同地に留まり続けたが、1942年11月27日のドイツ軍によるツーロン侵攻を受けて、全艦が自沈して失われた。一方ダカールにいた3隻は、再度連合軍側に戻った1943年夏以降に「モンカルム」が後檣と格納庫を含む各種航空艤装を撤去の上で、40mm機関砲24門、20mm機銃16門を搭載、また電測兵装も搭載したように、米式装備の搭載を行う改装を実施した後に作戦艦艇として活動を開始。ドイツの封鎖破り船の哨戒や、地中海における対イタリア方面での作戦、ノルマンディー上陸作戦や南フランス上陸作戦の火力支援等、様々な任務で活躍を見せている。また1945年3月の対日戦参加の決定後に極東方面へ展開した艦もあるが、対日戦での作戦に従事した艦は無い。

戦後はインドシナ方面への作戦に充当され、1954年～1955年時期に展開した「モンカルム」が、同方面での作戦を最後に実施した巡洋艦ともなった。戦後の1946～47年時期、電測兵装を英式の装備に更新するなどの改修を実施しつつ、運用が続けられた本級だが、「グロワール」は1954年、他の2隻は1957年に予備役編入された。そして「エミール・ベルタン」に代わって宿泊艦として使用され、1969年12月31日に除籍された「モンカルム」が、本級で最後に姿を消した艦となった。

1943年7月、米フィラデルフィア沖を航行する「モンカルム」。後檣や格納庫、カタパルトが撤去され、40mm機関砲などの対空火器が多数増備されている

連合軍の所属となった後の1943年末、または1944年初頭の「グロワール」。艦全体に施されたダズル迷彩が特徴的

ラ・ガリソニエール級軽巡洋艦
「ラ・ガリソニエール」(1936年)
図版／田村紀雄

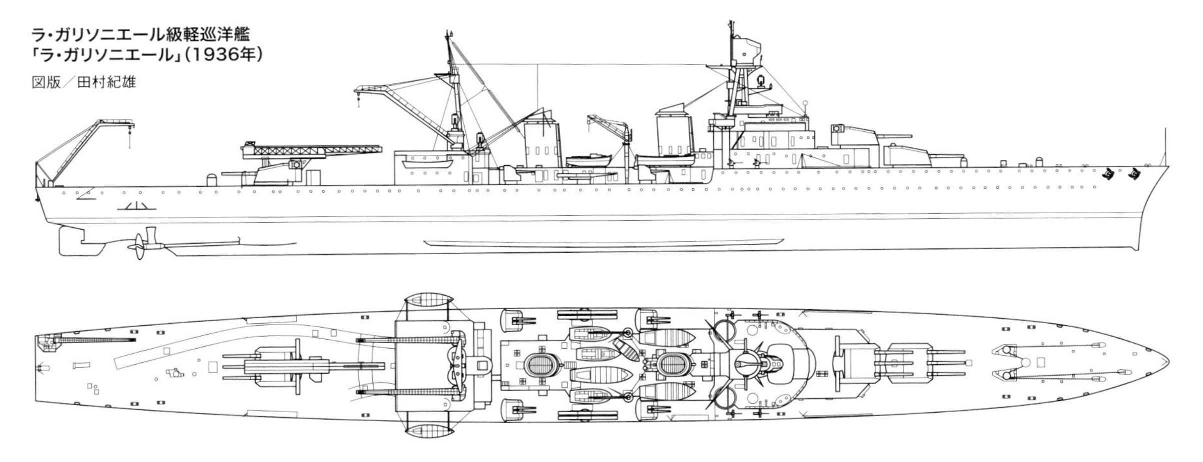

	ラ・ガリソニエール級
基準排水量	7,600トン
満載排水量	9,120トン
全長	179.5m
全幅	17.5m
吃水	5.35m
主機/軸数	パーソンズ式(※)ギヤード・タービン2基/2軸
主缶	アンドレ式重油専焼缶4基
出力	84,000馬力
速力	31ノット
航続距離	18ノットで5,500浬
兵装	55口径15.2cm3連装砲×3、50口径9cm連装高角砲×4、13.2mm連装機銃×4、55cm連装魚雷発射管×2、水偵×4、射出機×1
装甲厚	舷側105mm、甲板38mm、主砲塔前楯100m、司令塔95mm
乗員	540名

※:「ジャン・ド・ヴィエンヌ」「ラ・マルセイエーズ」「グロワール」はラトー・ブルターニュ式

	起工	進水	竣工	
ラ・ガリソニエール	1931.12.15	1933.11.18	1936.4.1	1942.11.27自沈
モンカルム	1933.11.15	1935.10.26	1937.11.15	1970解体
ジョルジュ・レイグ	1933.9.21	1936.3.24	1937.11.15	1959解体
ジャン・ド・ヴィエンヌ	1931.12.20	1935.7.31	1937.2.10	1942.11.27自沈
マルセイエーズ	1933.10.23	1935.7.17	1937.10.10	1942.11.27自沈
グロワール	1933.11.13	1935.9.28	1937.11.15	1958解体

フランス海軍

デュケーヌ級重巡洋艦

課題を残したフランス条約型重巡の嚆矢

フランス海軍が整備した条約型巡洋艦の第一群である本型は、戦闘艦隊の戦略用偵察艦及び対潜哨戒を含めた船団護衛、通商路保護、高速輸送艦としての運用を前提として設計が行われたものだ。設計は当初からデュゲイ・トルーアン級の拡大版として行われており、排水量制限の中で高速性能と航続力の確保を考慮したことで、防御の付与が最低限とされたのも同様だった。

写真はデュケーヌ級2番艦「トゥールヴィル」で、方位盤やカタパルトが未装備のため新造間もない時期と思われる

船体の型式は船首楼型で、計画の経緯もあって艦橋や前檣及び後檣の配置を含めた艦容は、デュゲイ・トルーアン級とよく似たものとなっている。

主砲は20.3cm50口径砲を連装砲塔4基に収めて、計8門を装備した。本砲は各国の20.3cm砲クラスの砲の中では大きな威力を持つ砲で、これの装備により英重巡と比しても同等以上の砲力を保持することが出来た。高角砲は当初100mm砲の搭載が予定されていたが、排水量上限の問題もあり、デュゲイ・トルーアン級と同様の75mm単装高角砲が装備される一方で、その搭載数は8門に増強された。対空機銃も37mm単装機関砲が8門装備されるなど、当時の巡洋艦としてはかなりの近接対空火力を持つ。魚雷発射管は当初55cm4連装発射管2基、魚雷は予備魚雷4本含めて12本を搭載する予定だったが、これも排水量上限の問題から55cm3連装魚雷発射管2基（魚雷搭載数は予備含めて9本）に縮小された。魚雷はデュゲイ・トルーアン級を始めとする他の雷装を持つ仏巡洋艦と同様に23D型が搭載されている。計画当初は対潜艦として活動する事も考慮され、このため対潜用の兵装として24cm臼砲2門の搭載が検討されたが、これは実現はしなかった。航空艤装は後部煙突後方・後檣前方の間に旋回式の薬発式のカタパルトが1基装備されており、艦載水偵は2機の搭載・運用が可能とされている。

装甲防御はほぼデュゲイ・トルーアン級と同様で、砲塔30mm、弾火薬庫部分が側面30mm、上面20mmとされた以外、水線防御と甲板防御は基本的に船体鋼鈑に頼っており、各部位の厚みは水線部16mm、船体上部24mm、上甲板部22mm ～ 24mmに過ぎない。因みに本級の設計は、英海軍が同時期に設計を行っていたケント級と情報を交換する形で進められており、排水量制限内では限られた装甲しか施せない、という結論に達したのは両国とも同一だったが、英海軍が若干の速度低下を甘受して弾火薬庫部の装甲強化を図ったのに対し、フランス海軍では速力発揮が重視されて、防御力強化が図られなかったことが、この両者の差を生じさせている。なお、本級は水中防御も本格的なものは持っていない。

「デュケーヌ」の前部主砲塔や艦橋、前部三脚檣を艦首から臨む。甲板室の前面両舷には防雷具(パラヴェーン)が装備されている

肝心の速力発揮の要となる機関は8缶4機の4軸艦とされており、その配置は汽缶2基を配した汽缶室2区画と、主機2基を置いた機械室区画を前後に配したシフト配置となっている。機関出力は英のケント級の1.5倍に達する120,000馬力で、これにより最高速力34ノットを予定していたが、公試では機関出力約105%の常備排水量(燃料半載)の状態で約33.2ノットを発揮するに留まり、常用可能な最大速力は31ノットと英のケント級に大きく勝らない成績しか発揮出来なかった。航続力は燃料搭載量が約1,840トンと少ないこともあって、概ね計画と同様かやや下回る15ノットで約4,500 ～ 5,000浬に留まっている。

本級は1番艦が1924年10月、2番艦が1925年4月に起工され、両艦共に起工の翌年には進水しているが、以後の艤装工事に長期を要したため、竣工までに1番艦は4年2カ月、2番艦は3年9カ月を要した。因みに竣工時点の艦種分類は「軽巡」で、ロンドン条約後に「一等巡洋艦（重巡）」扱いに変更された。

艦隊就役後、本級はその主砲火力と航洋性能は一定の評価を得たが、搭載砲に対してあまりに防御が脆弱であるため、「軍艦とは戦うものであって、ただ高速で走れば良いというものではない」等の非難が艦隊側から起こったという。また予想された程の高速性能が発揮出来なかったこともあり、仮想敵となるイタリアの同種艦に対して、砲装で同等、防御で劣り、速度で勝らないことは、戦術的に大きな不利と考えられてもいた。

この様な問題もあり、本級は1935年以降空母への改装が本格的に検討される事態にもなるが、搭載機が過小である事もあって、ジョッフル級空母の整備が決定した段階でこれは廃案となった。ただし第二次大戦開戦後に同級の整備が中止されると再度計画が持ち上がり、1945年時期まで検討が続けられるが、対費用効果の問題もあって最終的に中止となった。

本級は1937年にカタパルトを撤去した以外、特に改正を受けない状態で第二次大戦を迎える。開戦時に砲術練習艦扱いだったこの両艦は、1940年5月に地中海方面での作戦艦艇として復帰、短期間の活動を行ったのちにフランス降伏を迎え、英軍管理下でアレクサンドリアで保管状態に置かれた。1943年7月に自由フランス海軍の艦として両艦共に現役に復帰した後は、以後終戦まで対空火器の増備や航空兵装の撤去などを行いつつ、ドイツの封鎖破り船の哨戒任務や、火力支援、高速輸送艦等の任務で使用されている。なお、最終状態では「デュケーヌ」は40mm機関砲8門、20mm機銃18門、「トゥールヴィル」は40mm機関砲の装備数は同様だが配置に差があり、20mm機銃の装備数は16門、艦前側の高角砲4門を艦中央部に再配置されるなどの相違が生じている。戦後は仏領インドシナに対する兵力輸送任務等に従事、1947年夏以降に同地から帰還した後に予備役編入され、「デュケーヌ」は1955年、「トゥールヴィル」は1961年に除籍された。

自由フランス海軍の所属で現役に復帰した、1943年夏頃の「デュケーヌ」

デュケーヌ級重巡洋艦「デュケーヌ」（1945年）
図版／田村紀雄

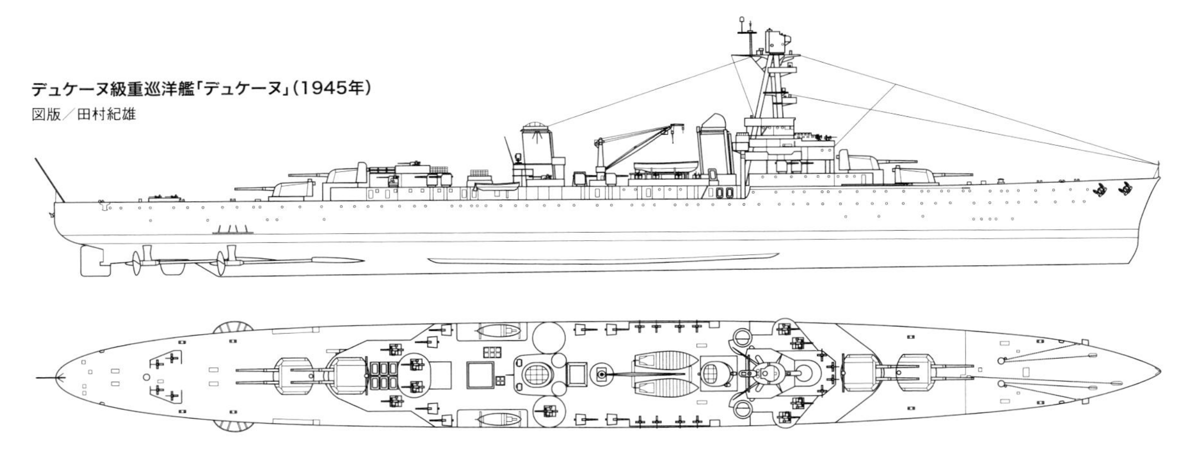

	デュケーヌ級
基準排水量	10,000トン
満載排水量	12,200トン
全長	191.0m
全幅	19.0m
吃水	6.32m
主機/軸数	ラトー・ブルターニュ式ギヤード・タービン4基/4軸
主缶	ギョ・ド・タンブル式重油専焼缶9基
出力	120,000馬力
速力	33.75ノット
航続距離	15ノットで4,500浬
兵装	50口径20.3cm連装砲×4、60口径7.5cm単装高角砲×8、37mm単装機関砲×8、55cm3連装魚雷発射管×2、水偵×2、射出機×1
装甲厚	弾火薬庫側面30mm、甲板22～24mm、主砲塔30mm、司令塔30mm
乗員	605名

	起工	進水	竣工	
デュケーヌ	1924.10.30	1925.12.17	1928.12.6	1955解体
トゥールヴィル	1925.4.14	1926.8.24	1928.12.1	1963解体

フランス海軍

シュフラン級重巡洋艦

デュケーヌ級の防御力不足を改善した条約型重巡

デュケーヌ級の整備開始後、イタリア海軍が整備を開始した条約型巡洋艦が、デュケーヌ級と砲装は同等、速力と防御力の面で共に勝ることが伝えられたことは、フランス海軍に大きな衝撃を与えた。この事態を受けて、フランス海軍では続く条約型巡洋艦の整備を見直し、英米の動向をみながら機関出力と艦の速力の低下を甘受し、耐弾性能を向上させたシュフラン級の整備を決定した。因みに本級は、装備改正・設計変更で艦により要目に差異が生じたため、総じて要目が近い1・2番艦を「第1群」、3・4番艦を「第2群」として扱う資料もある。

写真は1番艦の「シュフラン」。司令塔が露出しているのが、他3艦との目立つ相違点となっている

2番艦「コルベール」は艦橋がデュケーヌ級に似た構造となったほか、航空艤装の配置が「シュフラン」の後部煙突と後檣の間から、前後の煙突間に変更された

船体形状及び上構の配置は基本的にデュケーヌ級に類しており、外見も似通っている。ただし艦橋形状には差異があり、3番艦では三脚檣部が大型化して他艦とは識別が容易であることや、後檣が1・2番艦では前級に比べてより短いが、3・4番艦では前級並みに戻される等々、前級及び本級各艦で艦容に相応の相違が生じてもいる。

1番艦の兵装は基本的に前級と同様だが、2番艦では高角砲がより新型の9cm50口径砲8門へと更新される一方で、37mm機関砲の装備数が6に減少している。続く3番艦はこれと同様だが、4番艦は、9cm高角砲がそれまでの単装型8門から連装型4基に変わり、また近接対空火器として、13.2mm4連装機銃4基の追加装備が行われている。雷装は前級と同様だが、予備魚雷の次発装填機構の改正が行われる等の相違はあった。航空艤装は1番艦は後部煙突後方両舷部にカタパルトを各1基（計2基）搭載、前後部の煙突間に艦載艇揚収用と兼務の大型クレーンが装備されたが、2番艦以降ではカタパルトの搭載数は変わらないが、その装備位置が前後部の煙突間となり、クレーンの装備も後部煙突両舷側部により小型のものを各1基に変わった。なお、搭載機数は1・2番艦が3機、3・4番艦は2機とされる。

装甲防御は1・2番艦では水線部装甲帯として50mm、甲板最厚25mm、弾火薬庫部は側面50mm、天蓋部20mmの装甲を施したが、一方で砲塔部の装甲は前級と変わらないものとされた。だがこの装甲防御はなお弱体と艦隊側から不満が持たれ、3番艦及び4番艦では機関部は上甲板部から中甲板部までが54mm（3番艦）/60mm（4番艦）、中甲板部から下甲板部が40mm、より一層の耐弾性能向上が要求された4番艦では機関区画の一部を60mmの主装甲鈑と、その一層内側に30mm装甲を施す措置が取られた。甲板装甲は3番艦は以前の艦と同様だが（最厚25mm、その一層下に18mm）、4番艦は最厚30mm、一層下が22mmに強化されており、弾火薬庫部も3番艦は垂直側54mm/天蓋部25mm、4番艦は60mm/30mmと相違が生じていた。これでもなお耐弾性能は不足とされたが、前級と異なって多層式の衝撃吸収層を有する水中防御は、条約型巡洋艦の中でも、最優良のものの一つ、と高く評価されることにもなった。

本級では速力要求が31ノットに下げられたため、機関出力を減少させることが可能となったことから、缶数は6基、主機は3基の3軸艦へと機関形式の変更がなされた。機関配置は前級同様のシフト配置で、前部汽缶室/機械室区画の配置は前級同様だが、後部は主汽缶室は各室主缶1基、後部機械室は主機1基を収める形に代わっている。また1・2番艦は巡航用として石炭焚きの小型汽缶2基を収めた機関区画を、前部機械室と後部機械室の間に置いていたが、3・4番艦ではこれが無くなり、同部を重油タンクに転用した結果、重油タンクが艦中央部の中甲板部まで設置されるという珍しい艦となった。機関出力は90,000馬力、最高速力は計画31.6ノットで、公試では常用排水量で計画出力の場合、31ノットの要求を概ね満たす成績を残している。燃料搭載量は第1群の場合重油1,876トン+石炭500トンで、航続力は15ノットで4,600浬、20ノットで3,700浬で、石炭焚きの場合は11ノットで2,000浬とされている。第2群の艦は、燃料搭載量が重油のみ2,600トンとなり、航続力も15ノットで5,300浬と若干増大している。

1番艦が1930年1月、2番艦は1931年3月、3番艦が同年9月、4番艦が1932年7月に就役した本級は、戦前37mm機関砲の連装型への換装、13.2mm機銃の増備など、各艦が対空火器の変更等を含む小規模な改正を実施した状態で、第二次大戦開戦を迎えており、開戦時点で本級は「シュフラン」は仏領インドシナ、他の3艦はツーロンにあった。「シュフラン」は1939年末まで東南アジア・インド洋方面で活動した後、1940年初頭に地中海配備に戻り、他の3艦は、地中海地区での哨戒や、ダカールを基地としての大西洋方面の哨戒等に従事したが、フランス降伏時点でアレキサンドリアにあった「シュフラン」は、そのまま英軍管轄下で保管船扱いとなった。ツーロンにあった他の3艦は以後もフランス海軍指揮下で細々と活動を行ったが、1942年11月27日のツーロンでの大自沈で揃って失われた。

一方、自由フランス海軍編成後の1943年夏に現役復帰した「シュフラン」は、ダカールを基地としての大西洋方面の哨戒任務に就き、1944年1月～4月時期に電探の装備、近接対空火器の40mm機関砲と20mm機銃への刷新を含む対空兵装の変更、魚雷兵装と航空艤装の撤去、後檣の短縮などの改装を実施したのち、カサブランカで予備艦状態におかれた（最終時期の対空火器の装備は、7.5cm高角砲6門、40mm機関砲8門、20mm機銃20門)。だが1945年4月に現役復帰すると極東方面に派遣され、以後1947年2月まで3度の極東派遣に就いた。同年3月に本国に戻った後に再度予備役に編入された本艦は、1963年1月には「オセアン」に改名されつつ、1972年3月に除籍されるまで停泊実習艦として使用された。

シュフラン級第2群と分類される場合もある3番艦「フォッシュ」。前檣が、頂部で支柱の間隔が開いた三脚檣となっているのが、本艦にだけ見られる外見上の特徴

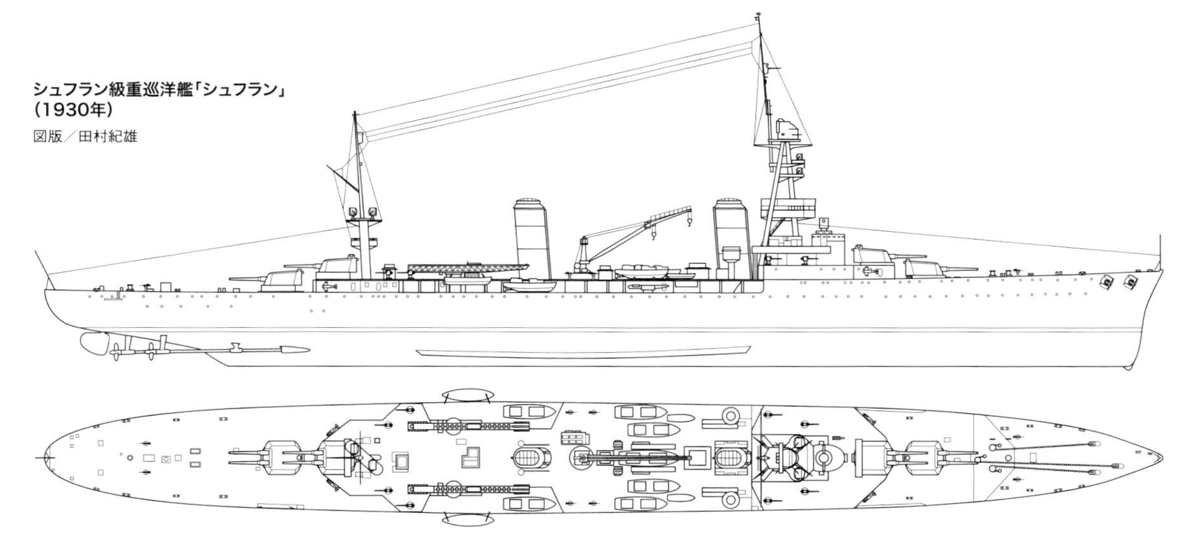
シュフラン級重巡洋艦「シュフラン」(1930年)
図版／田村紀雄

	シュフラン	コルベール	フォッシュ	デュプレクス
基準排水量	10,000トン			
満載排水量	12,928トン	13,103トン	13,429トン	13,407トン
全長	196.0m	194.2m	194.0m	
全幅	20.0m	19.4m	19.3m	
吃水	7.34m		7.5m	7.2m
主機/軸数	ラトー・ブルターニュ式ギヤード・タービン3基/3軸			
主缶	ギョ・ド・タンブル式重油専焼缶6基、石炭専焼小型缶2基		ギョ・ド・タンブル式重油専焼缶6基	
出力	90,000馬力			
速力	31ノット			
航続距離	15ノットで4,600浬（石炭焚きの場合11ノットで2,000浬）		15ノットで5,300浬	
兵装	50口径20.3cm連装砲×4、60口径7.5cm単装高角砲×8、37mm単装機関砲×8、55cm3連装魚雷発射管×4、水偵×2、射出機×2	50口径20.3cm連装砲×4、50口径9cm単装高角砲×8、37mm単装機関砲×6、55cm3連装魚雷発射管×2、水偵×3、射出機×2	50口径20.3cm連装砲×4、50口径9cm連装高角砲×4、37mm単装機関砲×6、13.2mm4連装機銃×4、55cm3連装魚雷発射管×2、水偵×3、射出機×2	
装甲厚	舷側50mm、甲板25mm、主砲塔30mm、司令塔30mm		舷側54mm、甲板25mm、主砲塔30mm、司令塔30mm	舷側60mm、甲板30mm、主砲塔30mm、司令塔30mm
乗員	773名	752名		

	起工	進水	竣工	
シュフラン	1926.4.17	1927.5.3	1930.1.1	1974解体
コルベール	1927.6.12	1928.4.20	1931.3.4	1942.11.27自沈
フォッシュ	1928.6.21	1929.4.24	1931.9.15	1942.11.27自沈
デュプレクス	1929.11.14	1930.10.9	1932.7.20	1942.11.27自沈

フランス海軍

重巡洋艦「アルジェリー」

条約制限内で最大限の性能を発揮したフランス最後の重巡

本艦は1928年にイタリア海軍がザラ級の整備を実施することが伝えられると、これに対抗可能な能力を持つ新型重巡として計画がなされたものだ。その設計は条約上限の排水量の中で、可能な限りの兵装と防御の強化を図る事が前提とされ、これを受けて船型の平甲板型への改正、艦橋構造物の塔型化、主要区画長減少のために機関配置のシフト配置の取りやめ等、以前のフランス重巡に比べて、多岐にわたる改正が実施された艦となった。

フランス最後の重巡洋艦となった「アルジェリー」。塔型の艦橋構造物の採用などにより、従来のフランス巡洋艦とは一線を画す艦容を見せている

船型と上構の形状及び配置は以前の艦から大きく変わり、その艦容は各国の重巡の中でも異様な感があるものとなった。主砲は従前は本艦は新型の55口径砲を搭載したとするのが一般的だったが（55口径砲のデータ自体も存在する）、近年の研究では砲塔は新式化されているが、砲自体は旧来の20.3cm50口径であったことが判明している。高角砲は100mm連装高角砲6基（12門）、近接対空兵装は37mm機関砲4門、13.2mm4連装機銃4基とされ、雷装はシュフラン級と同様の装備がなされた。カタパルトは艦中央部左舷側に1基が搭載され、水偵2機を運用可能だった。

装甲防御は弾火薬庫部を含めて垂直部110mm、甲板部が80mm/30mm（機関部の両舷舷側部）とされ、砲塔部も前面100mm、上面/側面70mm、バーベット部70mm～100mm（一部40mm説あり）と、他国の重巡と比べて、相応の装甲防御を持つ艦へと変貌していた。水中防御も液層/空層を組み合わせた多層式もしくは一層式の衝撃吸収層を持つもので、その配置は前級より洗練されてより効果を増している。

機関型式は6缶（うち小型缶1）4機の4軸艦で、機関配置は各室に汽缶2を収めた汽缶室3、その後方に各室に主機2基を置いた前後の機械室が置かれた。機関出力は84,000馬力で速力は計画31ノット、航続力は燃料搭載量が3,190トンと大きく増大したこと、汽缶の高温高圧化が進んだことで、15ノットで8,000浬、27ノットで4,000浬とかなりのものがあった。

1934年9月に竣工、翌月に就役した本艦は、より大型の日本の愛宕型等に比べて、全般的に劣る面はあるが、10,000トンという条約上限を遵守した艦の中では、「最も優良な条約型重巡」と称されるだけの能力を持つ艦として完成する。就役後、艦隊から高い評価を受けた本艦は、爾後フランス巡洋艦隊の旗艦として活動、開戦後は英海軍と協同しての大西洋での哨戒につき、イタリア参戦後はイタリア沿岸部での艦砲射撃実施などの任務で活躍も見せたが、フランス降伏後はツーロンに蟄居（ちっきょ）する日々となり、1942年11月27日のツーロンでの大自沈で喪失となった。1943年4月にはイタリア海軍が本艦をサルベージしているが、修理はなされずそのまま解体された。なお、本艦は戦前から戦時中に掛けて、37mm機関砲の連装化や13.2mm機銃の増備等、小規模な改正を受けるに留まった。

	アルジェリー		
基準排水量	10,000トン	満載排水量	13,677トン
全長	186.2m	全幅	20.0m
吃水	6.15m		
主機/軸数	ラトー・ブルターニュ式ギヤード・タービン4基/4軸		
主缶	アンドレ式重油専焼缶6基		
出力	84,000馬力	速力	31ノット
航続距離	15ノットで8,000浬		
兵装	50口径20.3cm連装砲×4、50口径10cm連装高角砲×6、37mm単装機関砲×4、13.2mm4連装機銃×4、55cm3連装魚雷発射管×2、水偵×2、射出機×1		
装甲厚	舷側110mm、甲板30～80mm、主砲塔前楯100mm、司令塔100mm		
乗員	748名		

	起工	進水	竣工	
アルジェリー	1931.3.19	1932.5.21	1934.9.15	1942.11.27自沈

重巡洋艦「アルジェリー」

図版／吉原幹也

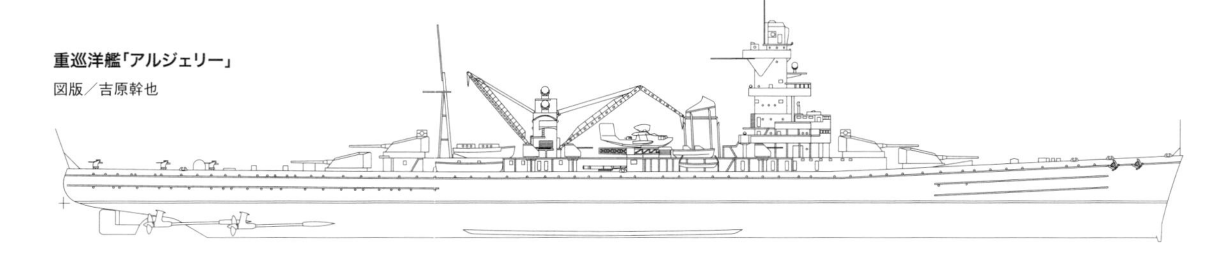

フランス海軍

練習巡洋艦「ジャンヌ・ダルク」

戦前から戦後まで長きにわたり働いた練習艦

1926年計画でシュフラン級重巡「コルベール」の整備と共に追加整備が決定した練習巡洋艦。その計画は6,500トン級でデュゲイ・トルーアン級に相当する砲装と、150名の士官候補生と教官20名が乗艦可能な居住区画を持ち、最高速力25ノット、航続力6,000浬の性能を付与した艦とすることとされていた。

船体の側面形状及び艦橋構造物等の配置は当時のフランス巡洋艦に共通する形状だが、充当される任務を考慮して、艦内容積確保のために船型は幅広のものとされ、また艦上には長い甲板室が設けられた。このためもあり、本艦の艦橋後方から3番主砲塔にいたる部分の艦上部分は、客船に類する独特の様相を呈する格好ともなっている。兵装は計画通り、砲装はデュゲイ・トルーアン級と同様とされたが、竣工時点で37mm単装機関砲2門が装備されている。一方、雷装は55cm単装発射管2門（片舷宛て1門）に減少している。航空艤装は計画時にはカタパルトを後檣前方に2基置く予定だったが実現せず、教育訓練用として水偵は1機搭載されたが、発進させる場合は水上から自走発進させる必要があった。防御は弾火薬庫部分に20mm装甲が施されている以外、何も施されていない。機関は主缶4基、主機2基の2軸式となり、前後部に汽缶2基、主機1基を組み合わせたシフト配置となっている。機関出力は32,500馬力で、最高速力は25ノット、航続距離は11ノットで6,670浬と、要求性能を達している。

本艦は1931年に就役後、予定通り練習艦としての任務に就いており、第二次大戦開戦までその任務を継続していた。開戦後、他の軽巡・重巡と同様にドイツの封鎖破り船拿捕のための哨戒任務に就いていたが、1940年5月の西部戦線でのドイツ軍の本格侵攻開始後、フランス政府が保有する金塊のハリファックスへの輸送任務に就き、その後フランス領アンティル諸島に配された本艦は1942年5月以降、米との協約で一時的に不稼働状態に置かれた。だが1943年7月に自由フランス海軍の艦として実働状態に復帰、1935年9月に13.2mm連装機銃4基を増備した以外、目立つ改修をしていなかった本艦に対して、40mm機関砲6門と20mm機銃17門（後に18門）、米製電探の装備が実施された後、地中海方面で高速輸送艦として活動、1945年3月にはリグリア地区のドイツ軍沿岸陣地への砲撃任務等も実施している。

1934年、パナマ運河を通過する「ジャンヌ・ダルク」。練習艦として充分な艦内容積を確保するため、全長に比して幅が広い船体形状を採っている

「ジャンヌ・ダルク」の艦橋後方から3番砲塔にかけて設けられた甲板室部分は、2層のプロムナードデッキ（遊歩甲板）を構成しており、客船のような印象を受ける

戦後、再度練習艦任務に復帰した本艦は、1964年6月8日に最後の周航からブレストに帰還するまでその任務にあり、その翌月に実働艦籍から外れて新造のヘリコプター巡洋艦兼練習艦に艦名を譲った後、翌年3月に除籍となり、爾後解体された。なお、本艦の退役までの航海距離は74万浬に達しており、これは同世代の仏巡洋艦の中では、最大の数値として記録されている。

	ジャンヌ・ダルク		
基準排水量	6,496トン	満載排水量	8,950トン
全長	170m	全幅	17.7m
吃水	6.4m		
主機/軸数	パーソンズ式ギヤード・タービン2基/2軸		
主缶	ペノエ式重油専焼缶4基		
出力	32,500馬力	速力	25ノット
航続距離	11ノットで6,670浬		
兵装	55口径15.5cm連装砲×4、50口径7.5cm単装高角砲×4、37mm単装機関砲×2、55cm単装魚雷発射管×2、水偵×2		
装甲厚	弾薬庫20mm		
乗員	平時:505名+候補生156名+指導士官20名／戦時:648名		

	起工	進水	竣工	
ジャンヌ・ダルク	1928.8.31	1930.2.14	1931.9.14	1966解体

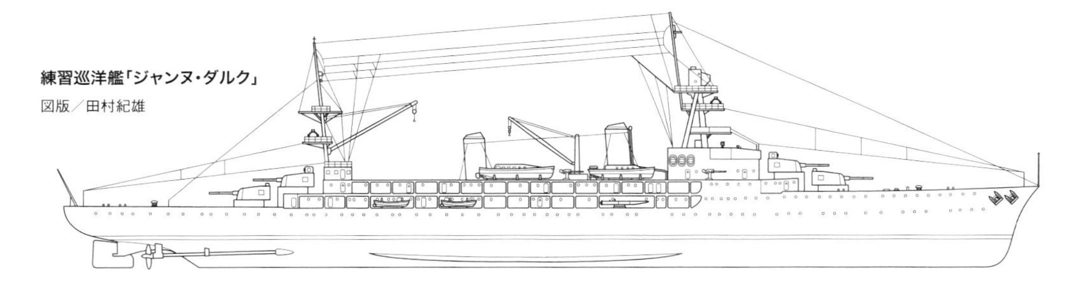

練習巡洋艦「ジャンヌ・ダルク」
図版／田村紀雄

フランス海軍

敷設巡洋艦「プルトン」

輸送能力も有する機雷敷設用巡洋艦

本艦は第一次大戦期の対独戦における北海方面での攻勢機雷戦の戦訓に基づき、第一次大戦後も同様の任務に就く艦として、充分な機雷搭載量を持たせ、巡洋艦としても運用可能な砲力と30ノットの速力の付与、更に必要とあれば1,000名規模の兵員輸送が可能な高速輸送艦としても活動可能な能力を持たせた敷設巡洋艦として計画されたものだ。

「プルトン」は機械室と缶室を交互に配置したことにより、前後の煙突の間隔が広い。また、船体舷側の開口部は、練習艦時代には居住スペース確保のために一部閉塞された

この要求を受けて、必要な艦内容積確保を考慮して船型は船首楼型とされ、艦橋後方から艦尾砲塔直後まで、艦首上甲板に連なる形で甲板部が伸びる艦中央の甲板室側面に長い開口部が設けられており、船体側面開口部を塞げば最大で総計1,000人分の居住区画を設置できるようにも配慮されていた。艦橋や後檣の配置は、他のフランス巡洋艦に近い型式とされる一方で、艦橋後方から艦尾の上甲板部（第一甲板部）までは機雷の収容場所として使用されており、この部位には220基～ 270基の機雷を搭載することが出来た。

主砲は当初20.3cm単装砲の搭載を考慮していたが、計画途上で13.86cm単装砲4門に変更され、これを艦の前後部にそれぞれ2門搭載して巡洋艦として最低限の砲力を確保した。高角砲は竣工後まもなく75mm砲4門が搭載され、近接対空兵装は当初37mm50口径単装機関砲8門だったが、竣工後の75mm砲搭載に合わせて艦中央部の6門が撤去され、艦尾に2門のみが残った。また竣工時に搭載された旧式の8mm連装機銃6基も、就役後に13.2mm連装機銃6基に更新された。魚雷兵装や航空艤装の装備はなされておらず、装甲防御も実施されていない。

機関形式は主缶4基、主機2基の2軸艦で、その配置は前部に汽缶各1基を置く前部汽缶室2と、主機械を1基置く前部機械室を置き、その後方に同様に後部汽缶室2と後部機械室1を置くシフト配置が採られている。機関出力は57,000馬力で、公試では30ノット超を出して計画速力を達成しており、機雷満載時でも28ノット以上出せると見られている。航続力は14ノットで4,500浬、24ノットで2,400浬を予定しており、公試では前者の条件は充たしたが、後者では1割ほど性能が割り込む結果を残した。

「プルトン」の建造は当時のフランス造船所の作業量飽和もあって3年遅らされ、1928年4月に起工されて1931年10月に竣工、1932年1月に艦隊に就役した。1933年以降本艦は砲術練習艦として使用されており、このため船体後方の船体側面開口部を閉鎖して、一部を居住区に転じる措置を取ってもいた。欧州情勢の緊迫化に伴って1939年5月に艦隊の第一線艦として復帰した本艦は、第二次世界大戦開戦後、敷設艦としての活動を再開。カサブランカ沖の機雷敷設任務に赴くが、同地到着後に任務が解除されたために同港で機雷を降ろす作業を実施中に機雷が爆発、その係留地点で沈没するに至り、戦後の1952年～ 1953年に解体された。

	プルトン		
基準排水量	4,773トン	満載排水量	6,500トン
全長	152.5m	全幅	15.5m
吃水	5.18m		
主機/軸数	ブレゲー式ギヤード・タービン2基/2軸		
主缶	デ・ラ・ジロンド式重油専焼缶2基、ノルマン式重油専焼缶2基		
出力	57,000馬力	速力	30ノット
航続距離	14ノットで4,500浬		
兵装	40口径13.86cm単装砲×4、50口径7.5cm単装高角砲×4、37mm単装機関砲×2、13.2mm連装機銃×6、機雷×220～270		
乗員	424名		

	起工	進水	竣工	
プルトン	1928.4.16	1929.4.10	1931.10.1	1939.9.13沈没

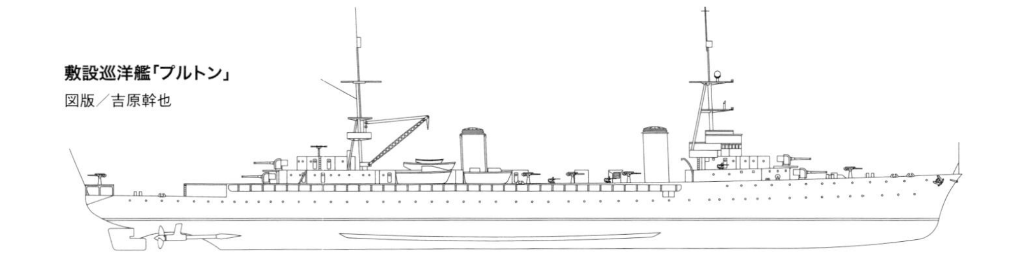
敷設巡洋艦「プルトン」
図版／吉原幹也

フランス海軍

敷設巡洋艦「エミール・ベルタン」

軽巡としての性格を強めた敷設巡洋艦

本艦は「プルトン」の整備決定後、より大量の機雷を搭載し、沿海地区での強行機雷敷設任務を実施可能な大型高速敷設巡洋艦の計画によって整備されたもので、これに続いて整備される新型の15.2cm砲搭載巡洋艦の試作型となる敷設巡洋艦として設計が纏められた。

本型の船体や艦橋の配置は以前の仏巡洋艦に類した形状だが、後檣及び後部上構を持たないため独特の艦容を持つ。主砲は新型の15.2cm55口径砲を3連装砲塔に収め、これを前部に2基、後部に1基搭載して新型ドイツ軽巡と同様の片舷9門の火力を確保している。高角砲も長距離対空戦闘能力の向上を考慮して新型の9cm50口径高角砲4門とされ、装備位置は片舷宛て3門を指向することが出来るよう工夫されている。近接対空火器や雷装、航空艤装は他の巡洋艦に類する装備がなされたが、装甲は弾火薬庫部側面に30mm、甲板部に最大20mmが装備されたのみである。

機関型式は6缶4機の4軸艦となり、機関配置は前部に汽缶2基ずつを収めた汽缶室2、その後方に主機2基を置いた前部機械室を置き、その後方に汽缶2を持つ後部汽缶室1と、主機2を収めた後部機械室を置いたシフト配置とされている。機関出力は102,000馬力で、戦時状態での常用最大は33ノット程度だった。航続距離は計画では15ノットで6,000浬と相応の性能を持つ予定とされていたが、資料によっては15ノットで3,600浬という低い数値を示すものがある。

本艦は1934年5月17日に竣工するが、以後の公試で看過しえぬ振動問題が発生。1935年から艦隊配備となるが、その性能が完全に発揮出来るようになったのは、2度目のスクリュー換装を実施した後の1938年以降のこととなった。第二次大戦開戦後、本艦はまずポーランド政府の保有する金塊輸送任務を実施、続いて大西洋でのドイツの封鎖破り船捜索等に従事する。4月にはドイツのノルウェー侵攻に対処して同方面で活動、同作戦で受けた損傷をブレストで修理した後の5月には、「ジャンヌ・ダルク」と共にフランス政府の保有する金塊をハリファックスに輸送する任務に就いた。

爾後、西インド諸島水域に留まった本艦は、1942年5月に米政府との協定で非稼動艦とされたが、1943年夏に自由フランス海軍の艦として現役に復帰。対空兵装の強化（40mm機関砲16門及び20mm機銃20門）と電探の装備を含めた改装を実施したのち、1944年1月以降、高速輸送艦及びドイツ封鎖破り船の哨戒、南フランス上陸作戦を含む地中海での火力支援任務等の各種任務に就いた後に終戦を迎えた。なお、この時期本艦は、2番砲塔の中央砲が無い状態で作戦に従事していた。

戦後は1946年7月まで仏領インドシナ方面で活動、本国に帰還後1951年に退役するまで主として砲術演習艦として使用された。その後は停泊宿泊船として使用され、1959年10月に除籍された。

主砲9門を全て左舷に指向しつつ、高速で航行する「エミール・ベルタン」。敷設巡洋艦として建造されたものの、実戦で機雷敷設任務に就いたことは無かったという

第二次大戦後半、連合国側の自由フランス海軍として行動中とみられる「エミール・ベルタン」で、2番主砲塔中央の砲身を欠いた状態であることが確認できる

	エミール・ベルタン		
基準排水量	5,886トン	満載排水量	8,480トン
全長	177.0m	全幅	16.0m
吃水	6.6m		
主機/軸数	パーソンズ式ギヤード・タービン4基/4軸		
主缶	ペノエ式重油専焼缶6基		
出力	102,000馬力	速力	34ノット
航続距離	15ノットで3,600浬		
兵装	55口径15.2cm3連装砲×3、50口径9cm連装高角砲×1、同単装高角砲×2、37mm連装機銃×4、13.2mm連装機銃×4、55cm3連装魚雷発射管×2、水偵×2、射出機×1、機雷×200		
装甲厚	弾火薬庫側面30mm、甲板20mm、司令塔20mm		
乗員	平時567名（戦時711名）		

	起工	進水	竣工	
エミール・ベルタン	1931.8.18	1933.5.9	1934.5.17	1961解体

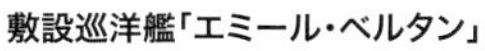

敷設巡洋艦「エミール・ベルタン」

図版／吉原幹也

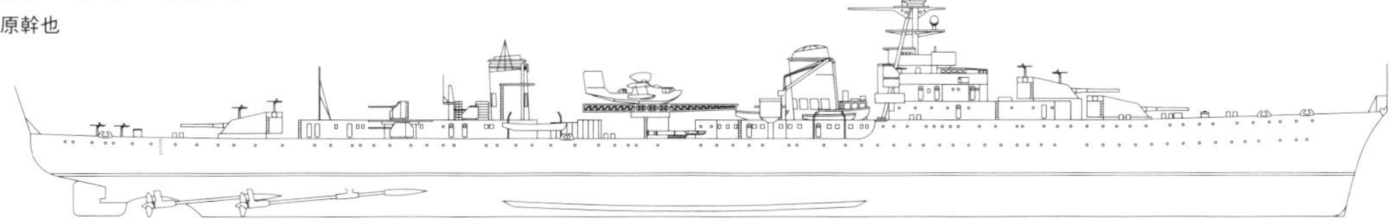

旧式巡洋艦

第二次大戦期でも主要海軍国以外では、第一次大戦型の軽巡洋艦の以前に整備された防護巡洋艦・装甲巡洋艦を運用している国が少なからず存在していた。本文項でも英連邦やイタリア、ソ連等の艦について触れたが、ここではそれ以外の艦について紹介してみよう。

チリ海軍の装甲巡洋艦「ヘネラル・オイギンス」。排水量8,500トン（常備）、全長135.2m、速力21ノット、武装は20.3cm単装砲4基、15.2cm単装砲10基、12cm単装砲4基、45cm魚雷発射管3門など

■チリ海軍の装甲巡洋艦

海軍軍縮条約で第一次大戦後、主要国ではその大部が廃棄された装甲巡洋艦だが、なお4カ国で使用されていた。その中で最も旧い艦が、1896年3月に英国のエルズウィック造船所で起工されて、1898年5月に竣工したチリ海軍の「ヘネラル・オイギンス」だ。この艦は日本の浅間型装甲巡洋艦の原型となった艦で、若干全長が長いが幅は若干狭く、排水量も相違もあるが、搭載法は異なるが主砲に20.3cm砲4門を装備するなど、浅間型に近い砲兵装と水線装甲防御を持つという、当時としては有力な装甲巡洋艦だった。就役後長くチリ海軍の艦隊旗艦を務めた本艦は、1928年～1929年時期に大規模なオーバーホールは実施してはいたが、その就役期間中に目立つ近代化改装を実施していないこともあり、第二次大戦時期には完全に旧式艦となっていたため、戦時中には特に目立つ活動もせず、終戦後の1946年に除籍された。

■日本海軍の装甲巡洋艦

開戦時点で日本海軍は第一次大戦前の巡洋艦は艦籍に残っていなかったが、昭和17年7月に（一等）海防艦扱いとなっていた旧装甲巡洋艦のうち3隻が、海防艦が軍艦扱いから戦闘艦艇扱いに変わった事を機として、実働状態にあった「出雲」「磐手」「八雲」の3隻が再度一等巡洋艦に転籍したことで、戦時中に旧式巡洋艦を運用した海軍の仲間入りをした（この時点で海防艦籍にあった旧装甲巡洋艦のうち、非稼動艦だった「浅間」「吾妻」「春日」は、これらの艦と異なり新規の海防艦籍に置かれている）。

明治33年～34年（1900年～1901年）に竣工したこれらの艦は、もちろん第一線で使用するには既に能力が陳腐化していたが、「出雲」「磐手」は昭和19年（1944年、または昭和18年/1943年時期とする資料もある）に発揮可能な速力が12ノット程度にまで低下して、内海での練習艦扱いとなるまで、交互に支那方面に展開する艦隊の艦として作戦にあたり、時には同方面の艦隊旗艦を務めることもあった。この両艦は昭和19年後半～昭和20年（1945年）春時期に対空兵装の強化を実施後、昭和20年5月以降江田島地区で係留状態となり、同年7月24日の米機動部隊による呉地区空襲の際、被爆沈没してしまった。なお、「出雲」は海防艦時代の太平洋戦争開戦当日、上海地区で米砲艦「ウェーク」を拿捕、英砲艦「ペトレル」を撃沈する戦果を挙げている。

昭和12年（1937年）、第三艦隊旗艦として上海に停泊中の「出雲」。新造時の要目は常備排水量9,773トン、全長132.28m、速力20.8ノット、武装は20.3cm連装砲2基、15.2cm単装砲14基、45.7cm魚雷発射管4門など

写真の「八雲」は日本海軍の大型艦としては珍しく、ドイツで建造された。常備排水量9,695トン、全長132.3m、速力20.5ノット、20.3cm連装砲2基、15.2cm単装砲12基、45.7cm魚雷発射管5門など

一方、香取型練習巡洋艦の就役前、遠洋艦隊の練習艦として長く使われていた「八雲」は、戦時中も内海地区で練習艦として使用され続け、大戦末期に「出雲」「磐手」と同様に対空火器の増強を受けた状態で終戦を迎えた。戦争終了後の昭和20年10月5日に除籍されるが、その後も翌年6月まで復員輸送に従事していた。因みに戦後米海軍は、日露戦争時期の装甲巡洋艦で最後の実働艦となっていた「八雲」に対して、非常に興味を示したともいう。

スウェーデン海軍の「フィーギア」は常備排水量4,310トン、全長117mと、装甲巡洋艦としては小型で、速力は22ノット。武装（新造時）は15.2cm連装砲4基、5.7cm単装砲14基、38.1cm魚雷発射管2門

■スウェーデン海軍の装甲巡洋艦

スウェーデン海軍では、同国海軍の主力艦だった海防戦艦と共同作戦に当たる艦として、1907年に竣工させた小型の装甲巡洋艦「フィーギア」の運用を、第二次大戦期もなお続けていた。1903年式の15.2cm50口径連装砲塔4基を艦の前後に各1基、艦の中央部両舷に各1基のダイヤモンド式で配する、という特色のある艦容を持つ艦だった本艦は、1939年より艦首形状の衝角型から通常の傾斜式への変更、艦橋構造物を当時整備された同国駆逐艦類似の形状のものへの更新、前檣の刷新と後檣の撤去、汽缶の更新に伴う煙突数の減少（3→2）、主砲兵装以外を全撤去してケースメート部を整形、57mm単装機関砲4門と40mm単装機関砲4門を装備するという大規模な改装を実施して面目を一新する。本艦は改装前から就いていた練習艦任務で使用され、1953年1月に除籍されたが、以後も1954年～1955年時期までは停泊練習艦として使用が継続されていたとする資料がある。

伊海軍「サン・ジョルジョ」の新造時の要目は常備排水量10,167トン、全長140.8m、速力23.2ノット、武装は25.4cm連装砲2基、19cm連装砲4基、45cm魚雷発射管3門など。写真は1939年の撮影で、改装により煙突が4本から2本へ減じている

■イタリア海軍の装甲巡洋艦

イタリア海軍は第一次大戦後も「ピサ」とサン・ジョルジョ級2隻の計3隻の装甲巡洋艦の保有を続けていた。このうち第二次大戦開戦までに「ピサ」は開戦前に除籍、「サン・マルコ」は無線誘導の標的艦とされていたが、1910年に就役した「サン・ジョルジョ」のみは、1937年～1938年時期に練習艦として改装した後、第二次大戦開戦前に対空火器の増載（10cm高角砲10門、20mm機銃×12、13.2mm機銃×14）を実施の上で、北アフリカのイタリア軍の一大拠点だったトブルクに廻航されて同港防衛のための浮き砲台として実戦に参加した。本艦は英軍攻勢によるトブルク失陥当日の1941年1月22日に自沈処分となり、1946年に除籍された。この後1952年に浮揚の上で、解体のため曳航によるイタリア廻航が企図されたものの、その途上で荒天のために再度沈没して失われてしまった。

■チリ海軍の防護巡洋艦

一方、防護巡洋艦は3カ国で現役での運用が続けられていた。この中で最も旧かったのは、日清戦争時期の日本海軍の主力艦だった防護巡洋艦「吉野」と起工年が同一で（1892年）、同じくフィリップ・ワッツ卿の設計艦であったチリ海軍の「ブランコ・エスカラーダ」（1894年竣工）だった。主砲が20.3cm砲に強化されていること、甲板装甲が若干薄い等の差異はあるが、総じて「吉野」に類似した艦だと評されることが多い本艦は、第二次大戦時期、既に旧式化していたため砲術練習艦として使用されており、太平洋戦争終了直後の1945年10月29日に除籍された。同国

戦間期の防護巡洋艦「ブランコ・エスカラーダ」。常備排水量4,568トン、垂線間長112.8m、速力22.8ノット、武装は20.3cm単装砲2基、15.2cm単装砲10基、45cm魚雷発射管5門など

こちらはチリ海軍の「チャカブコ」(1902年)。常備排水量4,500トン、全長127.5m、速力23ノット、武装は20.3cm単装砲2基、12cm単装砲10基、45cm魚雷発射管3門など

海軍にあったこれよりは新しい「チャカブコ」(1902年竣工)は、やはり日本の高砂型防護巡洋艦を元としている艦で、艦のサイズ、兵装含めてほぼ「高砂」と同一要目であるため、資料によっては「高砂」の「姉妹艦」と記すものがある艦でもある。本艦は1932年に一旦現役から退いたが、1939年～1941年時期に艦橋の拡大や兵装を15.2cm砲6門と7.6cm高角砲4門に改める等の練習艦への改装を実施。この後1945年に高角砲及び雷装を撤去して20mm機銃10門を搭載するなどの改修を経つつ、1959年12月に除籍されるまで、その任務に就いていた。なお、本艦は1950年時期でも20ノットを発揮出来た事を含めて、就役晩年でも艦の状態が良かったと言われている。

■ペルー海軍の防護巡洋艦

ペルー海軍ではチリの艦よりは若干あとの1906年～1907年時期に竣工したコロネル・ボログネジ級偵察巡洋艦の2隻が現役にあった。これは建造を担当したヴィッカース社で同時期に建造された英海軍のセンチネル級偵察巡洋艦に近い艦の規模と装甲防御を持つが、15.2cm砲2門の搭載を含めてより強兵装で若干劣速という艦で、第二次大戦開戦年の1939年に勃発したエクアドルとの戦争で実戦参加した経歴も持っている。この後、本級は1942年～1944年時期に前檣の三脚檣化と12.7mm機銃7門の増備、爆雷兵装の追加などを含む改装を実施した後、1944年にペルーが連合軍側で参戦した後、ペルーの沿岸水域での哨戒任務に当たったという記録もある。戦後この両艦はなお練習艦として使用され、就役から51年以上を経た1958年6月24日に除籍された。なお、艦隊旗艦として艤装がなされた2番艦の「アルミランテ・グラウ」は、同国海軍の艦隊旗艦を約50年にわたって務めており、これは名目上旗艦とされている記念艦等を除けば、同一艦が艦隊旗艦として使用された最長の記録となっている。

■ブラジル海軍の防護巡洋艦

第二次大戦時期に残っていた防護巡洋艦では、一番新しい艦を使っていたのは、1910年に竣工したバヒア級巡洋艦2隻が現役にあったブラジル海軍だった。英海軍のアドヴェンチャー級偵察巡洋艦から発達したと言われる12cm砲10門を持ち、1925/26年時期の汽缶改装で最高速力が28ノット(公称26.5ノット)に向上していたと伝えられるこの小型巡洋艦2隻は、1942年8月22日にブラジルが連合軍側に立って参戦した後、対潜及び枢軸国の封鎖破り船摘発のための哨戒任務、また船団護衛任務に付いており、1944年時期にイタリアへブラジル派遣軍を輸送する船団護衛にも就いたことがある。終戦時期もなおこの2隻は南大西洋～アフリカ沿岸部での船団護衛等の任務に就いていたが、「バヒア」は太平洋戦争終戦直前時期の1945年7月4日に米軍機の救難作業実施中に爆沈して失われてしまう。一方、無事に終戦を迎えた「リオ・グランデ・ド・ソル」は、1948年に除籍された。

「アルミランテ・グラウ」の同型艦「コロネル・ボログネジ」(1942年時)。常備排水量3,100トン、全長115.8m、速力24ノット、15.2cm単装砲2基と7.6cm単装砲8基、45cm魚雷発射管2門

写真はブラジル海軍の「バヒア」。常備排水量3,100トン、全長122.4m、速力26.5ノット、武装は12cm単装砲10基や45cm魚雷発射管2門など。本艦は第二次大戦末期、対空戦闘の訓練中に対空砲火が艦尾の爆雷に命中して爆発、数分で沈没した

ソ連／アルゼンチン／オランダ スペイン／スウェーデンの 巡洋艦

文／本吉 隆　図版／田村紀雄、吉原幹也

（上）英ヴィッカース・アームストロング社で建造された、アルゼンチンの練習巡洋艦「ラ・アルヘンティーナ」。大型艦の建造技術に乏しい国々では、巡洋艦の調達にあたってイギリスやイタリアなどの技術支援を受けた例も多い
（左）ソ連海軍マキシム・ゴーリキー級「カリーニン」の18cm3連装主砲塔。ワシントン・ロンドン軍縮条約に調印していないソ連などの国では、条約制限にとらわれない設計の巡洋艦も建造された

ソ連海軍
第一次大戦型及びそれ以前の巡洋艦
キーロフ級巡洋艦
チャパエフ級巡洋艦（第68号計画艦）

アルゼンチン海軍
ヴェインティシンコ・デ・マヨ級重巡洋艦
軽巡洋艦「ラ・アルヘンティーナ」

オランダ海軍
ジャワ級軽巡洋艦
軽巡洋艦「デ・ロイテル」
トロンプ級軽巡洋艦
エーンドラフト級巡洋艦

スペイン海軍
スペインの軽巡洋艦
（「レイナ・ヴィクトリア・ウーヘイニア」
メンデス・ヌネス級
プリンシペ・アルフォンソ級）
カナリアス級重巡洋艦

スウェーデン海軍
航空巡洋艦「ゴトランド」
スリーエ・クロノール級巡洋艦

コラム⑦　未成巡洋艦

★ ☭ ソ連海軍

第一次大戦型及びそれ以前の巡洋艦

帝政ロシア時代に建造・起工された旧式巡洋艦群

ロシア革命とその後の混乱の中で、以前の艦隊兵力がほぼ潰滅した新生ソ連海軍は、稼働する少ない残存艦艇を中核として、再建を図る事になる。その中で巡洋艦兵力は、第一次大戦時期に建造中で、革命の混乱を経て、建造が再開された一部の艦の整備を進める形で再建が行われていく。そしてこれらの艦のうち、第二次大戦開戦時期には、第一次大戦前の就役艦と、第一次大戦後の建造再開艦を含めて、4隻が艦隊の作戦艦艇として活動可能な状態にあった。

その中で最古参だったのは、1901年8月にアドミラルティ造船所で建造を開始して、1905年7月に竣工した「コミンテルン」だ。もとを正せば日露戦争前に整備が行われていたドイツのシュテッチンにあったフルカン造船所が設計した防護巡洋艦ボガツィリ級の4番艦の「オチャコフ」で、1907年に「パミアト・メルクリヤ」に艦名を改めた艦だった。第一次大戦時に黒海艦隊で多くの活動を見せた本艦は、戦後の紆余曲折を経た後、1919年4月（1920年説あり）に赤軍の手に渡り、1922年末に艦名を「コミンテルン」に改めた後、1923年5月に艦籍に復帰した。この後練習艦を経て、独ソ開戦時には砲兵装として13cm砲6門、7.6cm高角砲3門、旧来の練習用砲の7.5cm平射砲4門、4.5cm高角砲3門を持ち、機雷195個を搭載可能な敷設艦に改装されていた。本艦は、速力は12ノット以上出せない状態にありながらもオデッサに対する兵員輸送任務及び同地陥落後の撤退作戦支援に従事、1942年にはクリミヤ方面における火力支援及び兵員輸送任務に就いていた。だが1942年7月2日に空襲で損傷、ポチで修理途上の同月16日に再度爆撃を受けて大破したことで修理が諦められ、後に武装解除の上でポチ北方のホビ川河口に置かれた新設の小型艦艇基地を護る防波堤として自沈処分された。なお、戦時中には25mm機銃の増備が行われたという。

ソ連海軍の所属となった1923年ごろの「コミンテルン」。日露戦争期に建造された防護巡洋艦であり、第一次大戦からロシア革命や内戦を経て、幾度も所属を転々とする前半生を歩んでいる

写真は「クラスヌイ・クリム」。第二次大戦中の1944年11月の撮影で、艦首に搭載された10cm連装高角砲をはじめ、備砲には大きく迎角がかけられている

第一次大戦前の起工艦で、第一次戦後最初に完工したのは、旧スヴェトラーナ級の1番艦だった「クラスヌイ・クリム」（当初艦名「プロフィンテルン」）であった。1926年10月（7月説あり）に竣工した本艦は、13cm砲15門、45.7cm3連装魚雷発射管4基を搭載、水線76mm、甲板38mmの装甲防御を持ち、速力29ノットを発揮可能という第一次大戦時の巡洋艦としては、相応の性能を持つ艦で、1935～36年に10cm高角砲6門と4.5cm高角砲4門の追加装備や魚雷発射管を53.3cm3連装型4基への更新、竣工時以来の航空機関連艤装の撤去などを実施、1939年に艦名を「クラスヌイ・クリム」に変えた後に第二次大戦開戦を迎えた。開戦時には黒海艦隊にあり、最高速力が24ノットに低下してはいたが、以後兵力輸送や上陸作戦実施時の支援、各地区からの撤退作戦等に従事するなど、1945年3月7日に練習巡洋艦となるまで、相応の活動記録を残している。戦後は練習艦及び宿泊艦、実験艦等で使用された後、1959年に除籍された（除籍年は1956年説もある）。

これに続いて1927年には、大型軽巡アドミラル・ナヒモフ級の1番艦「ナヒモフ」の後身である「チェルヴォナ・ウクライナ」が竣工している（1922年改名）。竣工時点で計画通りに13cm砲15門、45.7cm3連装発射管4基を搭載し、「クラスヌイ・クリム」同様の装甲防御と速力性能を持つ艦だった本艦は、この後13cm砲はより新型のものに改める等の差異はあったが、「クラスヌイ・クリム」と同様の改装を実施。1939年以降大改装の計画もあったが、第二次大戦開戦を受けてこれを取りやめ、4.5cm砲3門の増備と12.7mm機銃の追加、旧来の混焼から重油専焼への機関改正等を行ったのみで1941年5月に艦隊に復帰した。独ソ戦開戦後は「クラスヌイ・クリム」同様に黒海方面での兵力輸送や撤退作戦支援、それに伴う陸上砲台との交戦などで忙しく働いたが、1941年11月12日にドイツの急降下爆撃機の攻撃を受けて大破着底し、翌日放棄に至った。

1932年に竣工した「クラスヌイ・カフカス」（1926年改名）は、元はアドミラル・ナヒモフ級の2番艦「アドミラル・ラザレフ」だった艦だが、前2艦に比べて建造再開が遅かったこともあり、船首楼の延長や艦橋形状の変更等を含む船体の改正、主砲を新型の18cm60口径砲4門への換装、駆逐艦撃退用の10cm単装砲8門の装備、当初から53.3cm3連装発射管4基が搭載されたのに加え、水偵の本格的運用能力付与のためのカタパルトの設置などが行われたため、竣工時点の艦容は「チェルヴォナ・ウクライナ」から相当に変化が生じている。また竣工後まもなく「コミンテルン」と接触事故を起こした後の損傷復旧で艦首形状を日本重巡に類したダブルカーブ型としたことで、その外見的差異はより一層顕著となった。18cm砲が実用性不良で、艦隊作戦に有用に使えない面もあった本艦だが、就役後、7.6cm高角砲2門 を10cm高角砲へ更新、4.5cm高角砲の4門搭載、その翌年のカタパルト撤去と1939年時期に新型の7.6cm高角砲2門の追加搭載などを行った上で、独ソ戦勃発を迎える。その後の行動は、前2隻と同様のもので、1942年に両舷後部の発射管2基を撤去の上で、10cm連装高角砲2基と37mm機関砲10門の追加搭載を受けつつ、相応に活発に動いていたが、1943年10月に黒海にドイツ潜水艦が進出したという報を受けて、海軍上層部から大型艦の出動禁止令が出たことで以後蟄居の日が続いた。1944年秋以降の改装で副砲の全撤去が図られたのち、1945年3月に現役復帰したが、旧式化もあって1947年に練習艦となり、1950年代に除籍され、爾後対艦ミサイル試験の標的艦として撃沈処分された(除籍年・処分年は諸説ある)。

1930年前後の「チェルヴォナ・ウクライナ」。元々は「クラスヌイ・カフカス」と同級として計画されたが、両艦の外観には大きな相違があった

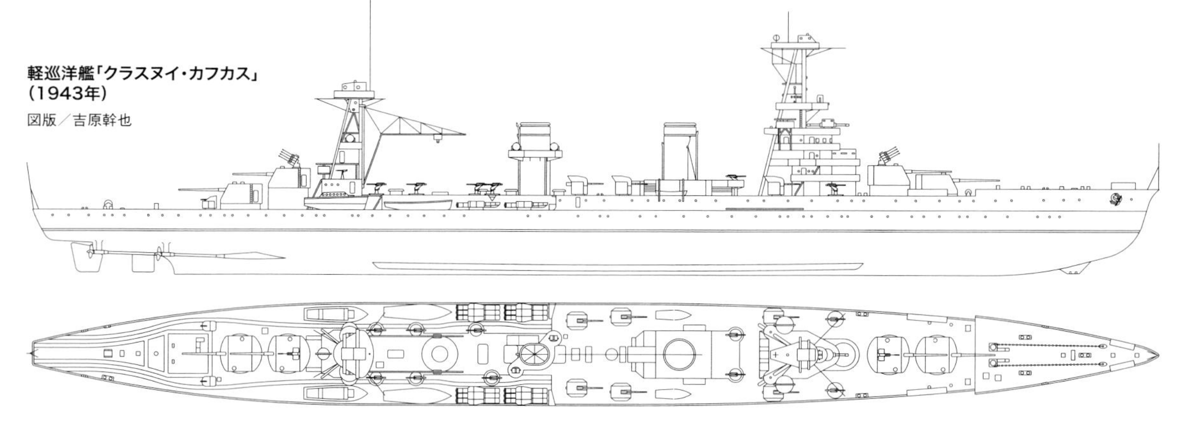
軽巡洋艦「クラスヌイ・カフカス」(1943年)
図版／吉原幹也

	コミンテルン(1941年時)	クラスヌイ・クリム	チェルヴォナ・ウクライナ	クラスヌイ・カフカス
基準排水量	6,338トン	6,839トン	7,480トン	7,560トン
満載排水量	6,675トン	7,999トン	8,268トン	9,030トン
全長	134.2m	158.4m	166.7m	169.5m
全幅	16.6m	15.35m	15.7m	15.7m
吃水	6.8m	5.77m	6.2m	6.6m
主機/軸数	3段膨張式レシプロ2基/2軸	カーチス・AEG・フルカン式ギヤード・タービン4基/4軸	パーソンズ式ギヤード・タービン4基/4軸	ブラウン・ボベリ式ギヤード・タービン4基4軸
主缶	ベルヴィル式またはノルマン式缶12基	ヤーロー式重油専焼缶13基	ヤーロー式石炭専焼缶4基、同混焼缶10基	ヤーロー式重油専焼缶10基
出力	19,500馬力	50,000馬力	55,000馬力	55,000馬力
速力	12ノット	29ノット	29.5ノット	29.5ノット
航続距離	12ノットで2,000浬	14ノットで3,350浬	14ノットで3,700浬	15ノットで3,500浬
兵装	55口径13cm単装砲×6、55口径7.6cm単装高角砲×3、28口径7.5cm単装砲×4、43口径4.5cm単装高角砲×3、機雷×195	55口径13cm単装砲×15、30口径7.62cm単装高角砲×9、45cm3連装魚雷発射管×4、機雷×100、水偵×1	55口径13cm単装砲×15、55口径6.4cm単装高角砲×4、45.7cm3連装魚雷発射管×4、水偵×1	60口径18cm単装砲×4、60口径10cm単装砲×8、46口径4.5cm単装高角砲×4、53.3cm3連装魚雷発射管×4、機雷×100、水偵×1、射出機×1
装甲厚	甲板35mm(水平部)~70mm(傾斜部)、砲郭35~79mm、司令塔140mm	舷側25~76mm、甲板38mm、主砲25mm、司令塔75mm	舷側25~76mm、甲板38mm、主砲25mm、司令塔75mm	舷側25~76mm、甲板70mm、主砲塔76mm、司令塔76mm
乗員	590名	850名	852名	880名

	起工	進水	竣工	
コミンテルン	1901.9.5	1902.6.2	1905	1942.10.10 自沈
クラスヌイ・クリム	1913.11.24	1915.12.11	1926.10	1959解体
チェルヴォナ・ウクライナ	1913.10.31	1915.11.6	1927.3.21	1941.11.13 沈没
クラスヌイ・カフカス	191310.31	1916.6.21	1932.1.25	1952.11.21 標的艦として沈没

★ ☭ ソ連海軍

キーロフ級巡洋艦

ソ連海軍初の新造巡洋艦とその改型

1930年代に入ると、ソ連艦隊を構成する艦の旧式化が顕著となったため、これに代わる代艦の整備が1932年以降の「第二次5カ年計画」の中での艦隊更新計画で開始された。その中で計画された大型巡洋艦は、当時のソ連の大型艦設計能力不足のため、イタリアから大規模な技術支援を受ける形で進められ、最終的にイタリアのモンテクッコリ級軽巡を元にしつつ、18cm3連装砲塔3基、速力37ノットを発揮可能な7,200トン型巡洋艦として設計が纏められる。この艦の整備開始時期にソ連海軍の整備方針が外洋艦隊を志向する形に変わった事を受けて、1938年から始まった第三次5カ年計画では、これの改正型4隻の整備も承認された。なお、これら6隻のうち、前者2隻はキーロフ級（第26号計画艦）、後者はマキシム・ゴーリキー級（第26号計画艦改/第26号計画艦改2）として、通例区別がなされている。

本級前期型の「キーロフ」。第二次大戦前の撮影で、イタリア巡洋艦に範をとった設計が見て取れる。前後の煙突間に装備したカタパルトは大戦中に撤去された

船体設計はモンテクッコリ級の流れを汲んでおり、実際に船首楼型の船体は外見も同級に似たものだが、ソ連での運用を考慮して耐氷構造の採用などがなされたこともあり、内部配置はかなりの変化を見てもいる。一方で艦橋構造物は以前のソ連艦に類するものとされたため、兵装の差異もあって艦容は原型のイタリア艦とはかなり異なる。一方、ゴーリキー級は艦橋構造物をイタリア艦を参考に改正したため、前型との艦容差異が生じた。なお、本級の建造はソ連の技術では困難な面があり、このためもあって、各艦は計画時より排水量が約700～800トン程度増大した状態で竣工に至っている。

「ドイツ軽巡との交戦で、優位に戦闘が可能」という要求を受けて、主砲は18cm57口径砲を3連装砲塔に収めて、これを前部に2基と後部に1基の計3基（9門）を装備した。これにより本級は要求された砲力を得た格好となったが、高初速砲を狭い砲身間隔の砲塔に収めたことで散布界過大が酷く、更に砲塔が小型に過ぎて装填の操作が困難で、射撃速度が計画の1/3程度にまで低下する（2発/分以下）など、有効にその火力を発揮することが出来ない艦となってしまった。

原型の対空兵装は高角砲は新型の100mm単装高角砲6門装備と一応のものを持つが、近接対空火器は4.5cm高角砲6門、12.7mm機銃8門と弱体だった。一方、ゴーリキー級の当初の2隻（改）は4.5cm高角砲を6～9門に強化、太平洋艦隊向け（改2）の3・4番艦は、竣工時期が遅れたこともあり、高角砲を85mm単装砲8門とする一方で、近接対空火器を37mm機関砲19門に強化する改正を実施している。水雷兵装は53.3cm3連装魚雷発射管2基だが、「モロトフ」はこれに代えて45cm3連装発射管装備としたとする情報もある。

航空艤装はモンテクッコリ級同様に艦の中央部にカタパルト1基が設置され、水偵2機の運用能力を付与された。ただ、あまり有用に使用出来なかったのか、「キーロフ」は1941年時期、「ヴォロシーロフ」とゴーリキー級の1・2番艦も1943年時期にはカタパルトを撤去しており、ゴーリキー級の3・4番艦は近接対空火器増備のために当初からカタパルトを搭載せずに竣工している。

装甲防御は砲塔前盾が75mm、水線及び水平装甲が50mmで、水線部の装甲は他国の軽巡と比べて弱体な感があった。水中防御もイタリア艦同様に本格的なものは無く、基本的に脆弱だった。

機関型式はモンテクッコリ級同様の6缶2軸艦で、機関配置も同級同様のシフト配置とされている。ただし本級の機関は「ゴーリキー」以外予定出力の発揮が出来なかった、とも言われるように、当時のソ連では運転困難な面があり、戦時の常用状態での最高速力は34～35ノット程度と要求を下回った。航続力も「ゴーリキー」は18ノットで4,880浬とイタリア艦を上回る性能を発揮する一方で、「ヴォロシーロフ」は同速

写真は「マキシム・ゴーリキー」で本艦以降をマキシム・ゴーリキー級として前期型2隻と区別する場合も多い。後期型では艦橋が塔型となり、その後方に三脚式の前檣が設けられているのが前期型との目立つ識別箇所となっている

度で2,140浬と他国の水雷艇並みの航続力しか持たないなど、艦によってかなりの相違があるのも問題とされていた。

本級のうち、独ソ開戦時点でバルト海艦隊にあった「キーロフ」と「ゴーリキー」の2隻は、同艦隊の中核艦として活動。両艦共に損傷を受けて「ゴーリキー」は航行不能となる事態ともなったが、同方面での火力支援や撤退作戦支援などに従事、レニングラードの防衛及び解放に貢献している。レニングラード解放後も進撃するソ連軍の支援を続けたが、レニングラード湾の掃海作業が進まないために前方への進出が出来ず、1944年6月以降終戦まで、事実上活動を停止している。黒海艦隊の「ヴォロシーロフ」と「モロトフ」は、黒海での陸軍の各種作戦に協力する形で火力支援や兵力輸送支援等に従事。「ヴォロシーロフ」は1943年10月の大型艦出動禁止令が出るまで活動を続けたが、1942年8月に被雷で艦尾を喪失した「モロトフ」は修理完工前に同命令が出たため、ここで活動を終えている。太平洋艦隊向けの最後の2隻は、大戦中には太平洋戦争終戦時期の対日戦で活動した以外の活動歴は無い。なお、これらの艦のうち、バルト海/黒海の両艦隊の在籍艦は、「ヴォロシーロフ」が4.5cm高角砲3門、37mm機関砲14門、12.7mm機銃8門を装備していたと言われる様に、戦時中に対空兵装の強化が図られている。戦争末期には太平洋艦隊向けの艦を含めて、英米から供与された電探装備も実施された可能性があるが、詳細は分からない。

戦後これらの艦は、電探及び射撃指揮装置の改正等の改装を実施しつつ艦隊にあったが、フルシチョフ政権下の外洋艦隊無用論を受けて、1957年に艦名を「ペトロパブロフスク」に改めた「カガノヴィッチ」を含めて、1950年代中期以降に退役が図られるが、「カガノヴィッチ」の改名年に艦名を「スラヴァ」と改めた旧「モロトフ」のみは、1974年まで現役に在った。

第二次大戦中の「モロトフ」と思われる写真で、中央下部には左舷の3連装魚雷発射管、その奥には後部煙突の両舷に各3基(計6基)搭載された100mm単装高角砲が確認できる

マキシム・ゴーリキー級巡洋艦「モロトフ」(1942年)

図版／田村紀雄

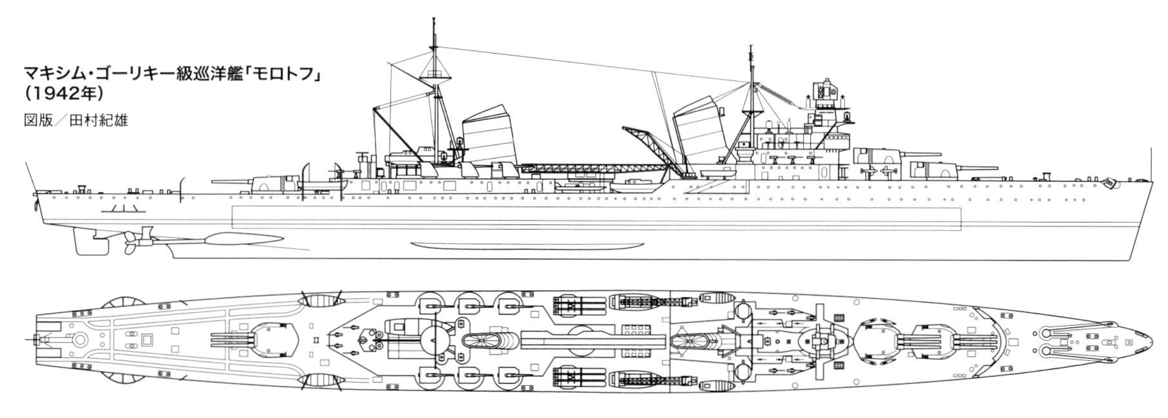

	キーロフ	ヴォロシーロフ
基準排水量	7,756トン	7,845トン
満載排水量	9,287トン	9,400トン
全長	191.4m	
全幅	17.72m	
吃水	6.33m	
主機/軸数	ベルッツォ式ギヤード・タービン2基/2軸	ソ連製TV-7型ギヤード・タービン2基/2軸
主缶	ヤーロー・ノルマン式重油専焼缶6基	
出力	110,000馬力	122,500馬力
速力	36ノット	34ノット
航続距離	18ノットで3,750浬	18ノットで2,140浬
兵装	57口径18cm3連装砲×3、56口径100mm単装高角砲×6、46口径45mm単装砲×6、12.7mm単装機銃×4、53.3cm3連装魚雷発射管×2、水偵×2、射出機×1	
装甲厚	舷側50mm、甲板50mm、主砲塔前楯75mm、司令塔150mm	
乗員	872名	881名

	起工	進水	竣工	
キーロフ	1935.10.22	1936.11.30	1938.9.26	1974解体
ヴォロシーロフ	1935.10.15	1937.6.28	1940.6.20	1973解体
マキシム・ゴーリキー	1936.12.20	1938.4.30	1940.12.12	1959解体
モロトフ	1937.1.14	1939.12.4	1941.6.14	1978解体
カリーニン	1938.6.12	1942.5.8	1942.12.31	1963解体
カガノヴィッチ	1938.8.26	1944.5.7	1944.12.6	1960解体

	マキシム・ゴーリキー級(括弧内はカリーニンおよびカガノヴィッチ)		
基準排水量	8,177トン(8,400トン)	満載排水量	9,792トン
全長	191.4m(191.2m)	全幅	17.72m
吃水	6.33m		
主機/軸数	GTZA TV-7型ギヤード・タービン2基/2軸		
主缶	ヤーロー・ノルマン式重油専焼缶6基		
出力	129,750馬力(109,500馬力)※		
速力	36.1ノット(32.2ノット)※		
航続距離	18ノットで4,880浬(16.5ノットで3,100浬)※		
兵装	57口径18cm3連装砲×3、56口径100mm単装高角砲×6(50口径85mm単装高角砲×8)、46口径45mm単装砲×6～9(同砲×6)、12.7mm単装機銃×4(同機銃×6と37mm単装機関砲×19)、53.3cm3連装魚雷発射管×2、機雷×100、水偵×2、射出機×1		
装甲厚	舷側50mm、甲板50mm、主砲塔前楯75mm、司令塔150mm		
乗員	897名(812名)		

※:「モロトフ」は出力133,000馬力、速力36.3ノット、航続距離16.8ノットで3,680浬

ソ連海軍

チャパエフ級巡洋艦（第68号計画艦）

戦後竣工となったソ連版大型軽巡洋艦

「チカロフ」から改名された「コムソモレッツ」。1962年の写真で、前後のマストなどに各種レーダーのアンテナが追加されている

第三次5カ年計画では、キーロフ級を元にした新型の15.2cm砲搭載の軽巡洋艦の整備も行われた。この艦はキーロフ級及び習得したイタリア式の設計を元として、砲装として15.2cm57口径3連装砲塔4基と、10cm56口径高角砲8門、37mm連装機関砲6基を装備した拡大改良型として設計が行われ、その結果排水量は基準で約3,400トン、満載で約3,600トン（約5,800トンとする資料もある）増大したこともあり、当時各国で計画ないし建造中の軽巡としては最大級の艦ともなった。またこの船型の拡大と、艦橋構造物の形状がよりイタリア艦に近い塔状のものとされたこと、後部に大型の射撃指揮装置が置かれるなどしたため、艦容もキーロフ級から大きく変化している。

砲装は概ね前記の通りで、竣工時には近接対空火器の増強が図られて37mm連装機関砲16基（32門）が装備された。雷装は予定通り前級同様の装備がなされたが、航空艤装は竣工前に廃止が確定したために装備した艦は無い。また当初は計画に無かった対空用と対水上索敵用の電測兵装も搭載された。装甲は水線部150mm、甲板40～50mm、砲塔は175mm～100mmと大幅に強化されており、この面でも第二次大戦期の軽巡・重巡の中では、優秀なものを持つ。

機関型式は前級同様だが、冷戦崩壊後のロシア側ソースによれば出力は110,000馬力とキーロフ級より低い。その一方で最高速力は艦の大型化にもかかわらず、前級の実測と同等の33.5ノットが発揮可能とされている。航続力も燃料搭載量が増大（常用最大2,500トン）したこともあり、17.3ノットで5,500浬（常用最大）と向上していた。

本級は15隻の整備が予定され、そのうち11隻は1939年8月から1941年11月までの時期にレニングラードのバルチック（オルジョニキーゼ）造船所及びアドミラルティ造船所、ニコラエフのマルチ造船所及び61コンムナ造船所の4造船所で起工に至っている。ただし独ソ戦の中で建造中止及びドイツ軍の手で破壊されるなどの事態が生じたこともあり、竣工したのは1939年中に起工されて、戦前・戦中・戦後に進水したバルチック造船所の建造艦2隻、アドミラルティ造船所／マルチ造船所／61コンムナ造船所建造艦各1隻の計5隻のみだった。

1950年に全艦が竣工した本級は、当初スターリンが目指した外洋艦隊の中核艦となる予定だったが、スターリンの死後のフルシチョフ政権下における外洋艦隊無用論により早期退役の対象となり、1950年代後半から第一線を離れて練習艦として使用される艦が出始め、うち4隻は1960年～1965年の間に退役している。一方、1957年に「コムソモレッツ」に艦名を変更した旧「チカロフ」のみは、1967年に練習巡洋艦に転籍するなどしつつ長く使用が続けられ、除籍されたのは1975年10月のこととなった。

	チャパエフ級		
基準排水量	11,450トン	満載排水量	14,100トン
全長	199.0m	全幅	18.7m
吃水	6.9m		
主機/軸数	TV-7型ギヤード・タービン2基/2軸		
主缶	KV-68型重油専焼缶6基		
出力	110,000馬力	速力	32.6ノット
航続距離	17ノットで5,500浬		
兵装	57口径15.2cm3連装砲×4、56口径10cm連装高角砲×4、37mm連装機関砲×14		
装甲厚	舷側100mm、甲板50mm、主砲塔前楯175mm、司令塔130mm		
乗員	1,183名		

	起工	進水	竣工	
チャパエフ	1939.10.8	1941.4.28	1950.5.16	1964解体
チカロフ	1939.8.31	1947.10.25	1950.11.5	1980解体
レーニン	1941.8			1941.7建造中止
ジェルジンスキー	1941.11			1941.7建造中止
フルンゼ	1939.8.29	1940.12.30	1950.12.19	1961解体
オルジョニキーゼ	1940.12.31			1941～44独軍が解体
ゼレニャコフ	1939.10.31	1941.6.25	1950.4.19	1977解体
アヴローラ	1941.9			1941.7建造中止
クイビシェフ	1939.8.31	1941.1.31	1950.4.20	1966解体
スヴェルドロフ	1941.9			1941～44独軍が解体

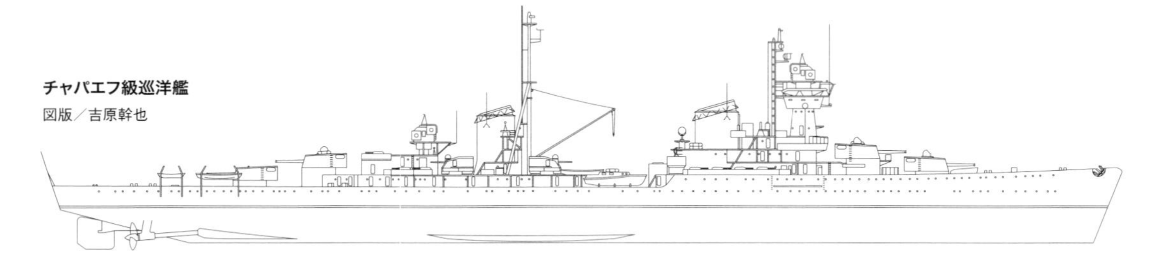
チャパエフ級巡洋艦
図版／吉原幹也

アルゼンチン海軍

ヴェインティシンコ・デ・マヨ級重巡洋艦

伊トレント級を小型化したアルゼンチンの重巡洋艦

本級は1920年代中期、アルゼンチンが仮想敵であるブラジルとチリに対して、政治的な面で優位に立つことを企図して整備された艦だ。当時アルゼンチンにはこの様な艦の設計・建造を独自に行う能力が無かったため、その設計は設計審査に応じた各国の造船所の試案を比較検討する形が取られ、最終的にイタリアのOTO社が提案したトレント級重巡の縮小型と言える試案が、採用されて建造に至った。

1949年撮影の2番艦「アルミランテ・ブラウン」。竣工時は原型のトレント級と同じく艦首に航空艤装を備えていたが、写真では艦中央部にカタパルトと水偵を搭載している

このため船型は排水量抑制のために長船首楼型とされ、艦首形状が凌波性向上のためクリッパー型とされている等の差異もあるが、艦橋の配置や後檣の配置等はよく似た感のあるものとなっている。主兵装は20.3cm砲搭載には過小だったため、主砲は英のヴィッカース社が設計した、高初速であるなど有力な額面上の性能を持つ19cm52口径砲が採用された。本級はこれを連装砲塔に収めて、前部に2基、後部に1基の計3基（6門）を装備したが、イタリア式の砲身間隔の狭い主砲塔を採用したことで、イタリア重巡同様に散布界過大の問題を抱えたと推察される。その他の兵装もこのサイズの艦としては平均以上の装備を持つ一方で、排水量抑制のため装甲防御は原型と同等かそれ以下と抑制されたため、重巡としては防御が弱体と見なせる艦でもある。機関はトレント級のものを半数搭載する形となり、配置は排水量抑制の目的もあり、主缶6基を前部汽缶室に集約し、その後方に主機械2基を置く形とされた。なお、本級の煙突は集合煙突だが、下部が太い壺状となった単煙突とされたことは、本艦の艦容の一大特色ともなっている。機関出力は85,000馬力で、32ノットの発揮が可能だった。航続力は南大西洋の広大な水域で作戦に当たることを考慮して14ノットで8,030浬と比較的長く、これは本級の性能上の特色ともなっている。

2番艦の方が起工が早かったため、アルミランテ・ブラウン級とも書かれる場合がある本級は、1・2番艦共に1931年7月に1週間の差で竣工した。この後、同年9月15日にイタリアから本国水域に到着したこの両艦は、1959年に予備役編入されるまで、南大西洋で領海警備及び親善航海に就いており、同方面での政治的なプレゼンスで有用に使用されている。なお、アルゼンチンは1945年3月27日に連合軍側として参戦しているが、同大戦での作戦行動は特にない。就役期間中の本級は、航洋性能含めて艦の性能は艦隊側から評価されたが、小型で重兵装なのが影響して、艦内が狭小であるという声も上がったという。

本級は戦前～第二次大戦開戦時期に旧来の航空艤装を廃して、艦の中央部に旋回式カタパルトの装備を実施したほか、大戦中には煙突の高さを増す等の改正を行っている。戦後は電探の装備と、対空機関砲を元来のヴィッカース式からボフォース式へ換装、後には高角砲もボフォース式の40mm機関砲へと換装するなどの対空火器の換装が行われていた。

	ヴェインティシンコ・デ・マヨ級		
基準排水量	6,800トン	満載排水量	9,000トン
全長	170.8m	全幅	17.82m
吃水	4.66m		
主機/軸数	パーソンズ式ギヤード・タービン2基/2軸		
主缶	ヤーロー式重油専焼缶6基		
出力	85,000馬力	速力	32ノット
航続距離	14ノットで8,030浬		
兵装	52口径19cm連装砲×3、45口径10.2cm連装高角砲×6、40mm単装機関砲×6、53.3cm3連装魚雷発射管×2、水偵×2、射出機×1		
装甲厚	舷側70mm、甲板25mm、主砲塔50mm、司令塔60mm		
乗員	780名		

	起工	進水	竣工	
ヴェインティシンコ・デ・マヨ	1927.11.29	1929.8.11	1931.7.11	1960解体
アルミランテ・ブラウン	1927.10.12	1929.9.28	1931.7.18	1962解体

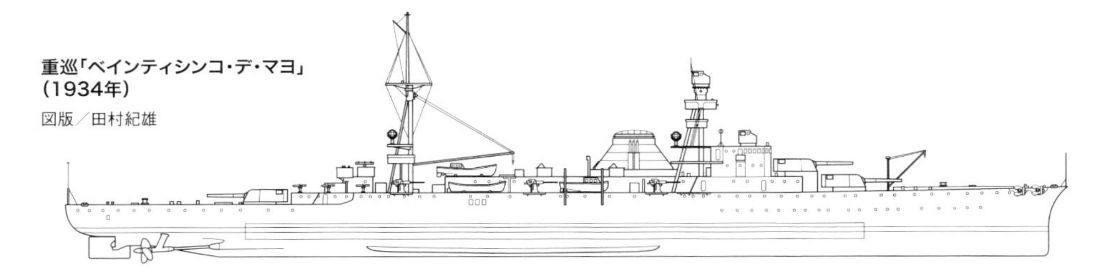
重巡「ベインティシンコ・デ・マヨ」(1934年)
図版／田村紀雄

アルゼンチン海軍

軽巡洋艦「ラ・アルヘンティーナ」

英軽巡を基にしたアルゼンチン海軍の練習巡洋艦

アルゼンチン海軍はヴェインティシンコ・デ・マヨ級3番艦の整備を企図していたと言われ、1934年9月に巡洋艦1隻の整備が承認された際には、これがその艦になると考えられていたという。だが1935年7月、英国のヴィッカース・アームストロング社がこの艦の契約を勝ち取った時点で、この艦は候補生の教育を行う練習艦兼務の練習巡洋艦に計画が変わっていた（この計画変更の理由は現在も良く分かっていない）。

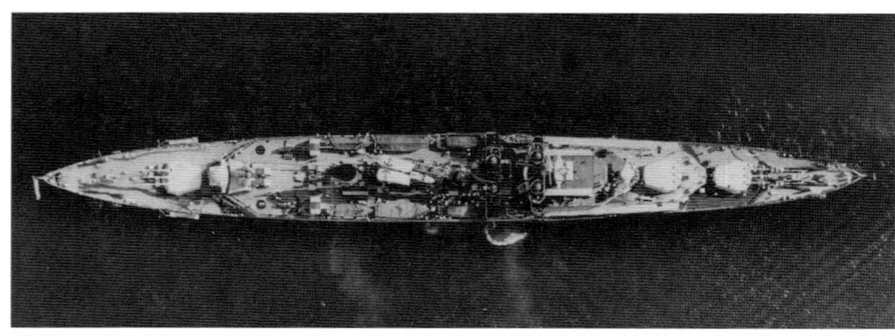

1940年、パナマ運河にて撮影された「ラ・アルヘンティーナ」の空中写真。全体的な兵装・艤装の配置は英アレスーサ級と同様だが、主砲は15.2cm砲が3連装砲塔3基（9門）と原型の同6門を上回っている

この艦はアルゼンチン海軍の要求を受けて、英海軍のアレスーサ級軽巡洋艦を元にしつつ、候補生60名の居住区画及び教育区画の設置を含めて、ヴィッカース社が改正を図る形で設計が進められている。その要求を満たすために排水量はアレスーサ級より約1,000トン程度増大しており、大型の艦橋構造物の採用や、測距儀配置の関係で2番砲塔後方甲板室配置が異なるなど、各種の改正が行われたことで、総じてその艦容は原型と類似点もあるが、相違点もまた多いものとなっている。

本級では英国軽巡の搭載砲と同じ15.2cm砲を、ヴィッカース社が開発した独特の形状を持つ3連装砲塔3基に収めており、その砲数は9とリアンダー級を上回る。対空兵装や雷装はアレスーサ級の竣工時と同等以上のものを持っており、航空艤装も同級同様に水偵1機の運用を考慮したものが搭載された。一方、装甲防御は、水線部76mm、甲板部51mm、砲塔部51mmと、この程度のサイズの巡洋艦として相応のものが持たされている。

機関は4缶4機のシフト配置であるのはアレスーサ級と同様だが、出力は54,000馬力に抑えられたため、速力は30ノットに低下している。航続力は長期航海を実施する練習巡洋艦だけにヴェインティシンコ・デ・マヨ級同様に重視され、12ノットで10,000浬とかなりの性能が付与されている。

「ラ・アルヘンティーナ」は計画では1938年中の引き渡しを予定していたが、折からの欧州情勢緊迫化の中での英海軍の戦備推進の影響もあって、兵装関連の艤装が遅れてしまい、就役は1939年1月31日のことになった。この後、本艦は計画通り練習巡洋艦として使用され、1941年以降艦隊の第一線兵力として巡洋艦扱いとなるが、、特に目立つ活動はしていない。戦後の1946年以降、練習巡洋艦任務に復帰した本艦は、爾後1951年から1960年までの時期に巡洋艦として戦列に復帰することもあったが、以後長く練習航海で使用され、1972年の遠洋航海終了後予備役編入され（1970年説もある）、1974年10月に除籍処分となった。この間本艦は1946年に電探の装備、1950年にカタパルトと10.2cm高角砲の撤去を実施、ボフォース式40mm機銃12門の装備と各種電探の増備を実施した以外は、特に改装等は実施していないという。

	ラ・アルヘンティーナ		
基準排水量	6,500トン	満載排水量	7,500トン
全長	164.9m	全幅	17.2m
吃水	5.03m		
主機/軸数	パーソンズ式ギヤード・タービン4基/4軸		
主缶	ヤーロー式重油専焼缶4基		
出力	54,000馬力	速力	30ノット
航続距離	12ノットで10,000浬		
兵装	50口径15.2cm3連装砲×3、50口径10.2cm単装高角砲×4、40mm単装機関砲×8、53.3cm3連装魚雷発射管×2、水偵×2、射出機×1		
装甲厚	舷側76mm、甲板51mm、主砲塔51mm、司令塔76mm		
乗員	800名		

	起工	進水	竣工	
ラ・アルヘンティーナ	1936.1.11	1937.3.16	1939.1.31	1974解体

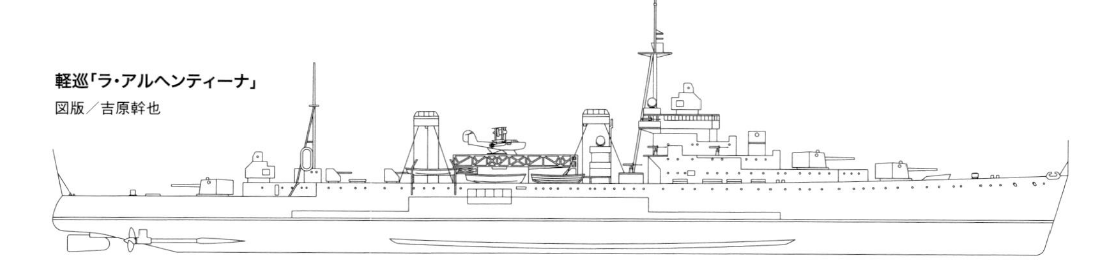

軽巡「ラ・アルヘンティーナ」
図版／吉原幹也

ジャワ級軽巡洋艦

植民地警護用に計画された第一次大戦型の軽巡洋艦

第一次大戦中の1915年に計画された本級は、当時海外に広大な植民地を持っていたオランダの植民地警護に重点を置いた軽巡洋艦で、当時の英独の軽巡を上回る性能を持たせることを狙って、当時のこの両国の軽巡を上回るサイズと、砲装を持たせる艦として設計が進められた。

船型は長船首楼型で、設計をドイツのクルップ社が担当したこともあって、単檣と大型の下部構造物を持つ艦橋と太い2本の煙突を持ち、後部に甲板室を持つなど、その艦容は同時期及びそれ以降のドイツ艦に通じる部分がある。砲兵装はボフォース製の15cm砲50口径砲10門が搭載され、うち6門を舷側装備としたため片舷指向門数は7門だが、計画当時の軽巡としては有力な火力があり、装甲防御も水線部50mm～75mm（機関部及び弾火薬庫部）、甲板部38mm（中央部）／50mm（傾斜部）と、当時の軽巡としては充分なものを持つ艦だった。機関は主缶8基、主機配置はドイツ艦式の3軸艦で、出力72,000馬力で最高速力は31ノットと、当時の英独軽巡より高い速力を発揮可能な能力も持つ艦だった。

雷装が欠如している、と言う欠点もあったが、当時の軽巡として有用に使いうる艦だった本級は、当初3隻の建造が予定されており、実際に1916年には「ジャワ」と「スマトラ」、この翌年に3番艦「セレベス」が起工されたが、起工後各種要因により工事が遅れた1番艦は1925年5月、2番艦は1926年5月にようやく竣工に至り、1・2番艦の工事遅延もあって起工後ほとんど工事が進捗しなかった3番艦は1919年に設計が旧式化したとして建造を中止したため、竣工したのは2隻のみだった。

竣工後の1934年～35年に掛けて、前檣の筒型化の実施、7.5cm副砲（高角砲）の撤去と、ボフォース式の40mm連装機関砲3基（「スマトラ」）／4基（「ジャワ」）の装備、12.7mm機銃4門の搭載を行う改装を受けたこの両艦は、第二次大戦開戦時には「ジャワ」が東インド（蘭印）方面に展開、「スマトラ」は本国で練習艦扱いとなっていた。オランダ本国がドイツに降伏した後に、「スマトラ」は英国経由で西インド諸島方面に離脱、一時期同方面での船団護衛任務に就いた後、東インドに展開後の1940年10月に予備役編入され、乗員をより就役の必要の高い艦艇に廻す措置が取られた。

太平洋戦争開戦後、「ジャワ」はABDA艦隊（※）の中核となる大型艦の1隻として活動するが、1942年2月27～28日のスラバヤ沖海戦の夜戦時に、日本の重巡「那智」が放った魚雷を受けて撃沈された。一方、1942年1月27日に再就役した「スマトラ」は、汽缶の半数と主機1基が使用不能だったことから、修理のために英国への廻航が行われるが、英国帰還後も特に修理はなされぬまま保管状態に置かれ、1944年6月9日に人工港の防波堤となる「グースベリー」を構成する1艦として、ウィストラム沖で自沈処分された。

ジャワ級2番艦「スマトラ」。写真は1927年初頭の艦影で、1930年代半ばの改装により、前檣の筒状化や後檣の移設などが実施され、図版の「ジャワ」のように艦容を一変した

	ジャワ級		
基準排水量	6,670トン	満載排水量	8,208トン※1
全長	155.3m※1	全幅	16.0m
吃水	5.5m		
主機/軸数	クルップ・ゲルマニア式※2 ギヤード・タービン3基/3軸		
主缶	シュルツ・ソーニクロフト式重油専焼缶8基		
出力	72,000馬力	速力	31ノット
航続距離	12ノットで3,600浬		
兵装	50口径15cm単装砲×10、55口径7.5cm単装高角砲×4、機雷×36		
装甲厚	舷側50～75mm、甲板38～50mm、主砲前楯100mm、司令塔125mm		
乗員	480名		

※1:「セレベス」（未成）は満載8,400トン、全長158.3m
※2:「スマトラ」はツェリー式

	起工	進水	竣工	
ジャワ	1916.5.31	1921.8.9	1925.5.1	1942.2.27戦没
スマトラ	1916.7.15	1920.12.29	1926.5.26	1944.6.9自沈
セレベス	1917.6			1919建造中止

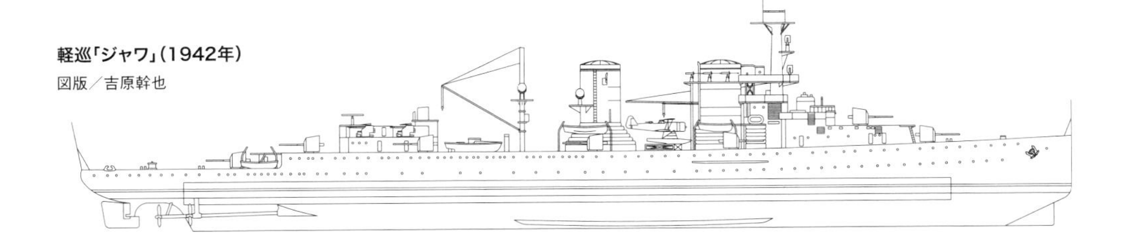
軽巡「ジャワ」（1942年）
図版／吉原幹也

※アメリカ（America）、イギリス（British）、オランダ（Dutch）、オーストラリア（Australia）の艦艇で構成された連合軍艦隊。

オランダ海軍

軽巡洋艦「デ・ロイテル」

ABDA艦隊旗艦も務めたオランダの新型軽巡洋艦

「セレベス」の建造中止後、オランダ海軍ではこの代艦となる新型巡洋艦の整備を検討するが、経済的な事情もあって中々実現に至らず、1930年になってようやくその計画が進み出した。極東の東インド艦隊の中核となる艦として計画されたこの艦は、当初予算の問題から15cm連装砲塔3基（6門）を搭載し、速力32ノットを発揮可能でジャワ級と同等の防御力を持つ5,250トン程度の艦として要望が出されるが、これは小型に過ぎるとして、出来得れば15cm砲8門か20.3cm砲6門搭載艦とすべき、等の意見が出されたこともあり、中々その試案は纏まらなかった。最終的に初期案より艦型を拡大して、15cm砲を1門増備し、水偵2機の運用可能な航空艤装を持つ艦とした試案が、1932年に承認を受けて整備が実施される。

公試運転中の「デ・ロイテル」。煙突頂部には支柱を介して平板状のキャップを設けているが、これは間もなく煙突頂部全体を覆う形式のファンネルキャップに置き換えられた。主砲は艦橋の前の2番砲のみ単装砲となっている

この艦の設計はドイツの技術指導を受けつつ行われており、そのため長船首楼型船型の採用や、独特の塔型艦橋の形状、大型の単煙突の採用などを含めて、同時期にドイツで建造が行われていた装甲艦を小型化したような印象のある艦容となっている。なお、本艦は竣工前に煙突形状に不備があるとして、煙突上部を独特の形状のものへと更新したが、これが就役中に本艦が受けた唯一の改装と言われている。

兵装のうち主砲の砲自体はジャワ級と同系列のもので、片舷指向可能門数も前級同様の7だが、うち6門を連装砲塔3基に収めたことにより、戦闘能力はより向上していた。高角砲の装備は無いが、対空機銃としてボフォース式40mm連装機関砲5基（10門）と12.7mm機銃8門を搭載するなど、竣工時期では有力な近接対空火力を持っている。雷装はジャワ級同様に装備されず、一方で航空艤装は計画通りのものが装備された。装甲防御は水線部が50mmとされたことを含めて、ジャワ級より全般的に薄くなったが、砲塔とバーベット部にも30mmの装甲が施されていた。汽缶は6缶2機の2軸艦で、出力は66,000馬力とジャワ級より低くなったが、船型の改良もあって最高速力は計画の32ノットを達成している。機関技術の進化もあり、航続力は前級の12ノットで3,600浬から、本艦では12ノットで6,800浬と大きく向上している。

本級は竣工後の一時期本国に留まったが、1937年3月に極東方面に廻航され、以後喪失するまで同方面に留まっていた。なお、1937年10月にはオランダ東インド艦隊旗艦となり、これも同様に喪失するまでその地位にあった。第二次大戦でオランダの降伏後、「ジャワ」と共に蘭印地区の枢軸国商船捜索や、日本の違法操業漁船団警戒等の哨戒任務に就いていた本艦は、太平洋戦争開戦後に編成されたABDA艦隊の旗艦として活動する。だが大きな戦功を挙げること無く、1942年2月27日／28日のスラバヤ沖海戦における夜戦において、日本重巡「羽黒」からの魚雷2本を受けて撃沈された。

	デ・ロイテル		
基準排水量	6,442トン	満載排水量	7,548トン
全長	170.8m	全幅	15.7m
吃水	5.1m		
主機/軸数	パーソンズ式ギヤード・タービン2基/2軸		
主缶	ヤーロー式重油専焼缶6基		
出力	66,000馬力	速力	32ノット
航続距離	12ノットで6,800浬		
兵装	50口径15cm連装砲×3、同単装砲×1、40mm連装機関砲×5、12.7mm連装機銃×4、水偵×2、射出機×1		
装甲厚	舷側30〜50mm、甲板30mm、砲塔30mm、司令塔30mm		
乗員	435名		

	起工	進水	竣工	
デ・ロイテル	1933.9.16	1935.5.11	1936.10.3	1942.2.28戦没

軽巡「デ・ロイテル」
図版／田村紀雄

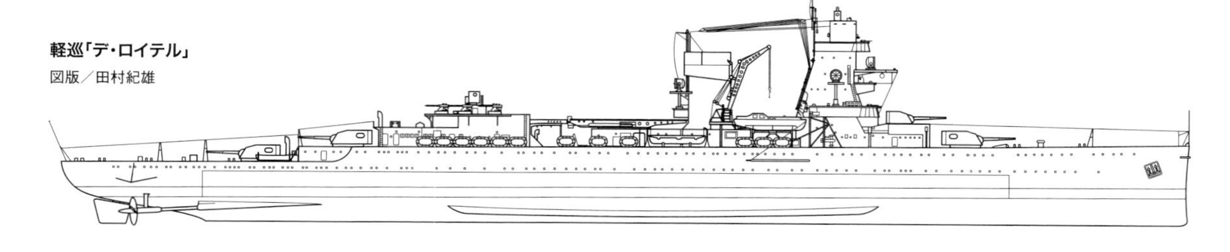

オランダ海軍

トロンプ級軽巡洋艦

嚮導艦および防空艦として就役した小型巡洋艦

本級は元はオランダ海軍が1931年に計画した2,500トン型の嚮導駆逐艦に行き着く艦で、その後、東インド艦隊の巡洋艦兵力の強化を考慮する等の要求を受けて、3,450トン型の水雷戦隊旗艦として使用可能な能力を持つ小型巡洋艦として計画が承認されたものだ。

長船首楼型の船体と、単檣と上部の測距儀が目立つ下部構造物からなる艦橋を持ち、その後方の太い単煙突や、艦載艇及び航空機揚収用のクレーン支柱を兼ねた特徴のある形状の後檣を持つ事を含めて、独特な艦容を持つ艦でもある。小型艦だが15cm連装砲塔3基を搭載、片舷6門を指向可能としたことで、軽巡として最低限の火力を確保したが、一方で装甲防御は小型軽量の艦だけに水線部装甲が16mmとされたように軽度なものしか持たないなど、その能力には限度があった。機関型式は4缶2機の2軸艦とされ、機関出力56,000馬力で、常用満載より軽量な状態での公試では計画速力の33.5ノットを達成しているが、実用上の最高速力はそれより若干低かったとも言われる。

本級は「トロンプ」と「ヘームスケルク」の2隻が整備されており、このうち1938年8月に竣工した前者は、以後約1年間欧州水域で活動した後、東インド艦隊に編入された。ドイツ軍のオランダ侵攻後、極東水域で「デ・ロイテル」らと同様の任務に就いていた本艦は、太平洋戦争開戦後はやはりABDA艦隊を構成する艦となるが、1942年2月18日のバリ島沖海戦での日本駆逐艦との交戦で中破、豪州へと後退した。

この結果、オランダの東インド艦隊所属の大型艦で唯一ジャワ海から脱出できた艦となった「トロンプ」は、豪州での損傷修理時に対空兵装強化や電探装備を含む改修を実施、英艦隊の指揮下でインド洋での護衛任務に就いた。その後1944年に英東洋艦隊による対日反攻開始後は日本軍占領地域への攻勢作戦に従事するが、終戦前の1945年5月末、米第7艦隊所属となり、爾後終戦まで米艦隊指揮下で東南アジア水域での作戦に従事してもいる。戦後は1955年12月に宿泊艦となるまで実働状態にあり、爾後1968年に除籍された。

一方、ドイツ軍のオランダ侵攻時、未だ未成だった「ヘームスケルク」は、オランダ降伏前に英国に脱出、10.2cm連装高角砲5基を搭載する防空巡洋艦として1941年2月に竣工している。本艦はまず英艦隊指揮下で大西洋での通商路保護任務に就いたあと、太平洋戦争勃発に伴い蘭印方面への展開が予定されたが、到着前に蘭印が降伏したことで、英艦隊指揮下に留まってインド洋方面で活動する。この後1944年時期に地中海で行動した後、改修のために英本国に帰還、欧州戦終了後の1945年6月には、解放後のオランダに帰還した最初のオランダ軍艦ともなった。戦後は砲術練習艦として使用された本艦は1955年に宿泊艦へと転籍され、1970年に除籍されるまでこの任務にあった。

イギリスで防空巡洋艦として就役した「ヤコブ・ヴァン・ヘームスケルク」。姉妹艦ながら「トロンプ」とは兵装も大戦中の活動も大きく異なっている

	トロンプ級		
基準排水量	3,787トン※	満載排水量	4,817トン※
全長	132.0m	全幅	12.4m
吃水	4.6m		
主機/軸数	パーソンズ式ギヤード・タービン2基/2軸		
主缶	ヤーロー式重油専焼缶4基		
出力	56,000馬力	速力	33.5ノット
航続距離	12ノットで6,000浬		
兵装	50口径15cm連装砲×3、40mm連装機関砲×2、12.7mm連装機銃×2、53.3cm3連装魚雷発射管×2、水偵×1		
装甲厚	舷側16mm、甲板15～25mm、主砲塔25mm、司令塔12mm		
乗員	309名		

※「ヤコブ・ヴァン・ヘームスケルク」は基準3,765トン、満載4,860トン、兵装は45口径10.2cm連装高角砲×5、40mm4連装機関砲×1、20mm単装機銃×6

	起工	進水	竣工	
トロンプ	1936.1.17	1937.5.24	1938.8.18	1969解体
ヤコブ・ヴァン・ヘームスケルク	1938.10.31	1939.9.16	1941.2.11	1970解体

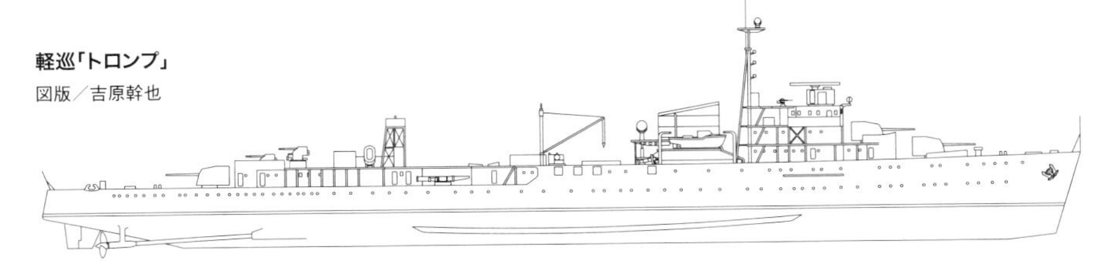

軽巡「トロンプ」
図版／吉原幹也

エーンドラフト級巡洋艦

戦後竣工となったオランダ大型軽巡洋艦

1930年代初頭には旧式化が進んだ「ジャワ」「スマトラ」の代艦整備が検討されていたが、これも予算の問題から中々進展せず、1937年になってようやく計画が進み出した。この2隻は当時脅威と受け取られていた日本の大型巡洋艦との交戦も考慮して砲装及び防御の強化が望まれており、最終的には「デ・ロイテル」の拡大改良型として設計が纏められる。

「デ・ロイテル」同様の長船首楼型船型を持つ一方で、艦型の拡大と兵装の相違等による上構配置の変更もあり、その艦容は大きく変貌している。兵装は主砲に15cm3連装砲塔2基、連装砲塔2基（計10門）を搭載して相応の主砲火力を得ており、また有力な近接対空火器や雷装の装備がなされるなど、かなりのものを搭載する予定だった。装甲防御も甲板部を除けば、軽巡として相応のものを持つ形に強化されており、「デ・ロイテル」同様の6缶2機とされた機関も、出力78,000馬力（戦後の建造再開後は85,000馬力）と強化されたことで、「デ・ロイテル」と同様の速力発揮が予期されていた。

計画通りに行けば、イタリアのアブルッチ級に近い有力な大型軽巡となる筈だった本級は、1939年中に2隻が起工され、うち1番艦は2番艦の起工日に艦名を「ケイクダン」から「エーンドラフト」に改名する等を経て工事を進めるが、進水前にオランダが降伏、降伏当日に建造が放棄された。この後、ドイツ海軍がKH1／KH2として建造を継続、戦況変化により2番艦は閉塞船として使用する目的で1944年12月に進水に至るが、幸いその様な事態は生じずに終戦を迎えた。

1947年に2番艦を「デ・ロイテル」、1番艦を旧2番艦名へと艦名変更したこの2隻は、ボフォース社製の高角射撃に対応した15.2cm50口径連装砲塔4基、5.7cm連装高角砲4基、40mm機関砲8門を装備する防空巡洋艦として1953年に竣工する。先に竣工した「デ・ロイテル」がネームシップとなった本級のうち、「デ・ロイテル」は砲装の防空巡洋艦のままで使用されて1973年に退役、同年5月にペルーへと売却され、「アルミランテ・グラウ」と改名の上で同国海軍に就役した。1985～1987年に掛けて一部の砲装撤去と対艦ミサイル兵装の設置、電測兵装の刷新や大規模な改装を実施した本艦は、その後2014年まで現役に留まり続けて「第二次大戦型の砲装巡洋艦」として最後に退役した艦となった。

写真はミサイル巡洋艦へ改装後の「デ・ゼーヴェン・プロヴィンシン」の艦後部。後部の砲装が撤去され、テリア防空ミサイルの連装発射機、および管制用レーダー2基を装備した

一方、1960年代に広域防空SAMの運用能力を持つミサイル巡洋艦へと改装された「デ・ゼーヴェン・プロヴィンシン」は、1975年に退役しており、その翌年にペルーに売却、以後SAM関連装備の撤去とヘリコプター用の格納庫を新設の上で、1977年10月に同国海軍に再役して「アギーレ」と改名された。こちらは以後特に大きな改装はなされず、1999年に退役するに至った。

	エーンドラフト級		
基準排水量	9,529トン	満載排水量	11,850トン
全長	187.3m※	全幅	17.3m
吃水	6.7m		
主機/軸数	デ・シェルデ・パーソンズ式ギヤード・タービン2基/2軸		
主缶	ヴェルクスポール・ヤーロー式重油専焼缶4基		
出力	85,000馬力	速力	32ノット
航続距離	12ノットで7,000浬		
兵装	53口径15.2cm連装砲×4、60口径5.7cm連装高角砲×4、40mm単装機関砲×8		
装甲厚	舷側76～100mm、甲板20～25mm、主砲塔50～100mm		
乗員	926名		

※「デ・ゼーヴェン・プロヴィンシン」は185.7m

	起工	進水	竣工	
デ・ロイテル	1939.9.5	1944.12.24	1953.11.18	1973ペルー海軍に引き渡し
デ・ゼーヴェン・プロヴィンシン	1939.5.19	1950.8.22	1953.12.17	1976ペルー海軍に引き渡し

巡洋艦「デ・ロイテル」(1953年)
図版／吉原幹也

スペインの軽巡洋艦

「レイナ・ヴィクトリア・ウーヘイニア」／メンデス・ヌネス級／プリンシペ・アルフォンソ級

イギリス艦を原型とする3級7隻のスペイン軽巡洋艦

スペインでは第一次大戦期から3級計7隻の軽巡を整備しており、1920年代に完成したこれらの艦のうち、6隻が第二次大戦時期にも活動していた。最も旧い1923年に竣工した「レイナ・ヴィクトリア・ウーヘイニア」は、英国の改バーミンガム級巡洋艦の眷属に当たり、オーストラリアの「アデレード」に近い艦でもある。15.2cm砲50口径砲9門（片舷指向門数5門）、53.3cm連装魚雷発射管2基を主体とする兵装と、32mm～76mmの水線装甲と76mmの甲板装甲を持ち、速力25.5ノット（公試時最大26.9ノット）を発揮可能と、第一次大戦時期の軽巡としては有用な性能を持っていたが、1931年に「リパブリカ」に艦名を改めた時期には既に能力が陳腐化しつつあり、このため艦名を再度「ナヴァラ」に改めた時期の1936年より、前檣の塔状化、15.2cm砲の中心線配置への変更と門数の減少（9→6）、汽缶更新と煙突本数の減少（3→2）、雷装の廃止と8.8cm高角砲4門と20mm機銃6門の装備を実施するなど、大規模な改装を実施している。このため本艦はスペイン内戦時には非稼働艦扱いだったが、1938年に現役復帰する前の改装途上で、停泊状態での火力支援任務に就くなど、同内戦での一応の戦歴も持っている。第二次大戦の一時期、スペインの巡洋艦で唯一の稼働艦となったこともある本艦は、以後特に目立つ活動はしておらず、練習艦として使用された後の1956年に退役処分となった。

1924年～1925年時期に2隻が竣工したメンデス・ヌネス級は、英国のC級及びD級を参考としつつ設計が纏められた艦で、15.2cm砲6門と53.3cm3連装発射管4基を持ち、装甲防御は水線部76mm、甲板部25mm、速力は29ノットを発揮可能であるなど、概ね元となった英軽巡と似通った性能を持つ艦だった。

2番艦が1932年に座礁事故で失われたため、スペイン内戦勃発時には1番艦のみが活動状態にあった。同内戦で共和国軍側に付いた同艦は、反乱軍側の重巡「バレアレス」が沈没した第二次チェチェル岬沖海戦にも参加したことを含めて、1937年春以降、反乱軍側の艦艇との水上戦闘にも当たるなど、内戦中に少なからぬ戦績を残してもおり、終戦後に他の共和国軍艦艇らと共にフランス領のビゼルテに脱出、そこでフランスに抑留された後、スペインへと返還された。1944年から1947年にかけて、上構の完全な作り直しと煙突の結合煙突化、旧来の砲兵装の完全撤去と雷装を半減させた上で、12cm高角砲8門、37mm機関砲10門、20mm機銃8門を装備する防空巡洋艦へと改装された本艦は、以後1950年代に20mm機銃の増載（最終的に23門）、爆雷投射機1基と爆雷投下軌条2条を装備するなどの改修を受けつつ1963年まで活動した後に退役した。

続くプリンシペ・アルフォンソ級は、英のE級を元にしつつ、スペイン側の要求に合わせて、主砲に15.2cm連装砲塔3基、同単装砲2基の計8門を搭載、高角砲は10.2cm単装高角砲4門と、4.7cm単装高角砲2門を設置するなど、より強力な砲装の搭載や近代的な艦橋の装備を含めて、多くの改正を行う形で設計が纏められた艦だった。砲装以外でも雷装はE級同様の53.3cm3連装発射管4基とされる一方で、航空艤装は当初から装備されず、水線部が38～76mm（主要区画）、甲板部が25～51mmとE級と同等以上の装甲防御も施されるなど、E級とは各所に相違がある。機関型式はE級と同様で最高速力も同等だが、燃料搭載量は近いものの航続力が

1924年の「レイナ・ヴィクトリア・ウーヘイニア」。マストは前後とも単檣で煙突も3本、主砲配置などもほぼ竣工時の姿をとどめている

戦後、防空巡洋艦に改装された「メンデス・ヌネス」で、艦の前後に各3基、後檣両舷に各1基、計8基の12cm単装高角砲を搭載した。写真では艦首部に雛壇式に装備した高角砲3基の砲身が確認できる

竣工から間もない1927年の撮影とされる「プリンシペ・アルフォンソ」。新造時の本級の主砲は最も艦首よりと艦尾よりの2基が単装、それ以外が連装となっていた

15ノットで5,000浬と、原型より大きく低下していた。

1925年から1930年にかけて3隻が竣工した本級のうち、1番艦の「プリンシペ・アルフォンソ」は、竣工後に数度の国王の御召艦を務める栄誉を得た後、1931年に「リベルタッド」に艦名を改め、スペイン内戦時には共和国軍の艦として水上戦闘等で活動。反乱軍の爆撃で損傷を負うことなどもあったが、終戦後は「ヌネス」同様ビゼルテに脱出、フランス経由でスペインに帰国した後、「ガリシア」に艦名を改めている。「ミゲル・デ・セルバンテス」も同様に共和国軍に参加したが、1936年11月22日にイタリア潜水艦「トリチェリ（スペイン艦名「ヘネラル・モーラ」）」の雷撃を受けて大破したため、内戦中の大半の期間を修理に要して特に目立つ活動は出来ず、終戦後には「リベルタッド」と同様の運命を辿った。一方、反乱軍に加わった「アルミランテ・セルベラ」は、内戦勃発当時には汽缶が喫緊で整備を必要な状態にあって23ノット以上の速力が出せなかったが、反乱軍の貴重な艦艇兵力として活躍を見せており、その間に共和国軍の駆逐艦との交戦で損傷、また潜水艦から攻撃を受けるなどの事態も生じたが、無事に内戦を乗り切ることが出来た。

本級各艦は以後もスペイン海軍で使用され、うち「ガリシア」と「セルバンテス」は戦中から戦後に掛けて、単装砲の廃止と連装砲塔を前後2基装備とする等の主砲兵装の変更、前檣の筒型檣楼への変更、水偵1機の搭載艤装の設置、高角砲の新型の10cm砲への換装、37mm対空機関砲の増備、雷装の減少または全廃等を実施しながら現役に留まっていたが、前者は1970年に除籍され、後者は1958年に予備役となり、1963年にハルクとなった。一方「セルベラ」は戦時中にドイツ式の10.5cm単装高角砲への更新（門数は変わらず）、37mm機銃の搭載を実施、この際に10.5cm高角砲を連装型とする計画もあったが、これは実施出来なかった。戦後は10.5cm高角砲を撤去して37mm機関砲の増備、前檣の筒型檣楼への改正等を行いつつ現役にあり、1966年に除籍処分となった。なお、「セルベラ」では最終時期まで主砲の配置変更・換装、航空艤装の設置は行われていない。

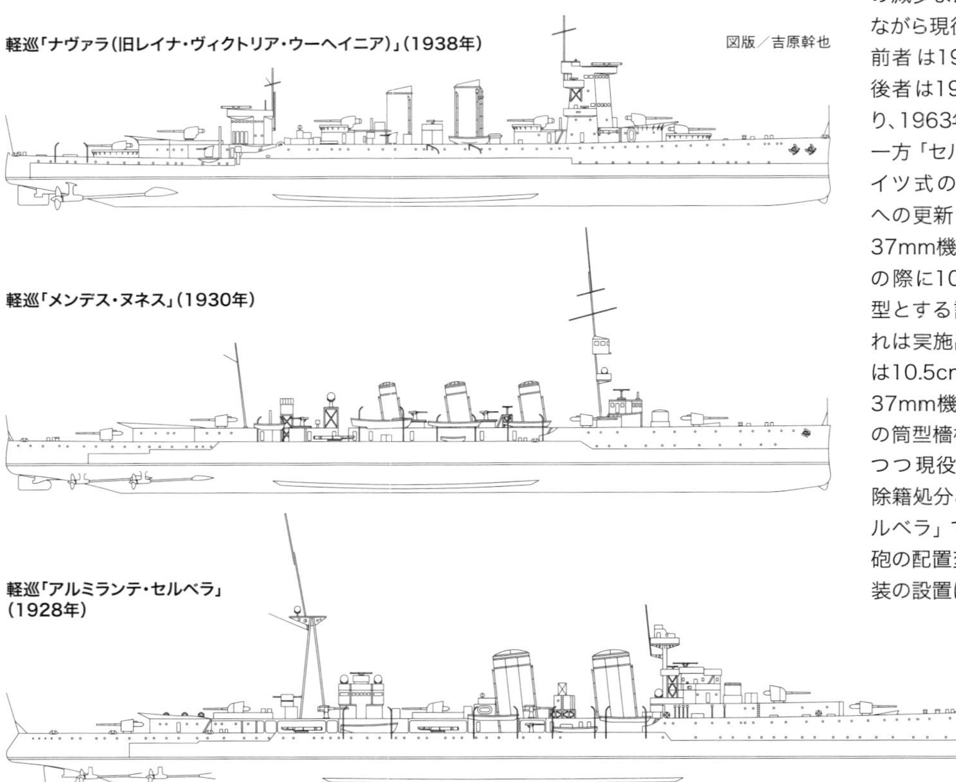
図版／吉原幹也

軽巡「ナヴァラ(旧レイナ・ヴィクトリア・ウーヘイニア)」(1938年)

軽巡「メンデス・ヌネス」(1930年)

軽巡「アルミランテ・セルベラ」(1928年)

	レイナ・ヴィクトリア・ウーヘイニア	メンデス・ヌネス級	プリンシペ・アルフォンソ級
基準排水量	5,590トン	4,780トン	7,475トン
満載排水量	6,450トン	6,045トン	9,237トン
全長	140.8m	140.8m	176.6m
全幅	15.2m	14.0m	16.61m
吃水	4.8m	4.4m	5.03m
主機/軸数	パーソンズ式直結タービン2基/2軸	パーソンズ式ギヤード・タービン4基/4軸	パーソンズ式ギヤード・タービン4基/4軸
主缶	ヤーロー式混焼缶12基	ヤーロー式混焼缶6基、同重油専焼缶6基	ヤーロー式重油専焼缶8基
出力	25,500馬力	45,000馬力	80,000馬力
速力	25.5ノット	29ノット	33ノット
航続距離	11ノットで3,500浬	13ノットで5,000浬	15ノットで5,000浬
兵装	50口径15.2cm単装砲×9、50口径4.7cm単装高角砲×4、53.3cm連装魚雷発射管×2	50口径15.2cm単装砲×6、50口径4.7cm単装高角砲×4、機銃×4、53.3cm3連装魚雷発射管×4	50口径15.2cm連装砲×3、同単装砲×2、45口径10.2cm単装高角砲×4、50口径4.7cm単装高角砲×2、53.3cm3連装魚雷発射管×4
装甲厚	舷側32～76mm、甲板76mm、司令塔152mm	舷側50～76mm、甲板25mm、司令塔152mm	舷側38～76mm、甲板25～51mm、司令塔150mm
乗員	404名	343名	564名

	起工	進水	竣工	
レイナ・ヴィクトリア・ウーヘイニア	1915.3.31	1920 4.21	1923.1.15	1956解体
メンデス・ヌネス	1917.4.9	1922 7.27	1924.8.30	1963除籍
ブラス・デ・レゾ	1917.9.28	1923 3.3	1925.5.13	1932.7.11 座礁沈没
プリンシペ・アルフォンソ	1917.2.1	1925.1.23	1925.8.30	1970解体
アルミランテ・セルベラ	1923.4.14	1925 10.16	1928.9.15	1966解体
ミゲル・デ・セルバンテス	1926.8.28	1928.5.15	1930.2.10	1964解体

スペイン海軍

カナリアス級重巡洋艦

内戦で活躍したスペイン唯一の条約型重巡

艦隊の近代化の一環として、1926年に条約型重巡2隻の整備を企図したスペイン海軍では、自国にこの様な艦の設計能力が無いことから、その設計は外国に依頼する形を取った。

堅実な英国式設計の艦とする事を望んだ海軍側の意向を受けて、その設計は英国のカウンティ級巡洋艦を元として進められることになり、基本的にはロンドン級にスペイン向けの改正を実施する形で設計が纏められた。

条約制限下に無いスペイン向けの艦として設計されたことで、船体部は水線装甲の50mmへの強化、水中防御はケント級同様の配置としつつ、バルジの幅を広げるなど、ロンドン級を元にしつつより性能強化のための措置が取られており、このため英の原型とは異なる面が多い。上構の配置もロンドン級を元にするが、艦橋形状がスペイン海軍の要求に合わせて改正されたことで、印象はかなり異なるものとなった

兵装のうち主砲及び砲塔、弾火薬庫部の装甲防御はロンドン級と同様とされた。一方で、原計画では対空兵装と雷装は原型より強化される予定だった。航空艤装は搭載の予定があったが、実現せずに終わった。機関配置は8缶4機であることは原型同様だが、煙突配置は汽缶配置の変更により2本煙突となり、後に大型の集合煙突とされたことで艦容は大きく変わった。また主機も出力90,000馬力に強化されたことで、最高速力も33ノットに増大していた。

本級は1934年時期には船体及び機関の艤装はほぼ完了していたが、予算不足等の理由で兵装の搭載が遅れてしまい、スペイン内戦が勃発した時点で、「カナリアス」は主砲の射撃指揮機構が無く(雷装も搭載していないとする説がある)、「バレアレス」は4番主砲塔が未搭載で、更に高角砲以下の装備が殆ど実施されていない状態にあったが、艦艇兵力に欠けていた反乱軍側は、この両艦を工事未了のまま竣工させる措置を取った。以後反乱軍の海軍部隊の主力艦として活動したこの両艦は、洋上哨戒や支援砲撃実施など、各種の任務に就いており、その中で「バレアレス」は共和国軍の駆逐艦による雷撃で1938年3月6日に沈められるが、「カナリアス」は終戦まで活動、内戦中に32隻を撃沈もしくは鹵獲する、と言う戦果を挙げるなど、同内戦で少なからぬ功績を残してもいる。

1938年3月6日、パロス岬沖海戦で沈みつつある「バレアレス」を共和国軍機が捉えた写真。この海戦はスペイン内戦において最大規模の海戦だった

1970年ごろ、バルセロナで撮影された「カナリアス」。竣工当時は集合式だった煙突は2本の直立煙突となっている

スペインは第二次大戦に参戦しなかったため、この時期の「カナリアス」は「ビスマルク」沈没後の同艦乗員の捜索任務を実施した以外、特に目立つ活動は無い。戦後も特に目立つ活動は無いが、NATOとの共同作戦開始後を含めて、1975年12月に解役されるまでスペイン海軍の顔と言うべき艦として活動を続けた。戦時中から戦後に掛けて、本艦は対空兵装改善を主眼とする数度の改修を実施しており、特に1952年に実施された改装では煙突が2本煙突とされるなど大きな改正がなされたため、爾後の艦容は以前のものから大きく変わってもいた。

	カナリアス級		
基準排水量	10,113トン	満載排水量	13,677トン
全長	193.55m	全幅	19.5m
吃水	5.27m		
主機/軸数	パーソンズ式ギヤード・タービン4基/4軸		
主缶	ヤーロー式重油専焼缶8基		
出力	90,000馬力	速力	33ノット
航続距離	15ノットで8,700浬		
兵装	50口径20.3cm連装砲×4、45口径12cm単装高角砲×8、40mm単装機関砲×8、12.7mm単装機銃×4、53.3cm3連装魚雷発射管×4		
装甲厚	舷側50mm、甲板25～38mm、弾薬庫側面102mm、主砲塔25mm、司令塔25mm		
乗員	780名		

	起工	進水	竣工	
カナリアス	1928.8.15	1931.5.28	1936.9.6	1978解体
バレアレス	1928.8.15	1932.4.20	1936.12.28	1938.3.6戦没

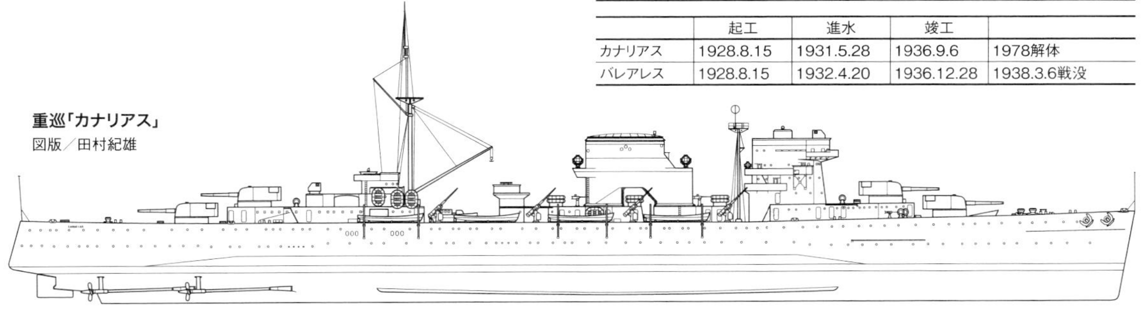
重巡「カナリアス」
図版／田村紀雄

スウェーデン海軍

航空巡洋艦「ゴトランド」

水上機運用能力を重視した航空巡洋艦の先駆

1925年の演習後、海上航空兵力が海軍の作戦に重要である事を認識したスウェーデン海軍が整備を企図した航空巡洋艦。当初は15cm砲6門を搭載し、2基のカタパルトと12機の水上機を搭載・運用可能な航空艤装の設置、また高速敷設艦として活動可能な能力を持たせた4,500トン型の航空巡洋艦として計画が進められたが、要求に対して艦のサイズが不足と見做されたため、最終的に排水量を予算的に上限となる4,800トンとして、搭載機数と航空艤装については出来うる限り原案に近づけるという方針の下で設計が纏められたという経緯がある。このため平甲板型の船体上部の艦橋後方に長い甲板室を設置し、最大限の航空機運用能力を付与するため、2番煙突側面から航空機作業甲板を設置する形が取られるなど、独特の艦容を持つ艦として設計が纏められている。

砲装は主砲として15.2cm55口径砲を連装砲塔2基、単装砲2門の計6門が装備され、砲塔は艦橋前と2番煙突後部の甲板室後方に各1基、艦橋両舷部側面に各1門が装備されて、片舷宛て5門の斉射が可能となっている。一方で排水量の問題もあり、対空兵装は当時の艦として相応に持たされたが、雷装は最低限のもので、装甲防御も弱体であり、機関は出力がやや低めで速力は27ノットに抑制された。対して航空艤装は、カタパルトは艦のサイズもあって左舷の1基のみとされたものの、その要求に沿って11機もの水偵搭載能力の付与、大型の揚収クレーンや航走中でも水上機の収容が可能なハインマットの装備を含めて、非常に充実したものが装備されている。

航空機運用能力強化を優先した設計がなされたため、総じて航空巡洋艦というより、高速重武装の水上機母艦と言うべき性格の艦となったが、本艦は就役後スウェーデン海軍唯一の大規模な航空機運用が可能な艦として重用された。ただし予算の問題から水偵を6機以上搭載出来なかったため、就役中にその優れた航空機運用能力を完全に発揮したことはない。本艦は第二次大戦中期まで、バルト海とカテガット海峡方面でのスウェーデン領海の警備任務及び練習艦として活動を実施、非参戦国のため目立つ戦歴は無いが、「ライン演習作戦」に出撃したドイツ戦艦「ビスマルク」を最初に発見し、同艦の出動を英海軍に通報した最初の艦となったという逸話が残っている。この後、本艦は搭載機の更新の目処が立たない事から、1943年に防空巡洋艦への改装を実施。改装完了後の1944年4月以降、バルト海で作戦可能な春から秋の季節は艦隊兵力を構成する艦として活動、その他の時期は練習艦として使用する、という形での運用が続けられた。1955年には15.2cm単装砲や7.5cm高角砲を含む多くの兵装を撤去の上で、新型レーダーを含む防空関連装備と、40mm連装機関砲4基、同単装5門を搭載する防空指揮艦へと改装されるが、この翌年に予備艦となり、1960年に除籍された。

写真は戦前時期の「ゴトランド」で、艦尾の航空作業甲板に搭載機のホーカー オスプレイが見える。同機が旧式化したこともあり、第二次大戦後期には防空艦に改装された

1950年にロッテルダムに入港した「ゴトランド」。防空巡洋艦への改装にともない、航空艤装が撤去された艦後部には、40mm連装機関砲などの対空火器が増設されている

	ゴトランド		
基準排水量	4,750トン	満載排水量	5,550トン
全長	134.8m	全幅	15.4m
吃水	4.5m		
主機/軸数	ド・ラヴァル式ギヤード・タービン2基/2軸		
主缶	ペノエ式重油専焼缶4基		
出力	33,000馬力	速力	27.5ノット
航続距離	12ノットで4,000浬		
兵装	55口径15.2cm連装砲×2、同単装砲×2、60口径7.5cm連装高角砲×1、同単装高角砲×2、25mm単装機銃×4、53.3cm3連装魚雷発射管×2、水偵×6、射出機×1、機雷×80～100		
装甲厚	舷側15～24mm、甲板25mm、主砲塔25mm、司令塔19mm		
乗員	467名		

	起工	進水	竣工	
ゴトランド	1930	1933.9.14	1934.12.14	1963解体

航空巡洋艦「ゴトランド」 図版／吉原幹也

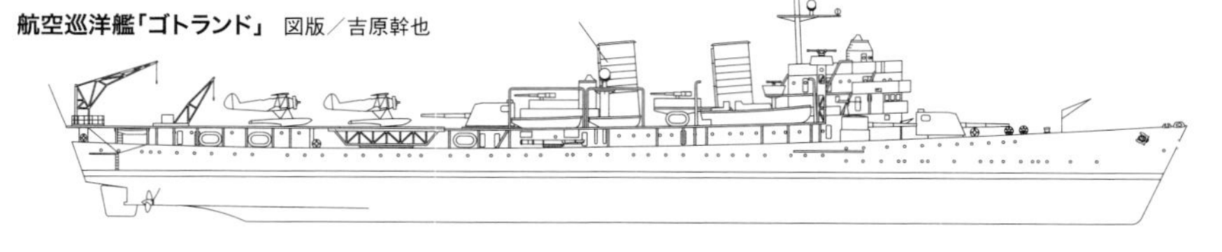

スウェーデン海軍

スリーエ・クロノール級巡洋艦

第二次大戦下に建造が進められた大型防空巡洋艦

第二次大戦開戦の年、スウェーデン海軍は海防兵力をスヴェリエ級の改型となる新型の海防戦艦2隻（未成）を中核として、これに巡洋艦1と駆逐艦4、大型魚雷艇4からなる戦隊を支援に付ける形へと変更することを決意する。これを受けて始まった巡洋艦の検討は、当時ドイツが竣工させることを検討していたエーンドラフト級に匹敵する砲装を持たせる事を前提に始まり、イタリアの技術支援を受けつつ推進が図られた。その中で当初15.2cm3連装砲塔を3基搭載する艦として設計が進められたが、恐らくは搭載砲の両用化による重量増などを受けて、後部の主砲塔2基を連装型に変更する改正を実施した試案が選択され、1943年2月5日に「スリーエ・クロノール」の建造発令が出され、その1週間後に2番艦も続いて発令される。

本級の設計は前述のようにイタリアの技術指導の下で行われており、実際にその艦容は、長船首楼型の船型、艦尾側の砲装を重視した主砲配置、艦橋の形状等を含めてイタリアがタイ向けに設計したタクシン級巡洋艦に類するものであり、あるいはこれの拡大型的な存在であった可能性があるやもしれない。

主砲はボフォース製の15.2cm53口径砲で、これを対空射撃可能な3連装砲塔1基（艦首）と、連装砲塔2基（艦尾側）に収めて計7門を搭載している。全俯仰角で自由角装填可能な装填機構を持つなど、自動化が進んだ砲塔に搭載された本砲の射撃速度は12～15発/分と、長距離用の高角砲として使用するに足る高いものがあり、このため門数は少ないが、時間宛ての斉射弾量は、他の大型軽巡と同等かそれ以上のものを持つ、という特色がある。装甲防御も船体部が排水量が近いイタリアのモンテクッコリ級と同等かそれ以上、砲塔部は他国の大型軽巡に相当する装甲が施されるなど、相応の耐弾性能を持たされている。4缶2機で出力100,000馬力を賄い、速力33ノットの発揮が可能な2軸推進艦という機関構成は、イタリア式設計の影響が垣間見えるものだ。

本級2隻は共に戦後の1947年に就役。就役直後から電探装備等の改正を実施、2番艦は1948年から1951年に掛けて、1番艦は1951年から1953年に掛けて、艦橋の形状をイタリアの影響も窺えた旧来のものから、大型の箱型形状のものに改めると共に、電探の新式化を含む近代化改装も行われた。本級は就役後暫くスウェーデン海軍の中核艦として活動するが、1番艦は1958年に予備役編入され、1964年に除籍された。一方、1958年の改装後、近接対空火器として57mm機関砲4門と40mm機関砲11門を搭載していた2番艦は、1970年7月に除籍され、翌年9月18日にチリ海軍へと売却。艦名を「アルミランテ・ラトーレ」（後に「ラトーレ」）に改めて同国海軍の主力艦として就役したが、艦齢もあって1984年に除籍された。

本級の2番艦「イェータ・レヨン」。近代化改装以前の艦影で、特に艦橋はイタリア艦の影響を強く感じさせる形状となっていた

1951～53年に艦橋の大型化などの改装を実施した1番艦「スリーエ・クロノール」。艦前部の3連装砲塔、後部の連装砲塔2基に収められた15.2cm両用砲が大きな迎角をとっている

	スリーエ・クロノール級		
基準排水量	7,650トン	満載排水量	9,238トン
全長	182.0m	全幅	16.7m
吃水	5.7m		
主機/軸数	ド・ラヴァル式ギヤード・タービン2基/2軸		
主缶	モタラ式重油専焼缶4基		
出力	100,000馬力	速力	33ノット
航続距離	14ノットで4,350浬		
兵装	53口径15.2cm3連装両用砲×1、同連装両用砲×2、40mm連装機関砲×10、20mm単装機銃×7、53.3cm3連装魚雷発射管×2、機雷×120		
装甲厚	舷側70mm、甲板30mm+30mm、主砲塔50～125mm		
乗員	618名		

	起工	進水	竣工	
スリーエ・クロノール	1943.9.27	1944.12.16	1947.10.25	1970解体
イェータ・レヨン	1943.9.27	1945.11.17	1947.12.15	1971チリ海軍に引き渡し

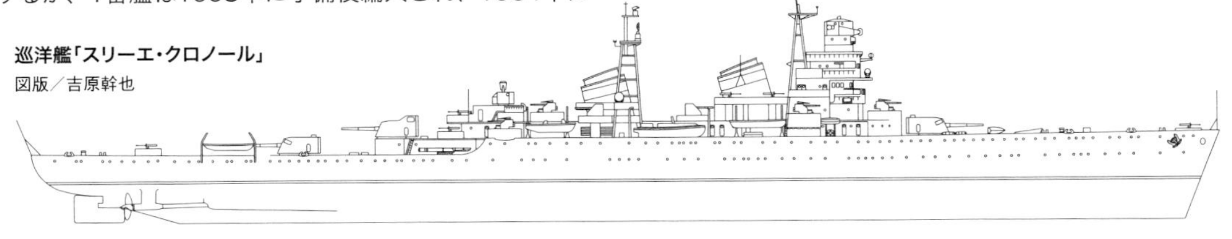
巡洋艦「スリーエ・クロノール」
図版／吉原幹也

コラム⑦

未成巡洋艦

■イギリスの未成巡洋艦

英海軍ではマイノーター（スウィフトシュア）/タイガー級の未成艦以外、既存の計画艦で未成になった艦は無い。その一方で、計画艦は1939年～1940年時期に検討された23.4cm砲搭載の大型巡洋艦を始めとして、少なからぬ数が検討されている。最初の23.4cm砲搭載艦は、他国の「大型巡洋艦」の系譜に連なるもので、同砲を12門搭載し、152mmの舷側装甲を有する33.5ノットの速力を発揮可能な22,000トン型の大型艦とする予定だった。しかしこれを3隻建造するなら、戦艦「ヴァンガード」を2隻建造する方が良い、という意見が出たことで廃案となっている。これに続いて、ラプラタ沖海戦の戦訓により20.3cm砲の威力が見直されたことを受けて、20.3cm砲搭載の大型巡洋艦の検討が1940年以降実施された。これは充分な対20.3cm砲防御を持ち20.3cm砲9門程度を搭載する、速力32.5ノットを発揮可能な大型巡洋艦として検討が進められ、1941年以降はサウサンプトン級の設計を拡大した15,000トンから17,000トン程度の大型巡洋艦の案が本命として、4～5隻の整備も予定されていたが、戦争の情勢から他艦種の整備が優先されたことと、建造費用の問題から建造発注がなされぬままに過ぎ、1943年6月に15.2cm砲搭載艦以上の巡洋艦整備を行わない方針が出たため、廃案となってしまった。

先の重巡の整備が進まない状況だった1942年9月時期、13.3cm砲もしくは15.2cm砲を搭載する次期巡洋艦の検討が開始されてもいた。その中で対軽巡との交戦及び中型爆弾の被弾に抗堪可能な防御を持ち、速力28ノットを発揮可能な13.3cm砲搭載艦の試案が一時期、次期巡洋艦として本命視されるようになり、1944年度予算でこの艦を建造することも考慮されたが、海軍上層部が15.2cm砲搭載艦の整備を望んだことと、空母への随伴に必要な速力が無いことが問題視された結果、1944年初頭時期に計画中止となってしまう。これに続いて1944年初頭からは後にネプチューン級と呼ばれた、高角射撃に対応した15.2cm3連装砲塔4基を搭載して、速力32ノットを発揮可能という基準排水量16,410トンの大型巡洋艦の検討が進められてもいるが、これは1946年に米のウースター級に比べて対空能力が低い事が問題視されて検討が取りやめられてしまう。この後、米のウースター級を参考にした15.2cm連装両用砲5基を装備する15,000トン級のマイノーター級（スイフトシュア級とは別物）の試案検討へと切り替えられるが、これも実現せずに終わり、爾後スイフトシュア級及びタイガー級の防空巡洋艦化が進められることになった。

■アメリカの未成巡洋艦

戦前及び戦時中に計画された多数の巡洋艦のうち、重巡はバルチモア/オレゴン・シティの両級で6隻、デ・モイン級8隻の計14隻、軽巡はクリーブランド級3隻、ファーゴ級11隻、ウースター級2隻の計16隻と、総計30隻を未起工もしくは起工後に廃棄した米海軍では、意外や計画で断念された級は少なく、CL-154級の防空巡洋艦のみが対象となる。これは当初、改ジュノー級とする予定だったが、1944年秋に砲装を新型の12.7cm54口径連装砲塔8基をへと変更、速力35ノット達成のための機関出力100,000馬力への強化を図るなどの改正を実施した、基準排水量7,370トンの艦として設計が纏められたものだ。これは1945年度計画で6隻の整備が要望されたが1945年3月27日に整備が見送られ、その後も検討は続けられて様々な案が遡上に上ったが、太平洋戦争の終戦後の1945年9月、空母の護衛艦を非防御の艦と大型の重防御の艦の二系統に集約すると決定したことを受けて、完全に計画中止となってしまった

■日本の未成巡洋艦

日本海軍では計画された艦のうち、㊝計画で整備された最上型の改正型である伊吹型2隻と、㊃計画で整備された大淀型の2番艦「仁淀」が起工後ないし起工前に建造中止となった。このうち「伊吹」のみは後に空母への改装が実施されるが、これも完成には至っていない。

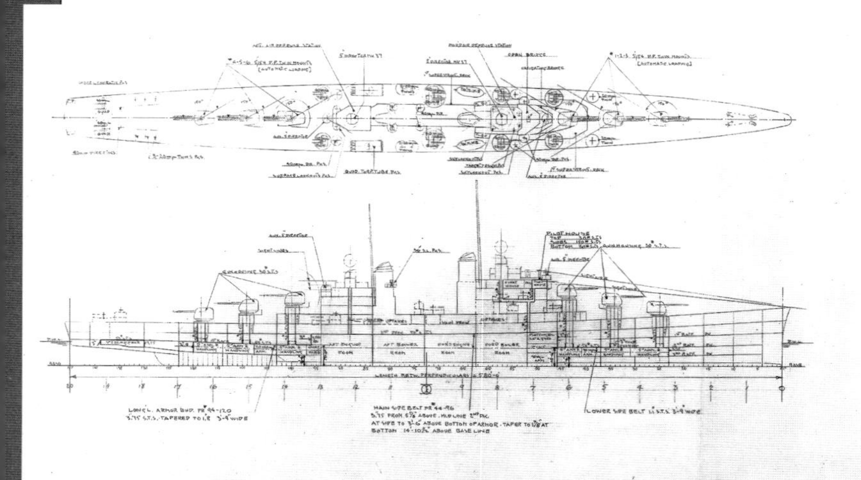

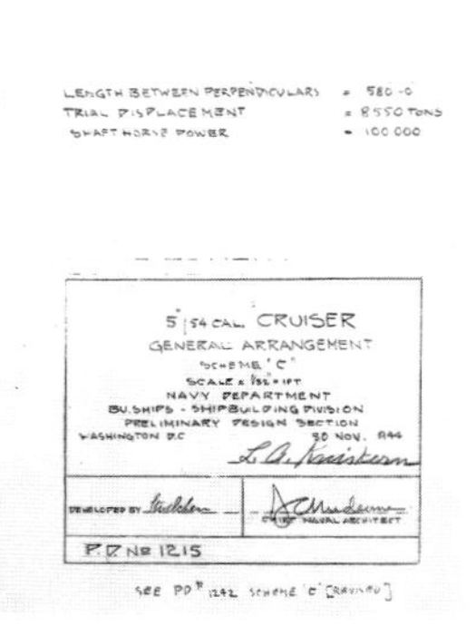

CL-154級の基となった米海軍の防空巡洋艦計画案の一つ。12.7cm54口径連装砲を艦の前後に3基ずつ計6基（12門）搭載した、アトランタ級の拡大型のような構成となっている

戦前に商議が検討されていた㊄と㊅の両計画では、1941年1月の段階で甲巡(重巡)計10隻、乙巡(水雷戦隊旗艦)計2隻、丙巡(潜水戦隊旗艦)1隻、防空巡洋艦8隻の計21隻の整備が検討されており、㊎計画実施後の9月には、㊄計画で乙巡5隻、防空巡洋艦4隻の計9隻を整備する形に計画変更され、ミッドウェー海戦後の改㊄計画では、乙巡2隻を整備する予定と、大幅に計画が縮小された。改㊄計画で第5037号艦と第5038号艦が建造予定とされた乙巡は、阿賀野型の拡大型となるC-44案と呼ばれた艦で、15cm連装砲塔4基(8門)、8cm連装高角砲4基(8門)、61cm4連装魚雷発射管2基を主兵装とし、阿賀野型を上回る航空艤装と、新型の甲型駆逐艦の旗艦として充分な速力(37.5ノット)を合わせ持ち、阿賀野型と同等の装甲防御を持つ基準排水量8,520トン(公試排水量9,670トン)の大型巡洋艦となる予定だった。この両艦は昭和20年/昭和21年度(1945年/1946年)で各1隻を整備する予定だったが、戦局の悪化により昭和18年(1943年)3月に建造中止となって姿を消した。

写真は1959年6月、米ハンプトン・ローズで行われた国際観艦式における「コルベール」。竣工間もない時期で、主砲には12.7cm54口径連装両用砲を計8基搭載した

■フランスの未成巡洋艦

フランス海軍では第二次大戦開戦時期、ラ・ガリソニエール級に続く軽巡として、同級から発達した15.2cm3連装砲塔3基を搭載する8,000トン型巡洋艦の整備を推進していた。艦橋形状の変化や高角砲を10cm高角砲連装6基への強化、航空艤装配置の改善のために煙突を集合式の単煙突として、その後方にカタパルト2基を搭載するなど、前型に比べて大きく設計の改正がなされて艦容も変わった本級のうち、1937年度艦の「ド・グラーセ」は1939年8月に起工されたが、フランスの敗戦もあって進水は戦後の1946年9月の事となった。この後、主兵装を12.7cm54口径連装砲8基に改め、多くの電測兵装を搭載する防空巡洋艦へと改装の上で、起工から17年を経て1956年9月に竣工した本艦は、1973年に除籍された。1938年度艦の2隻は起工前にフランス敗戦を迎えたため、そのまま建造中止となっている。

改鈴谷型(伊吹型)重巡「伊吹」は昭和17年(1942年)に起工し、翌年空母への改造が決定されたが未成に終わった。写真は解体中の「伊吹」で、飛行甲板上にはエレベーターが見える

フランス海軍では太平洋戦争終戦前、15.2cm3連装砲塔4基を搭載する大型巡洋艦の整備が要望されてもいる。これは戦後の検討で「ド・グラーセ」類似の兵装を持つ防空巡洋艦として整備が決定するところとなり、これが1959年にフランス最後の巡洋艦である「コルベール」として竣工した艦となる。「コルベール」は1970年から1972年に掛けて、旧来の砲装を全数撤去の上で、100mm単装砲2門とマズルカ対空ミサイルの装備を含むミサイル巡洋艦への大改装を実施、爾後1991年に退役するまで、フランス海軍最後の巡洋艦として就役を続けることになった。この他に1939年時期より、独伊の海軍兵力整備に対抗する形で、デュゲイ・トルーアン級の代替として、サン・ルイ級と呼ばれた新型重巡の検討も進んでいた。これは1940年時期には20.3cm3連装砲塔3基(9門)、55cm3連装魚雷発射管2基、20.3cm砲艦として充分な耐弾防御と水中防御を持ち、速力33ノットを発揮可能な基準排水量14,770トンの大型巡洋艦として検討が進んでいたが、フランスの降伏により試案検討が中止されてしまった。

■イタリアの未成巡洋艦

イタリア海軍では第二次大戦の開戦前、アブルッチ級に続くチアノ級と呼ばれる大型軽巡洋艦の試案検討を行っていた。この艦は主砲は前型と同様の装備だが、高角砲をリットリオ級戦艦が採用した新型の9cm単装高角砲塔8基に改めるなどの対空兵装の改正、主砲塔部の装甲増厚などを実施するほか、機関出力を強化して常用33ノットの速力を持たせる予定だった。この艦は2隻の整備が予定されていたが、第二次大戦開戦後の情勢変化により、軽艦艇の建造が優先されたことで建造中止となった。

この他にイタリアでは、1941年12月末に戦前にタイ海軍から受注して、建造を行っていたタクシン級巡洋艦(4,300トン:15cm砲6門搭載、30ノット)2隻を、自国海軍向けに振り替えて、北アフリカへの輸送船団護衛に使用する防空艦と、高速輸送任務に使用出来る貨物搭載能力を持つ防空巡洋艦に改装・整備する事を決定している。主兵装を13.5cm両用連装砲6門と6.5cm単装高角砲10門搭載として、エトナ級(6,000トン、28ノット)と名前を改めたこの艦は、資材不足により工事が捗らず、イタリア休戦直後にドイツ軍が捕獲して建造継続を企図したが間もなく自沈処分とし、戦後に浮揚の上で解体された。

2018年12月12日発行

著 本吉隆
図版 田村紀雄、吉原幹也

装丁・本文DTP 御園ありさ（イカロス出版制作室）
編集 及川幹雄
発行人 塩谷茂代
発行所 イカロス出版株式会社
〒162-8616 東京都新宿区市谷本村町2-3
[電話]販売部03-3267-2766
編集部03-3267-2868
[URL]http://www.ikaros.jp/
印刷 図書印刷株式会社